植物誌入門

——多様性と生態

岩田 好宏 著

緑風出版

目次

植物誌入門

——多様性と生態

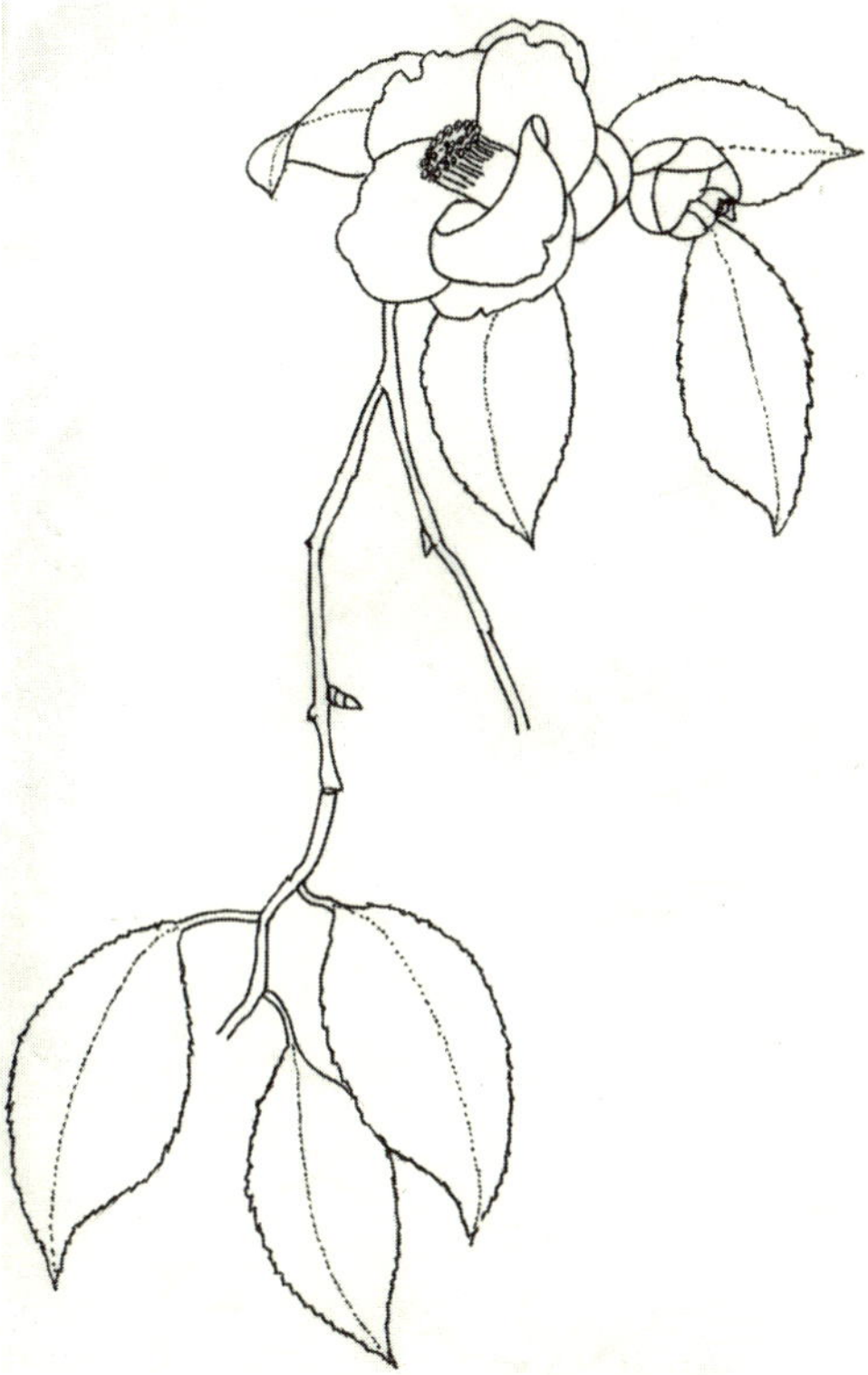

二章　植物の光をめぐる争い

三章　光合成という生活様式

六章　植物世界の形成

はじめに――私は植物、生きています

クロモジ　私は植物、クロモジといいます。明るい林のなかに住む落葉性の低木です。芳香を発し、人間のみなさんには楊枝《ようじ》の材料として珍重されています。

みなさんは、「生きている」ということをどう考えていますか。人間のみなさんの私たち植物に対してしていることを見ますと、生きものと見ているようで見ていないようで、なんとも不可解です。また極めて手前勝手なことをしている印象を受けます。街路樹を例にしますと、秋の終わりの枝の剪定では、私たちの生育のしかたなどまったく無視して、動物で言えば手足をもぎ取るように枝を切り払っています。どれだけ私たちに衝撃を与えているか。枝を広げ背丈を高めることは、私たちの「生」の継続であり発展なのです。ですから、まったく生きものとして扱ってないように思えるのです。しかし、一方でそのように切り刻んでも再生することを知っています。そのかぎりでは生きものと見ているようです。

これから、私たち植物について語りたいと思います。とは言いましても、私たちには自分を知る能力がありません。まわりを取り巻く外の世界を感じ、それに反応して私たちは生きています。それにもかかわらず自分について語ることができるのは、人間という生きものがいるからです。人間は変った生きもので、自分の立場からまわりの世界をみて理解できるだけでなく、自分の立場を離れて、外のものをそのとおりにとらえることができます。植物についても、私たちになりかわって調べるという特技があります。ですから、人間が調べたことから、私たちは自分、植物について語ることができるのです。宇宙学の小尾信彌さんは、「宇宙にとって人間の存在はいかなる意味をもっているか」という問いに対して、〝人間が現われて、宇宙は自分のことを知ることができた〟といっていますが、私たち植物も、人間によってわかってきたといえると思っています。しかし、このことが私たちにとっては「要注意」なのです。人間は知ってしまうと、見向きもしなくなるか、そうではなくて私たちを利用するためにたちまち私たちのいのちを奪います。これまで存在しなかった植物をつくり出し、無理やり私たちの世界のなかに加えようとすることもあります。破壊されたりゆがめられたり、人間は私たちにとっては脅威です。

また、みなさんは私たちの生きかたすべてを調べたわけではありません。また私たちの立場に立って理解していると思われていることでも、人間の立場からみていることがあります。また時には捻じ曲げて見ていることもあります。私たち植物の世界は、人間が調べてきたことよりもはるかに奥深い、広い世界です。どうぞみなさんが知りえたなかで、私たち植物のもっとも基本になることをしっかりと確認されて、これから私たちをゆたかにとらえてください。そういう願いから語りたいと思います。

「生きる」とはまわりの世界と相互作用しながら自分を自律的に存続させていることですが、私たち植物の独自性は、光を受けて光合成をして栄養物質を獲得していることです。多くは語らず、ここに焦点をあてることにします。これから一章のツルヨシに始まって、最後の九章まで九種類の植物に具体的に「植物はたしかに生きものである」ことと、その「生」が多様に展開されていることを語ることにします。

一章　植物の「生きる」とは

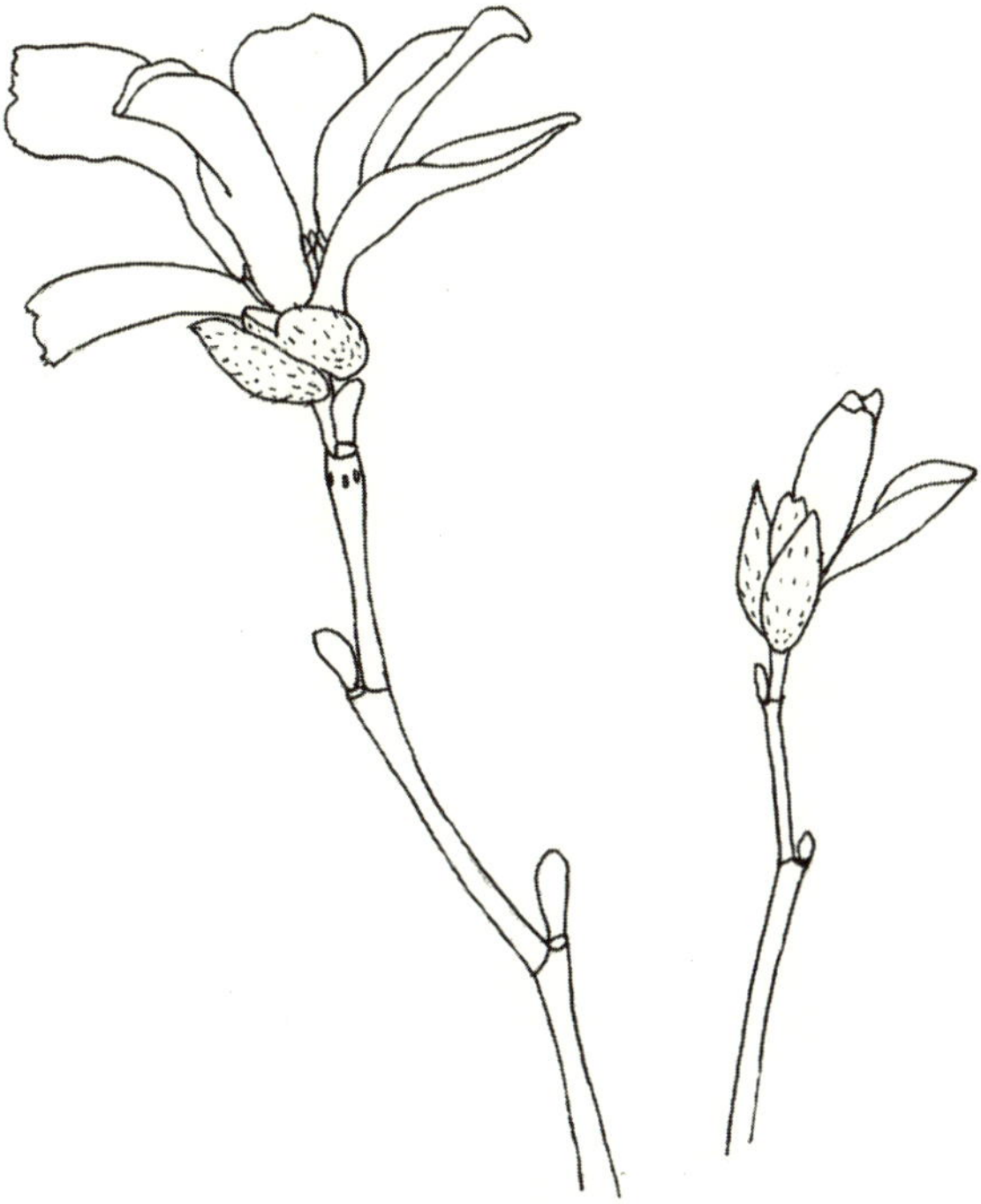

クロモジ　これから、私たち植物の「自分誌」の最初として、生活を語ることにします。しかし「生物の生活とは生物の存在様式」といわれていますように、その全容を述べることはできません。いくつかの種を選び出し、その基本となるところを紹介したいと思います。

植物の生活の基本とは、一言でいえば、自分の生存を軸とした環境とのかかわりです。その一つはすべて光合成という同じ方法で栄養物質を獲得していることです。植物は生活要求の基本が「光を受ける」というように共通しております。そのためそれぞれの局面においてははげしい競争がおこります。第二のこととして、強い関係を結ぶものを特定のものに限定して感じとり、反応するというようにして生活しております。その結果として、それぞれの植物ごとに生活のしかたを別にしています。言い換えますと、生活要求を別にしていることになり、そのことによってたがいの争いを避けて共存しております。そうした実態をこれから明確にしていきます。これは植物の多様性をうみ出した基礎です。

一、ツルヨシと水辺の植物

ツルヨシと水際の植物

私はツルヨシといいます。あまり知られていません。人間のみなさんにとっては、とるに足らない植物なのでしょう。同じなかまのヨシは、池や川のほとりに行けば、すぐにみることができますし、知っている人は多いと思います。葦簾《よしず》づくりに使われていますし、ヨーロッパのものは木管楽器のリードに

表 1-1　ツルヨシとヨシのからだの形態の比較

	ツルヨシ	ヨシ
草丈	2m以下	5m以下
生活形	多年生草	多年生草
生育型	ほふく・直立	直立
繁殖・分布拡大	実と地表ほふく茎	実と地中茎
地上茎	ほふく茎、地中から伸びた直立茎、ほふく茎から分枝した直立茎	地中茎から伸びた直立茎
地中茎	枝分かれ茎	横走り茎と枝分かれ茎
主な生息環境	高い波の立つ大きな湖や流れのはげしくなることのある河川の裸地化した浜	大きな波が立たない静かな水辺

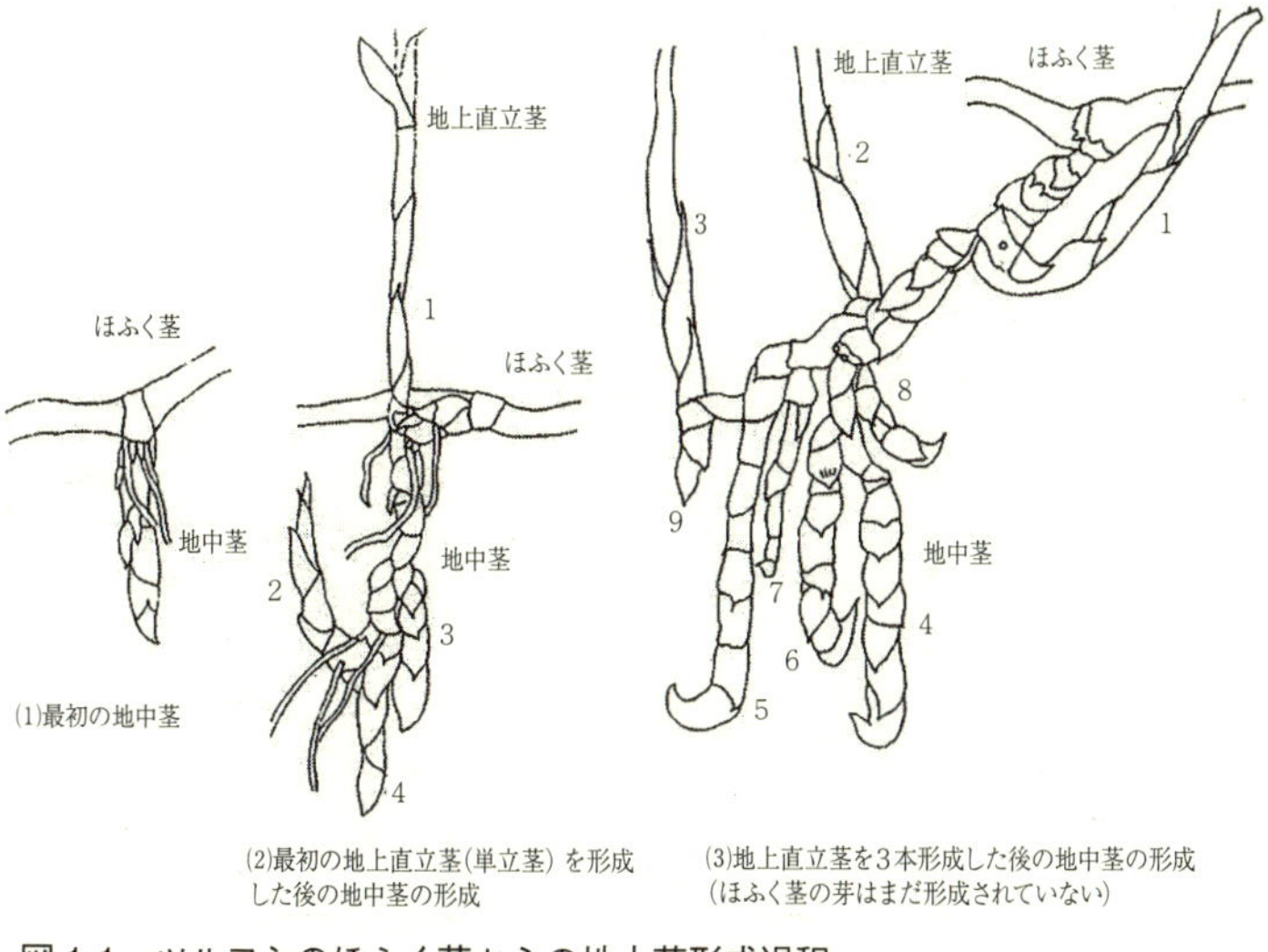

(1)最初の地中茎

(2)最初の地上直立茎(単立茎) を形成した後の地中茎の形成

(3)地上直立茎を3本形成した後の地中茎の形成 (ほふく茎の芽はまだ形成されていない)

図 1-1　ツルヨシのほふく茎からの地中茎形成過程

出典）岩田、1979 年

使われています。しかし、私の場合は、そうした何かの道具につかわれることはなく、人とのかかわりもあまり深くありません。それでも、一部ですが、私たちについて熱心に研究している人たちがいます。河川災害防止や河川の水質浄化に取り組んでいる人たちです。最近のように川の上流にダムが造られますと、水量が少なくなって、川原が安定します。水をかぶったりこわされたりすることが少なくなりました。そこへ私たちが進出して繁茂し、ほかの植物の進出を抑えて、種類数を少なくしています。ヨシとともに水質浄化に利用されようとしているところもあるようです。

これから、私自身のことを語り、それからほかの様々な植物の生活について紹介していきます。

名のとおり、私は、ヨシに似て、進化的にも近い種類の植物です。地表を走るように長く伸びるほふく茎が一つの特徴となっています。それでツルヨシという名がつけられました。私は、このほふく茎で無植物地帯に短期間ですばやく分布を広げます。ほかの植物はとても追いつけません。しかし、どこでも生活できるわけではなく、ある特定の環境のところでしか、このほふく茎で広がるという特技は活かせません。

ツルヨシのからだと生活のしかた

私たちツルヨシがどういう特徴をもった植物か、近縁の植物であるヨシと比較しました（表1－1）。まず地上の茎の比較ですが、ヨシは高く垂直に伸びた茎が密集して生えています。それに対して、私たちの地上の茎は、おおまかに言いますと二種類あります。一つはヨシの茎同様垂直に伸びるものです。ヨシに比べて短いのですが、それでも、富士五湖の一つ、山中湖畔に生えていたもののなかには、高さが一二〇㎝になるものがありました。一方で、ヨシは二ｍをこえるのが普通です。もう一つはほふく茎です。私たちはこれで植物が生えていない地表を伸びていきます。「おおまかにみると」と言いましたが、細かくみますと、直立茎が二種類あります。一つはほふく茎の節から直接出るものですが、もう一つは地中から伸びるものです。この二つの茎のちがいについてはあとで説明します。

つぎに地中茎について比較します。ヨシの地中茎は二種類あります。一つは横に伸びるものです。これで生活範囲を広げていきます。二つ目のものは上に向けて伸び、地上茎に変わるものです。地中の茎は冬にも枯れることなく生き残りますから、翌年は、種子による繁殖のほか、この地中茎から新しい地上茎が出て、生活場所を広げます。これに対して、私たちツルヨシにも地中茎がありますが、横に伸びるものはありません。ツルヨシの地中茎も二種類あります。一つは地中にもぐるように伸びますが、すぐに伸びる方向を変えて曲がり、地上に向けて伸び、その過程で枝分かれをします。狭い範囲に何本もの地中茎が曲がりながら地上に向けて伸びて地上の直立茎に変わっていきますから、そのあたりは叢状《そうじょう》に茎と葉が群がります（図1-1）。もう一つの地中茎はこの叢状になっているところから斜め水平に地上に向けて伸び、ほふく茎にかわるものです。ヨシもツルヨシも茎を水平方向に伸ばして繁茂しますが、その速さはツルヨシのほうが地上を伸びるので、はるかに速いです。私たちツルヨシは、ほふく茎で生活範囲を拡大しながら、その途中で枝が地中に向けて伸びて地中茎となり、いくつも枝分かれして叢状の群がりをつくります。こうした生育のしかたをすることによって、強い風が吹いてもほふく茎が吹き飛ばされることはありません。冬になりますと、地上の茎は直立のものもほふく茎も枯れますが、地中茎が残り、翌年この地中の茎からほふく茎を伸ばして生活範囲を拡大していきます。地中部が残り、翌年の生育を始める時、私たちツルヨシとヨシとでは大きなちがいがあります。ヨシは横に長く伸びた地中茎が残ります。それが線状に、あるいは枝分かれして広がっていて、繁茂の拠点になります。

山中湖のツルヨシ

山中湖は、水位が上昇して湖の面積が広がりますと、湖岸に生えていた陸生の植物は水没して死亡します。この時、水草が水中の無植物地帯に進出してきます。その後、水位が下がると湖がせばまり、まわりが干上がって陸の無植物地帯ができます。今から三〇年も前の一九七八年八月のことですが、千葉県の習志野高校の生物部の生徒諸君が、山中湖畔で私たちを見つけて調べています。

調査は、まず縄張りから始まりました。「この範囲を調べる」という場所の設定です。分布拡大の出発点となったと思われるところをつきとめて、そこから調査を開始することになりました。ほふく茎が伸びた基点となる場所は湖のまわりにある林と湖畔の間にある狭い草原にあることがわかりました。そこには、ヨシやヨモギ、ツリフネソウ、ゲンノショウコなどいろいろな植物が生育していました。私たちツルヨシ以外の植物は水際に進出していないことも確かめられました（図1－2）。

湖岸から六mまでは植物がみられませんでした。水位が下がって湖岸が退き、浜ができたのですが、まだ新しく、そこまで植物が進出できていない無植物地帯です。七mの調査枠から植物の姿がみられましたがツルヨシだけでした。一〇m目まで四mの範囲がツルヨシだけの地帯でした。十一m目からツルヨシのほかにヨシがみられるようになり、一二m目からはこの二種だけでなく、ヨモギが加わり、つぎの一三m目からは種類数が急激に増えました。ヨシが現われている汀線から十一m目では、葉が地表を

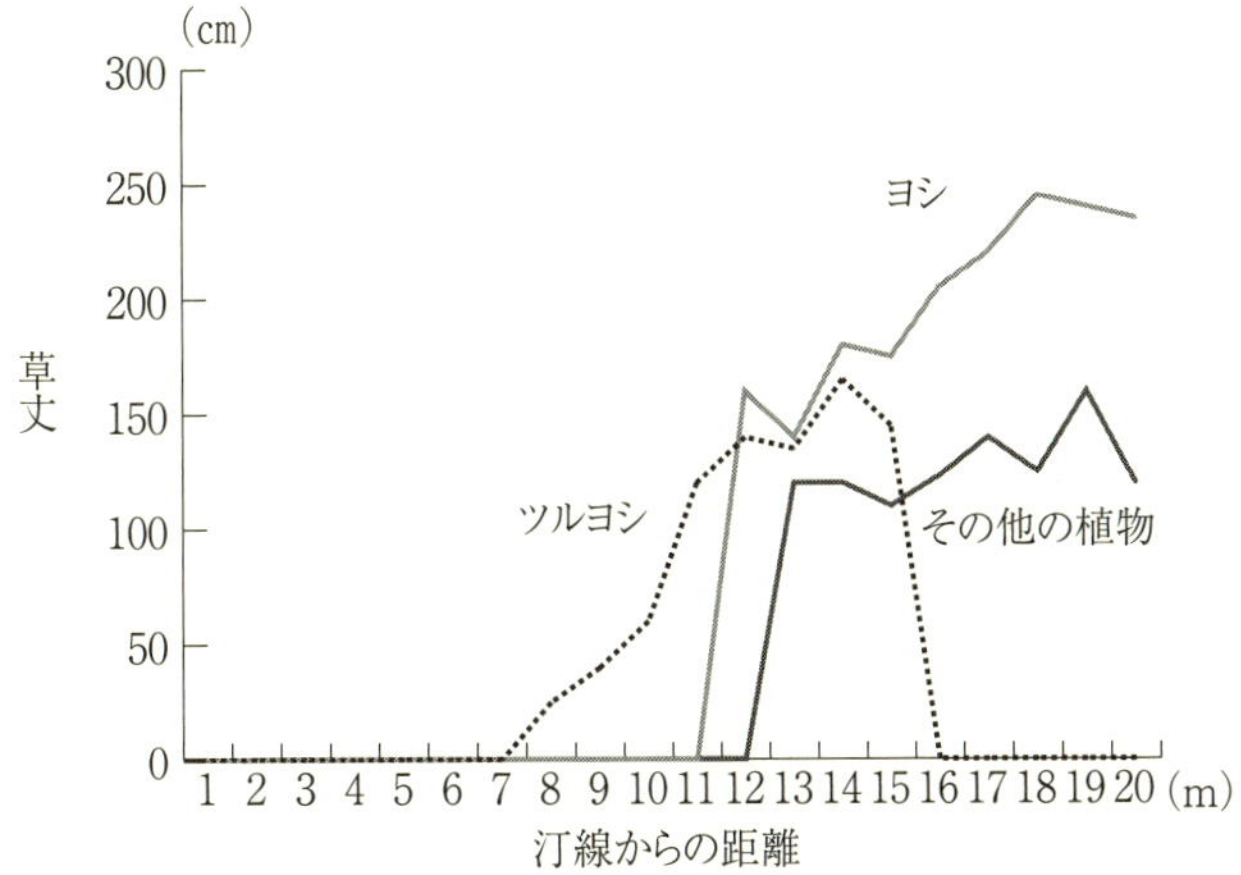

図 1-2-a　ツルヨシ、ヨシ、その他の植物の汀線からの距離にともなう草丈の変化

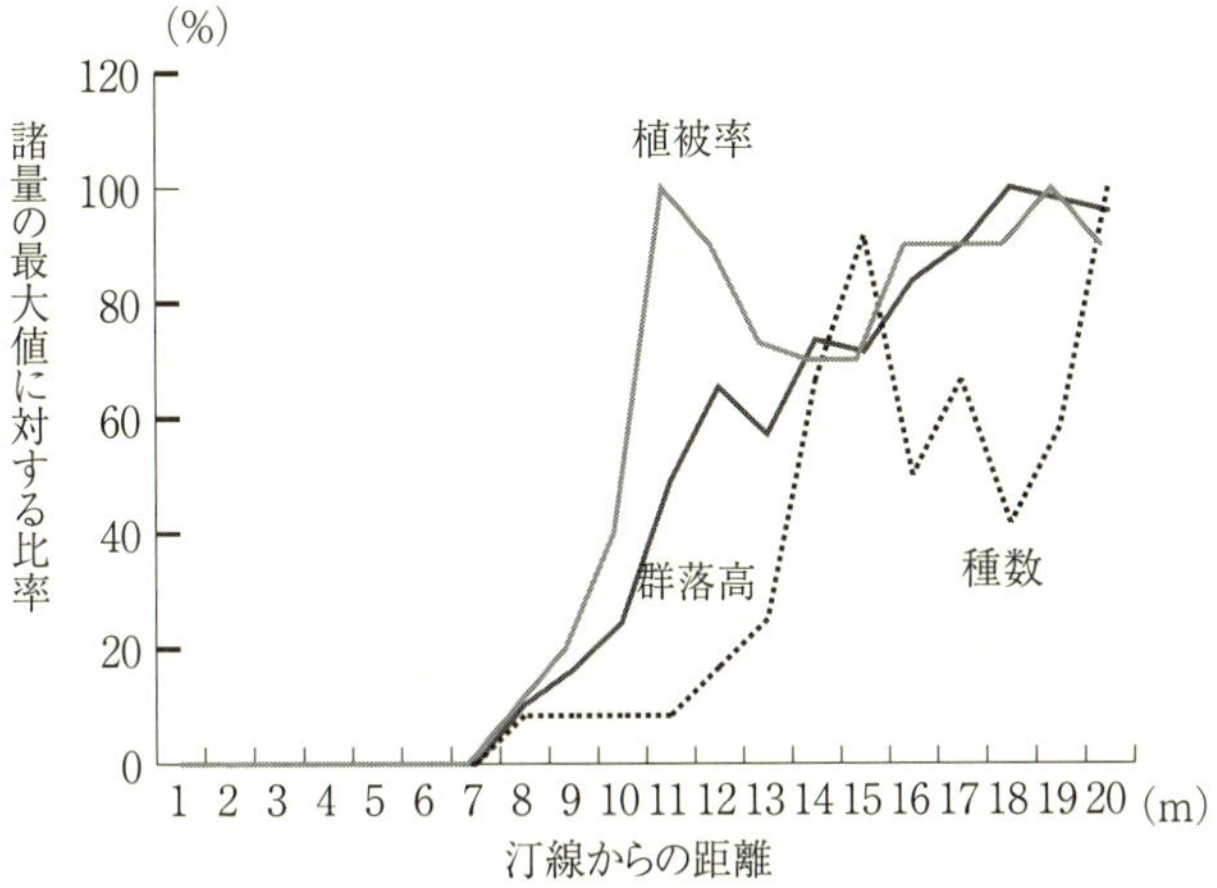

図 1-2-b　山中湖汀線からの距離と植物群落変化との関係

出典）岩田、1979 年

被っている面積（被度といっています）はツルヨシのほうが広かったのですが、背丈はヨシのほうが高く、そして背丈とともに被度がヨシが優ったのは、ツルヨシの生育が少なくなった、汀線から一四mのところでした。これより湖岸から離れたところではツルヨシは消えて、ヨシが背丈・被度とも優勢になりました。

この地域は、この二種以外の植物が少なく、ツルヨシが湖水に近い前面に、ヨシがその後方にというように、はっきりとすみわけしていることがわかりました。

ツルヨシの分布のくわしい調査もされています。生徒諸君は、ツルヨシのほふく茎がどこから出てどこまで伸びているか、図に描きました（図1－3）。その年の出発点は、汀線から一〇mと十一mの間にあることがわかりました。そこにいくつも叢状の群がりがあって、そこからほふく茎を伸ばしています。伸びていくうちに、節から直接直立茎を出して、葉をつけて栄養物質の合成をし、からだのほかの部分に送ります。またところどころの節では、そこから地中に茎がもぐり、それが再び地上に出て、ほふく茎を固定します。と同時にすでに述べましたが、地上に向かうところで地中茎はいくつも枝分かれして叢状の群がりをつくるようになります。

ツルヨシとヨシの「すみわけ」

ヨシは水辺に生活している植物です。水位が上昇して、茎の下半分が水没しても生きていけます。ですから湖の水量が増加して水位が上昇しても、水量が減少して水位が下がって陸地になっても生活できます。しかし、山中湖のような大きな湖では、強い風が吹くと大きな波が立ち、強い波を受けるとヨシの茎は折れてしまいます。ですから生徒諸君が調べた場所は、波が立ちやすいところで、ヨシにとって適した環境とはいえません。調査地で汀線から少し離れたところでヨシが優勢になっているのは、その場所まで波が達していなかったためとみることができます。

ツルヨシも波や風に弱い植物ですが、大きな波が寄せてくる場所に多くみられます。波によって植物がいなくなったり水位が低下して空き地ができたりしたところにほふく茎をすばやく伸ばして、生活場所を拡大します。ツルヨシとヨシはこのようにすみわけているとみることができます。

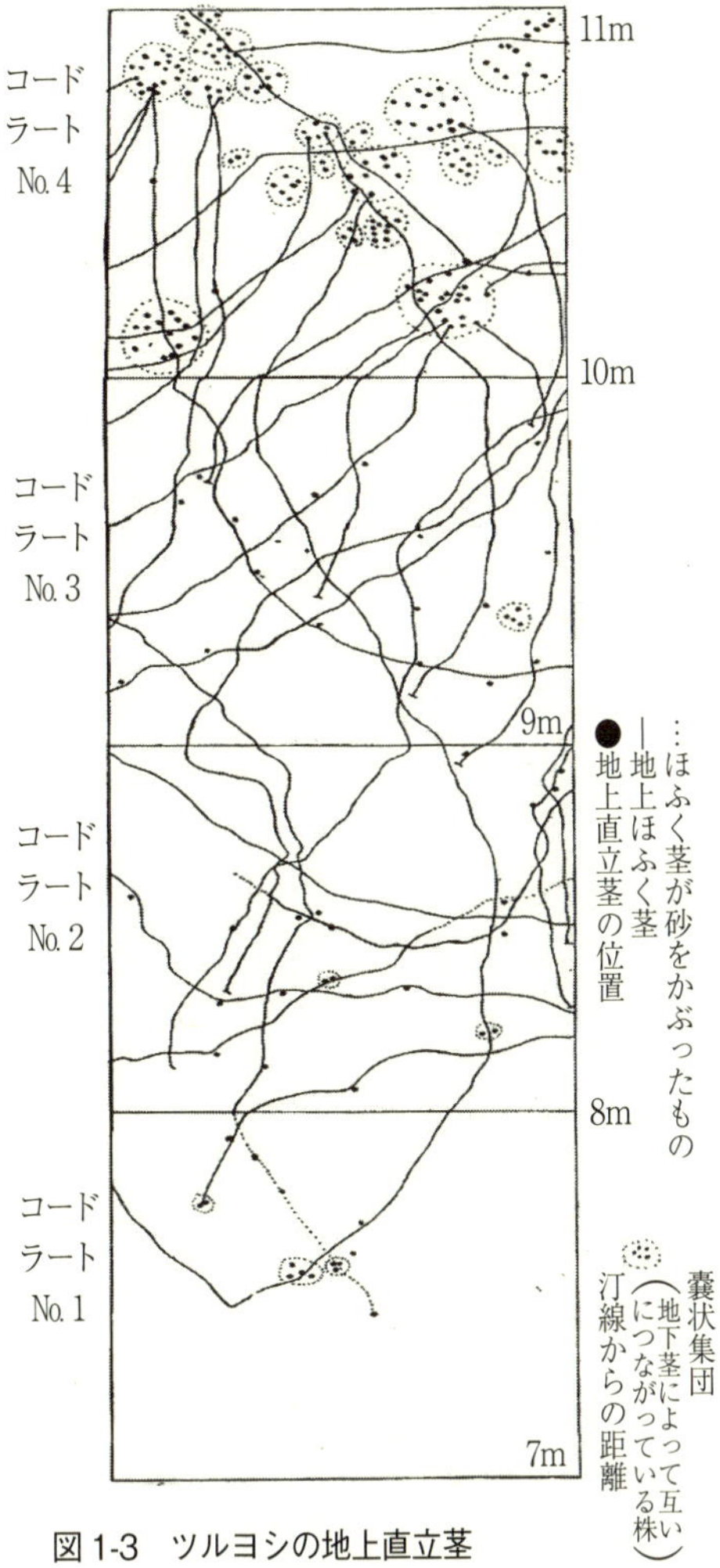

図1-3　ツルヨシの地上直立茎およびほふく茎の分布図

出典）岩田、1979年

波のおだやかな湾内での植物分布

習志野高校の生物部は、この時より一〇年前に、山中湖の東側にある入り江の奥の波がおだやかなところでも水草調査をしております。それによりますと、湖岸から七mのところまでは、水草の一種のヒルムシロが優勢になっていました。水位が低下して陸化したところがまだ湿地のようになっていて、水草のヒルムシロが地表にへばりつくように生活していたようです。湖岸から一六mまでの陸地には湿地植物が分布し、さらに内陸のところはヨシが優勢になっていました。湖水のなかはヒシという、葉が水面に浮ぶ水草が優勢でした。

その二年後の一九七〇年の同じ場所での調査では、水位が上昇していて、湖岸の陸地側も湖水のほうもヨシが優勢になっていました。水位が上昇し、それまで陸地であったところが水中に没して、からだが単純な水草がすばやく進入して優勢になっていました。この一九七〇年の時には水草も調査されていました。水草は、からだの特徴と生活のしかたからつぎのような型に分けられています。

a抽水植物：からだが空中と水中に分かれている
b浮葉植物：葉が水面付近に浮かんでいる
c浮漂植物：からだ全体が風・波によって漂う
d沈水植物：葉も茎もすべて水中にある

この四種の植物のうち、浮漂植物以外の三種は根または茎が水底の泥のなかにもぐり、からだが移動しないように固定しています。ですから、沼や湖の深いところでは生活できません。そのうちの、沈水植物が体が水中に没している深いところでも生活していました。浮葉植物は、水底の泥のなかに根・茎をはり、そこから水面まで茎または葉柄を伸ばして生育すれば、水面の強い光を受けることができます。それだけに沈水植物より底の浅いところに限られます。抽水植物は、からだの上半身を空中に出す植物ですから、水草のなかでは日陰になるかならないかの争いに強い植物ですが、それだけにあまり深いところでは生活できません。沈水植物以外は強い風や波によって茎が折れたり、ちぎれたり、漂ったりするので、大きな湖の開けた湖岸では生活が難しいようです。

浮漂植物はウキクサのようなからだ全体が水面に浮かんでいる植物です。抽水植物によって日陰にされるところを除けば、強い光を受けることができます。からだが小さいので繁殖もすばやくできます。しかし、風や波によってからだが陸上に打ち上げられるおそれがあり、水溜りや小さな池、池の入り江の奥まったところでしか生活できません。

二、海岸砂丘の植物たち

コウボウムギ――好砂植物

コウボウムギという、カヤツリグサ科の多年生の草が海浜によくみられます。外洋に面した強い波が押し寄せる海岸の浜で、砂丘が形成されるようなところです。大風や台風の時に、波に打ち上げられ、風に吹かれて飛ばされ、運ばれるという、砂の移動がはげしいところです。

強い風が吹いた時に、飛んできた砂が、生えている植物やものにあたりますと、その根元で止まって堆積します。そのうちに植物はからだ全部が埋めつくされて、枯れてしまいます。普通の、背丈を高くする草は、生育途中で砂嵐に遭遇して死んでしまうので、海浜の砂丘地帯には姿がみられません。

コウボウムギは、海岸砂丘にわずかにみられる植物の一つです。そうした、砂がはげしく移動するところにしか生活することができません。コウボウムキの独特のからだと生き方が、そうした環境にうまく対応できるからです。コウボウムギも、砂にからだが埋まってしまうと枯れてしまいます。ところが枯れるのは地表に出ていた葉だけで、地中の茎にあった芽が出て茎となり、地表に向けて伸び出します。地表に近いところに達しますと白い葉の束を地表に向けて伸ばし、地表に出て緑色に開きます。こうしてコウボウムギは砂の堆積に傷害を受けながらも再生することができます。

もし砂の移動が止まり、土壌が安定的になるとどういうことになるのか。そうしたことに実証的に答える事実があります。砂嵐で被害にあっていたある地域で、砂止めの柵をつくりました。そのことによって、それまでコウボウムギが生活していたところでは砂が移動しなくなり、ほかの背丈の高い、普通の植物が進入してきて生育を始め、その結果コウボウムギはその日陰になって枯れて死んでしまうということがありました。コウボウムギのからだとそこから生まれてくる生きかたは、砂の移動がはげしく、ほかの植物が生活できない環境への対応のなかで「生きる」を実現させていることになります。

ところが、コウボウムギの砂に埋もれることに対応したからだと生きかたは、回復にとどまらず、分布拡大・繁殖にも役立っています。それは、地表の葉が枯れた時に、地中の茎から出る芽の数が一つだけでなく二つも三つも、あるいは五つ以上におよぶ場合があるからです。そのことによって、いくつもの地上部を形成することになります。砂をかぶることは、むしろ繁殖のきっかけの一つになっているのです。日本の海浜植物研究の数少ない専門家であった延原肇さんは、コウボウムギのような植物に対して、耐砂植物ではなく、好砂植物という言いかたをされていました。この考えかたに立って、延原さんは、好砂率という、植物群落の状態を評価する指標となるものを考え出しました。ある場所に生息している植物群のなかで、好砂植物がどれくらいの率でみられるかというものです。それによってその場所の環境が植物たちにとって、どのような意味をもっているかを明らかにする手段としました。全体の植物の種類数が少なく、好砂植物の率も低いところでは、全体として植物が生活しやすい環境ではないことがわかるとともに、コウボウムギのような植物も生活しにくいところです。その環境のきびしさというのは砂の移動のようなものではなく、別の要因であるということがわかります。しかし好砂植物の率が高ければ、そこは砂の移動がはげしい環境です。また生息している植物の種類数が多く、好砂植物も少ないながら混じっているとしたら、砂の移動がゆるやかになって普通の植物が優勢になる途中の段階と推定できます。

ハマボウフウ

海浜植物についてもう一種類紹介します。セリ科のハマボウフウという多年生の草です。この植物も、地表に出ているのは葉だけです。茎は地中にあります。葉が砂に埋もれると枯れますが、地中にある茎から芽が出て茎が地表に向けて伸長し、葉を地表に出して再生します。ここまではコウボウムギとまったくといってよいほどよく似ています。ところが、地中茎は枝分かれしながら地中を水平方向あるいはやや斜めの方向に伸びることはありません。また地表に向けて伸びるもとの芽の数は一つか二つです。ですからコウボウムギのように砂に埋もれて、それがきっかけになって分布拡大する、殖えるということはあまりありません。茎は垂直にひたすら伸びるだけです。

海浜植物の帯状分布

延原さんによると、千葉県の九十九里浜北部の八日市場長谷浜の植物の場合、海浜の汀線から内陸に向ってずっと植物の生えていない無植物地帯が続き、六〇ｍくらいの距離のところから最初の植物が現われています。コウボウムギが優勢になっていて、砂丘ができています。ほかにハマニガナというキク科の草が葉の先だけ地表に現わし、茎を地中にほぼ水平方向に枝分かれさせて伸ばしています。その後ろにハマヒルガオという茎が地表をはい、地中に枝分れして広がっているヒルガオ科の草が現われています。その後ろに、はじめて茎が地中から直立して出して背丈を伸ばすケカモノハシというイネ科植物がみられます。この付近になりますと砂の移動はおだやかになります。さらにその後ろには植林されたクロマツや住宅地の道端にもみられる植物が生活しています。

三、校庭の植物

植物の生活と環境との関係をみますと、環境条件がきびしいところでは、そのきびしさに対応できる

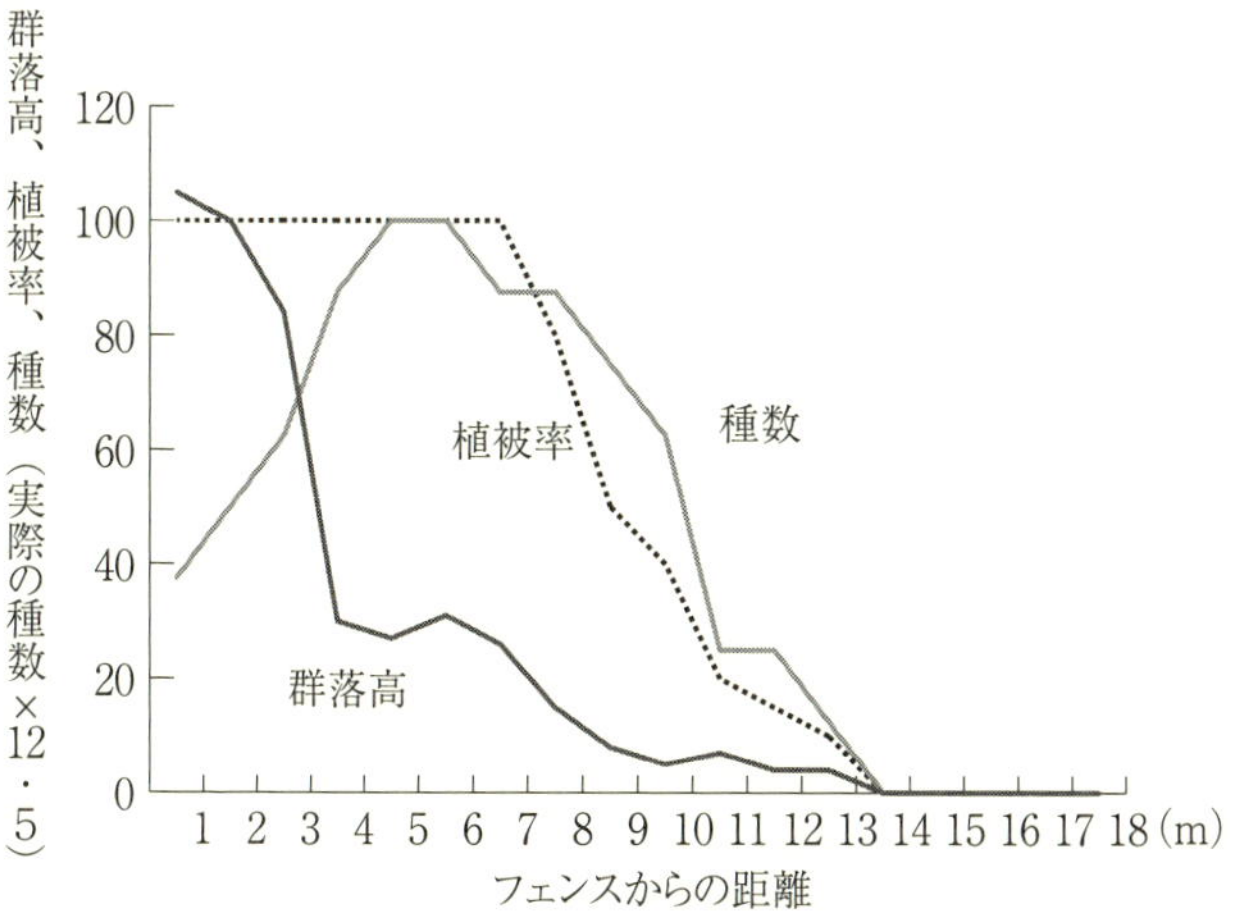

図 1-4　校庭の植物分布

出典）岩田、1979 年

限られた植物が生活し、そうしたきびしさがおだやかなところでは、背丈の高い植物が優勢になっているという傾向がみられます。そしてその中間では両方の植物が入り乱れて生活しています。

　学校の校庭の隅の植物分布を調べた結果がありますが（図1－4）、種類に関係なく同じような傾向がみられました。校庭のまわりを取り巻いているフェンスから十三ｍくらいの距離のところまで植物が分布していました。七ｍくらいのところまでは、地表がみえないくらい植物に被われていて、それから校庭の中央にかけて植物の地表を被う割合（植被率といいます）が小さくなっていました。草取りをしたり運動やスポーツなどで走ったりしているところで、踏みつけによる被害が大きくなっていたためだと推定できます。それぞれの場所に生えている植物の背丈は、フェンスぎりぎりのところがもっとも高く、中央に行くにつれて急激に低くなっていました。種類の数は、背丈の高い植物が生えているところと、背丈が極端に低く植被率が低いところで少なく、その両方に挟まれた中間の部分でもっとも多いことがわかりました。

無植物地帯に近いところには、踏みつけのきびしさに耐えられる、特定の背丈の低い植物しか生活することができず、種類数も植被率も小さいです。逆にフェンスの近くのところではそうした環境のきびしさがおだやかで、植物の間の光をめぐる競争がはげしく、背丈の高い植物が優勢になって種類数が少ないのであろうと考えてみました。

四、カタクリ

スプリング・エフェメラル

スプリング・エフェメラルという愛称で呼ばれている植物があります。それは、カタクリなど春の短い時季にだけ活発な生活をおくり、その他の時季はずっと長い期間休眠している植物のことです。いずれもきれいな花を咲かせます。カタクリはうす赤紫色の花を咲かせる代表的な植物です。葉・花が地表に出て生活するのは、千葉県では三月中旬から四月の終わりまでで、花が咲くのは三月下旬から四月の上旬までです。

その三月中旬から四月の終わりまでというのは、春の気温が高まって暖かくなり始める頃で、若いコナラやクヌギなどの落葉樹林を構成している高木が、まだ葉が開いておらず、林内が明るい時季です。

もう少しはやければ、明るさは問題ないのですが寒さが残り、もうちょっとあとになりますと、もっと暖かくなりますが、高木の枝先に葉が広がり、林内はうす暗くなります。林のなかで生活しながら明るい陽射しを必要とするカタクリにとっては、唯一つの生活できる機会を与えてくれる時季です。

カタクリは地中に茎があり、球根に栄養物質を蓄えております。この時季になりますと、細い白い茎を地表近くまで伸ばし、その先に二枚の葉を地表に広げます。そして光を受けて光合成をして栄養物質を合成します。

カタクリの地上部は、これまで紹介しましたコウボウムギやハマボウフウの地上部によく似ております。こうしたからだでは背丈を高くすることはできず、一生林床で暮らすことになります。そして三月下旬頃になりますと、二枚の葉を出した地中の茎の先端のところから芽が伸びて花茎となり、その先端に花を咲かせます。その後、花が咲き終わり種子ができてから少しして葉も枯れて、地中の茎と球根が残って休眠に入ります。種子のほうは花茎の根元近くに落ちたり、アリなどに運ばれたりして散布されます。

少ない栄養を少なく使う生活

この短い期間で光合成で栄養物質を合成し、生育や花の展開、種子の形成などに使った分を補い、来年また茎を伸ばして地表に葉が展開できるだけの栄養物質を球根のなかに蓄積します。少ない生産物質を倹約しながら消費して生存している植物といえましょう。

カタクリは、一つの株の花から平均二五粒くらいの小さな種子をつくりますが、アリをふくめて小動物に食べられて数が減少します。残った種子は翌年発芽して細い茎を伸ばし地表に最初の葉を広げますが、それは、花を咲かせ種子をつくることができる個体の大きさとくらべれば、一〇〇分の一以下の大きさで、それが毎年限られた時季だけに少量の栄養物質を蓄え、利用して大きくなっていくには、七年ないし九年はかかるようです。

初めは葉の数は一枚で、年々その一枚の葉が大きくなり、栄養物質の合成量を多くしながら、七―九年目に二枚の葉を広げ、花を咲かせて種子をつくれるようになります。その間に花を咲かせ種子をつくることはあとまわしにして、ひたすら自分のからだを大きくすることに生活の重点をおく、繁殖からみれば準備段階の長い生活ということができます。

林のなかの低い位置に葉を広げて光合成をして生活している植物のなかには、ジャノヒゲやカンアオイのような常緑の背丈の低い草があります。いずれもカタクリ同様、地表に出るのは葉だけで茎は地中にあります。そうした植物は、夏になって高木の葉が広がり、林床が暗いなかで弱い光でも光合成能力を最高にはたらかせるように調整されているようです。また常緑であることは、冬などの環境条件のきびしさに対する耐性を備えているためにしっかりとしたからだをつくることになり、そのために栄養物質を多くつかいますが、カタクリとはちがって一度つくったものは長期枯らさずに活用する、という生活のしかたをしています。

カタクリは、東北地方など寒い地域の落葉広葉樹林の林床にみられますが、千葉県のような暖帯林でも、若い落葉広葉樹の林の北向き斜面で、ササなどがきれいに刈り取られた明るい林床にみられます。すべて人間の手入れによって、そうした環境条件が維持されているところです。

五、帰化植物

帰化植物とは

帰化植物とは、外国または日本国内の他地域から人によって移入され、定着した植物をいいます。これは日本だけの問題ではありません。欧米でもクズなど日本の植物が人間の手によって渡り、問題となっております。

帰化植物の出現というのは、私たち植物の立場からみますと、犯罪行為に等しいといってよいものです。直接手を下さないものの、ほかの地域から植物を入れることで、人間は間接的に私たちのなかまに危害を加えます。それまでいた地域独特の植物が消え、植物世界に大きな異変がおこります。

千葉県を例にとりますと、帰化植物は一九五八年に一五〇種みられました。それが一九七四年には三一五種に増え、一九九五年には四六〇種を超えました。この四六〇種というのは、千葉県に生息している植物の全種類数の二二・三％に相当します。

移入から帰化まで

人が外国や他の地域から持ち込んでもすぐに帰化植物になるわけではありません。進入して生活を始めても、自分の生きかたが環境にうまく対応するものでなければ、そこで死んでしまい定着することはありません。少なくも、在来の植物にとって問題になるものは、つぎの四段階を経てきたものです。
第一段階　人間によって移入された：移入段階
第二段階　移入されたものが野外で生活を始める：帰化前段階
第三段階　野外で生活を始めたものが種子などの繁殖子をつくって繁殖するようになったもの：定着段階
第四段階　さらに他地域に分布を拡大する：拡大期

帰化の人間的問題と植物的問題

この四つの段階のうち、第一段階だけが人為的な問題ですが、第二段階からは植物的な問題になります。外来植物は、その自生地で自分の生きかたと環境との間に一定の関係を結んで生きています。ちがった場所にいけば、「生きもの—環境」の密接な関係が成立しないかぎり、定着することはできません。第二段階は外来植物にとってはそうした試練の段階です。

この場合、重要なのは、対応関係にある環境というのは、これまで具体的に見てきました水位の変動とか砂の移動とかということだけでなく、種子や実が落ちた場所にどのような植物が生活しているかということがあります。とくに似たような生きかたをしている植物との関係が問題となります。生活上必要な条件が同じですから、同じような環境のところに同居しますと、外来植物と在来植物の間に競争関係がおこる可能性が強いです。その結果在来のものが絶滅し、外来のものが在来のものにとってかわるということが起こりえるわけです。逆に外来植物がまけて定着できないこともあります。しかし、そうしたことが一時的におこりながらも、微妙なところで生きかたにちがいがあり、その結果植物世界のなかで相互関係の再編成がおこり、外来植物も生存可能になるという、すみわけの細分化もおこります。在来タンポポと外来タンポポとの関係は競争関係ではなく、この関係ではないかと思います。在来タンポポが生息していたところが人間の手によって一度破壊されて、その後タンポポが生活できるようになった環境のところでは外来タンポポが占有し、人間によって破壊されなければ、在来タンポポは生活します。そのように人間が環境を変えるとか、在来植物を消してしまうとかが、外来植物の定着を許し、帰化植物にする原因になります。ですから、帰化植物は、田畑を放置したあとや、森林などを破壊して裸地化したあとに多くみられます。河川の増水で川原の植物がなくなり裸地になったところに帰化植物が多くみられるのは、環境の変化が共通していることが要因となっています。

帰化植物についてもう一つ大事なことがおきています。それは近縁な、外来植物と在来植物の間で自然交雑がおこってあらたな植物が現われていることです。タンポポの場合は深刻な問題となっています。そうしたものが外来植物以上に、定着と拡大の上で威力を発揮する可能性があります。

六、植物遷移

農村の田畑の変化から

一九六〇年代以降、日本の田畑は大きく変わりました。大都市周辺では農村そのものがなくなりました。大都市からずっと遠いところでも農村が消えました。農民がそこで生活できなくなったからです。農村がなくなると同時に田畑も消えました。そのほかに外見は農村のように見えても、大きく変化した農村も多くあります。とくに農村の中心である田畑が大きく変化しました。

その田畑の変化のうち、屋敷や果樹園に転換したものは、その持ち主が意識的に変えたものですが、放置することによって変化したものもあります。草原と笹竹林と落葉樹林の三つになっています。草原には、一年生の草からできているものと多年生の草からできているものがあります。この四つを新しい順に並べますと、一年生草原、多年生草原、笹竹林、落葉樹林となります。落葉樹林と笹竹林のなかには、どちらが先なのかはっきりできないものもありました。このことから、田畑を放置すると、この順に植物集団が変わったとみることができます。こうしたことは、これまで多くの研究者が調べていて、同じ変化がどの地域でも起こることが確認されています。こうした変化は遷移といわれています。

実際に調べる

遷移の進行していく過程を実際に調査にした研究者もおられます。千葉県立衛生短期大学の飯島和子さんは、一九八七年五月のことですが、大学の一画にありました芝生の生えている土地の一m×二mの広さのところで、土砂を約二〇cmほどの深さまで掘り返し、種子を除く植物のからだを取り除き、土をよくかき混ぜてをそのまま放置しました。その後ずっと毎月または隔月で調査を続けました。

最初の一九八七年の夏の調査では、二五種類の植物が姿を現わしました（表1-2）。そのなかで優勢だったのは、メヒシバ、アキメヒシバ、スズメガヤの三種でした。この三種の植物は翌年には優勢にはならず、かわってヒメムカシヨモギ、コマツヨイグサの二種が優勢になりました。また最初に現われた二五種のうち五種が姿を消しました。かわって一五種が新しく加わり全体として三〇種となりました。三年目になりますと、二年目に姿を消した植物のなかで二種が復活しました。二年目に現われたもののなかの一種、一、二年目みられたもののなかの三種が姿を消しました。これに新しく現われた七種を加えて、三年目には四〇種となりました。このままで進むと種類数はどんどん増えると思いましたが、四年目はそうではありませんでした。二一種になり、五年目には八種になりました。六年目には五種になり、七年目には四種となりました。八年目になって最初の年に現われました二五種全部がいなくなりました。六年目からは新しく加わる植物はなく、九年目になって二種、一〇年目に一種、十一年目に一種加わり七種となりました。一〇年目、十一年目に新しく加わった植物は低木でした。草原から森林に変わる最初の兆しなのか、そんな思いがしました。

初めに現われたメヒシバなどの三種の植物は一年生の草でした。二年目に優勢になった植物は越年生の草でした。生活期間はおよそ一年なのですが、秋にからだができて冬を生きのびて夏まで生活する植物です。三年目から優勢になったは多年生の草でした。

もう一人の筑波大学の先生をされていた林一六さんは、長野県の菅平高原の畑を放置して、その後の変化を追跡しました。一年目に優勢になったのは、同じように、シロザ、ハルタデ、イヌビエ、アキメヒバなどの一年生の草でした。二年目に優勢になった植物も種が同じでヒメムカシヨモギ、ヒメジョオンなどの越年生の草でした。その後優勢になった植物はヨモギ、ススキという順に多年生の草でした。林さんはこの調査は畑を放置したあとの追跡であったので、裸地化したあとの遷移の追跡もしました。や

35. エノコログサ (Th) Setaria viridis var. viridis		●	●								
36. コブナグサ (Th) Arthraxon hispidus		●	●	○							
37. ウラジロチチコグサ (Th(w)) Gnaphalium spicatum		○	○								
38. マンテマ (Th(w)) Silene gallica var. quinquevulnera		○	●	○							
39. ハコベ (Th(w)) Stellaria neglecta		◎	◎	◎							
40. ホトケノザ (Th(w)) Lamium amplexicaule		◎	◎								
41. キュウリグサ (Th(w)) Trigonotis peduncularis			○	○							
42. チチコグサ (Ch) Gnaphalium japonicum			●								
43. ミミナグサ (Th(w)) Cerastiumfontanum subsp. Triviale var. angustifolium			○								
44. ハマツメクサ (Th,Ch) Sagina maxima			●								
45. アレチマツヨイグサ (Th(w)) Oenothera parviflora			○		●						
46. アレチノギク (Th(w)) Erigeron bonariensis			○								
47. ハナムグラ (G) Galium tokyoense			◎								
48. ススキ (H) Miscanthus sinensis var. sinensis									○	○	●
49. カラスノエンドウ (Th(w)) Vicia angustifolia									○	○	●
50. ピラカンサ (M) Pyracantha 属										○	●
51. ヘクソカズラ (Ch) Paederia scandens											●

◎；芽生えたが伸長・開葉の見られなかった種
○；伸長・開葉の見られた種
●；開花・結実の見られた種

表 1-2　埋立地における裸地化から 11 年間に出現した植物

出典）飯島和子ほか、2000 年

	調査年										
出現順位　種名（休眠型）	‘87	‘88	‘89	‘90	‘91	‘92	‘93	‘94	‘95	‘96	‘97
18. セイタカハハコグサ（Th(w)） Gnaphalium luteo-album	○	●	●	○							
19. ネジバナ（G） Spiranthes sinensis var. amoena	○	○	○	○							
20. スズメノカタビラ（Th(w)） Poa annua L.	○	○	○								
21. ツメクサ（Th,Th(w)） Sagina japonica	○	●	●								
22. タチイヌノフグリ（Th(w)） Veronica arvensis	○	●	●	○							
23. ヒメジョオン（Th(w)） Erigeron annuus	○	●	●	○							
24. セイヨウタンポポ（H） Taraxacum officinale	○	○		○							
25. ジシバリ（Ch） Ixeris stolonifera	◎										
26. ニワゼキショウ（H） Sisyrinchium angustifolium		○	●	●							
27. トウネズミモチ（M） Ligustrum lucidum		○	○	○	○						
28. コナスビ（H） Lysimachia japonica		○	○	○							
29. シバ（H） Zoysia japonica		○	○	○	○						
30. スギナ（G） Equisetum arvense var. arvense		○	○	○	○	○	○	○		○	○
31. ヨシ（HH） Phragmites australis		○	●	●	●	●	●	●	●	●	●
32. ヒメクグ（HH） Cyperus brevifolius var. leiolepis		○	●								
33. セイタカアワダチソウ（Ch） Solidago altissima		○	●	●	●	●	●	●	●	●	●
34. アカザ（シロザ）（Th） Chenopoclium albun var. centrorubrum		○									

はり一年目にシロザ、イヌビエの一年生の草、二年目にヒメムカシヨモギ、ヒメジョオンなどの越年生が、三年目から七年目まではヨモギが、七年以降はススキが優勢になりました。

火山爆発のあとの遷移

畑を放置したあとの遷移というのは、すでに一度植物が生活して、その残留物が残った状態からの変化です。そうではなくて、まったく無植物の状態の場合には遷移はおこるのか、おこるとしたら同じように進むのかということに注目して調査した研究者もいます。伊豆大島での調査をした手塚泰彦さん、鹿児島県の桜島での調査をした、これから紹介します田川日出夫さんなどです。

田川さんは長く鹿児島大学の先生をしておりましたので、地元の桜島の調査ではもっとも適した研究者だったといえます。桜島は活火山で、これまで何回となく火山爆発がおこり、そのたびに溶岩が流れたり火山噴出物が降ってきて、それまで生活していた植物を全滅させ、無植物地帯に変えてきました。火山爆発がいつ発生したかは記録に残っていましたから過去にさかのぼり、農村の場合と同じように、古い順にそれぞれの場所の植物の生活状態を並べて明らかにするという方法を使って調べられました。

田川さんは、桜島の溶岩地帯に行き、それぞれ溶岩が流れ出た時代の異なるところを四つ選び、それぞれの場所の植物の生活している様子を調べました。

もっとも新しい溶岩地帯の「昭和溶岩」というのは、田川さんが調べた年よりも一七年前の噴火で溶岩が流れてきた場所です。無植物地帯になってから一七年の間に、一九四年前の噴火で無植物になった安永溶岩地帯で調査当時の数が多かったクロマツと、四九年前に爆発のあった大正溶岩地帯で数が多かったイタドリなど三種の植物がみられています。昭和溶岩地帯に生活していた植物はその他にもありましたが、四九年の間には優勢でなくなる、あるいは姿を消したものと解釈できます。

大正溶岩地帯で数がもっとも多かったのはタマシダというシダ植物で、ついでイタドリ、ススキの順になっています。どれも多年生の草です。安永溶岩地帯（一九四年前噴火）では、アラカシという高木になる木がもっとも本数が多く、続いてヒトツバという草、ネズミモチという低木です。調査した場所としてはもっとも古い時代（四八七年前）に噴火があった文明溶岩地帯では、テイカカズラという、つる性の常緑の高木が多く、つづいてアラカシが多いです。ネズミモチはみられますが数は少なくなっています。

こうした調査結果をもとに、火山爆発後の溶岩地帯の遷移を推定しますと、最初は溶岩のくぼみなどにコケ類が定着するようです。コケ類はからだが小さく、短い日数で生育しますし、小さな胞子をたくさん散布して繁殖する植物です。岩の表面に着生することもできます。噴火と同時に噴出した火山灰などが降下して、溶岩のくぼみに溜まるということがありました。そうしたところは普通の植物も根をおろして生活しやすいところですから、昭和溶岩地帯にみられますタマシダやイタドリ、ススキなどが生活を始めたと考えられます。それから年月の経過とともに、植物が定着した場所には落ち葉やその砕けたものや腐植したものが堆積し、それと火山灰などが混ざって土壌をつくり、植物が生活しやすい環境が生まれています。そうした段階になると、低木が、さらに高木になる木が定着するようになったと考えることができます。そうしたなかでクロマツの林ができ、さらにアラカシやタブノキなど常緑の広葉樹からなる林へと変化しました。

表1-3　植物の生活形

	種子	地上葉	地上茎	地中部
一年生草	○	×	×	×
多年生草	○	×	×	○
落葉樹	○	×	○	○
常緑樹	○	○	○	○
常緑草	○	○		○

遷移とはどのような植物変化か

植物の遷移とは、これまでの事実から、草原から森林への変化であることがわかります。また桜島での調査では初期の段階のことがわかりませんが、畑を放置したところでは、草原は三つの段階を経ていることが明らかにされました。また桜島の遷移についての調査によって、遷移は単なる植物の変化だけでなく、植物によって生活の基盤となる土など環境が変えられることもわかりました。またそれが植物のさらなる遷移に関係していることも明らかになりました。

こういうことをふくめて植物の遷移というのはどのような変化なのかを整理します。

第一の、草から木への変化は、植物が形成している集団、植物群落あるいは植生といいますが、その高さがまして、群落が立体的になって植物が葉を展開する空間が広がるということが上げられます。第二は、それと関係することですが、それぞれにみられる植物の量が増加することです。それによって丈を高くするのに茎や根の量が大幅に増して、同じ強さの光を受けて栄養物質を光合成によって合成しながら、消費する量が増えるということも言えます。そのことは植物の栄養物質を生産して消費するという物質経済生活が不利になる変化であるともいうことができます。また四番目のこととして、そうした経済生活を中心にして獲得した栄養物質をどのように使うかという点での変化もありました。出芽した年の生活に重点をおいた植物から長い年月をかけて優勢になる植物へと変わるということがみられます。物質経済生活の変化です。それらを整理しますとつぎのようになります（表1－3）。

①一年生の植物：最初に優勢になる。光合成で栄養物質を合成し、生育し、枯れ死ぬ直前に残すものは種子だけ。根・茎・葉だけでなく花も枯れて死ぬ。翌年も、種子から出発する。

②越年生の一年生草：つぎに優勢になる。生活時季が最初に優勢になる一年生の草と異なる。発芽した種子は冬になった時にはそれに耐える地上のからだになっていて乗り切り、翌春には種子からではなく、葉、茎、根がそろったり、ある大きさになったからだで生育を始める。

③広葉多年生草：三—七年後に優勢になる。冬をむかえて残るのは、種子、地中の茎と根。寒さに耐えた地中部から生育が始まる。地中茎も伸長して分布を拡大する。種子は秋のうちに飛散する。

④多年生のイネ科の草：七年以降優勢になる。冬をむかえて残るのは、種子と地中部。翌年は地中部から茎が伸びて地上部ができる。種子は飛散。

⑤落葉樹：多年生イネ科植物のあとに優勢になる。冬をむかえて残るのは、種子と地中部と高く伸びた地上茎。翌年は地上部の高い位置から発芽する。種子は飛散。種子から発芽して生育を始めた幼樹は、限られた種を除いて、暗い林床では高く生育できないで枯れる。

⑥常緑樹：落葉樹のあとに優勢になり、これ以後他の植物への遷移がない。種子のほか、高く伸びた地上茎とそこについた葉、地中部。翌年は地上部の高い位置から発芽する。種子は飛散。種子から

発芽して生育を始めた幼樹は、暗い林床でも高く生育できる。
⑦常緑の草：林のなかで長く生活できる。冬をむかえて残るのは、種子と地中部と高くない地上葉。

遷移を進めるもと

植物が翌年までに種子をつくって飛散させるというのは、別のところに生活場所を移すということにもなります。それはそれまで生活していた場所がつぎの年には生活しにくい環境になるおそれがあるということになります。一年生の草は、種子だけつくってほかのものを翌年まで残すことはありません。はやく生育するという点に物質経済生活を集中させています。ですから最初の年に優勢になるのです。これに対して多年生の草は地中茎を残し、そこから翌年発芽して生育を始めます。地中茎のなかに多量の栄養物質が蓄えられていますから、日陰のなかでも十分高く生育できます。しかし多年生の草が、その一方で種子をつくって飛散するのは、いつかは生活しにくくなる、あるいは寿命がつきるので、他のところに移住する準備でもあります。

地上の茎を残し、その高い位置から芽を生育させる樹木は、冬や乾燥の時季を耐えるだけのからだをつくるので、生育が速くありません。少しずつ樹高を高め、長い年月かけて多年生の草より高くなり優勢になります。同じ樹木でも落葉樹は、冬になったら葉を枯らし、そこへの栄養物質のつぎ込みを少なくし、冬のきびしい生活条件のなかで過ごす植物です。その分背丈を高くするほうに栄養物質を振り分けて、はやく樹高を高めることに重点をおいた生育のしかたであり、経済生活上の特徴です。以上が遷移を進めるもとになっていることです。

遷移が中断され、もとに戻るのは

海浜砂丘を例にしますと、砂の移動がなくなって環境が安定しますと、砂丘特有の植物にかわって普通の植物が優勢になります。これは一つの遷移です。そのような遷移が続けば、好砂植物は姿を消して、海浜は普通の植物群落にかわり、これまで見てきました畑の放置したところと同じように林に向けて遷移が進むと考えることができます。しかし、海浜で時々はげしくおこる砂の移動などがそうした遷移によってつくられた植生を破壊し、もとの裸地に戻します。このことは農村の田畑でも同じようにみられることです。もし人々が耕しなどの手を休めれば遷移が進行することは、田畑の放置地の例で明らかです。作物を栽培したあと、手入れをすることは遷移を止め、それまで形成されていた植生を破壊することです。

七、おわりに

植物の生活をとらえる視点の一つとして「遷移」があることがおわかりだと思います。光を必要とするという共通の生活要求のぶつかり合いから生まれる競争の結果として遷移がみられます。競争によってある植物が消えて、あるいは衰退して別の植物が生き残ります。千葉市の大学の校庭でいいますと、最初に現われた一年生の草は姿を消し、二年生の草が優勢になります。しかし、そうした遷移は競争だけでは言い尽くすことはできない、植物の生活の別の原理をみることができます。裸地になった最初は一年生の草、数年後には多年生の草が優勢になるというように、遷移の各段階に対応して別の生活のしかたをしているものが「すみわけ」（生活わけ）をして共存しているとみることができます。二年目には衰退した一年生の草も別のところにできた裸地で繁茂します。遷移が進んで極相林になって安定的にみえても、やがて上層木が倒木すると、裸地ではないにしても地表まで強い光が射しこむ環境となり、それまで生活していたものとはちがう植物が生えてきて、遷移を再開します。

そして、さまざまな環境変化による悪影響は、その遷移を中断しあるいは最初の裸地に戻し、遷移をやり直すことになります。それは、湖水面の上昇下降と海浜での砂の移動のように、影響のしかたのちがいによって遷移の初期段階に現われてくる植物にちがいが出てきます。いうまでもありませんが、カタクリなどの例で、森林内の光の強さに対応して独特の生活のしかたを身につけて共存しています。競争と共存が表裏一体となって、植物は生活しております。植物の多様性はさまざまなことが関係して成り立っていますが、そのなかでこのことが基盤になっていると申し上げることができると思います。

これから九章まで、八つのテーマで植物を紹介していきますが、ここでまとめましたことはずっと底流として引き継がれていきます。

二章　植物の光をめぐる争い

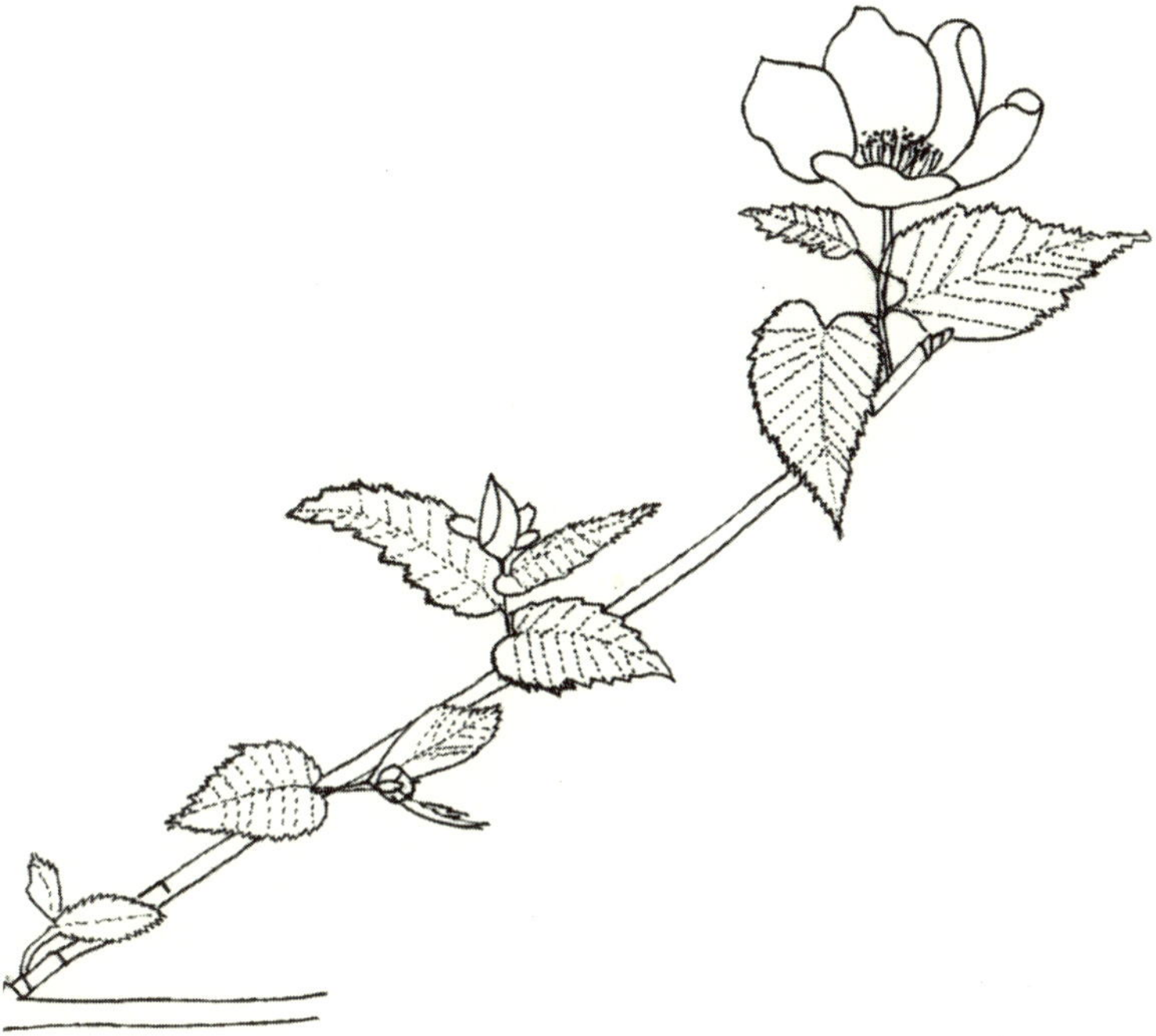

クロモジ　この章のテーマは「植物の物質経済生活」です。私たち植物が生きていくうえでもっとも基本となる営みです。セイタカアワダチソウに語ってもらいます。植物がどれだけ光合成で栄養物質を合成し、どれだけ呼吸によって消費しているかということです。栄養物質は人間のみなさんも生物ですから必要ですし、生物的には同じ物質経済生活を送っています。栄養物質は体内でいろいろな物質に転換したり、分解したりできる物質です。普通植物学では物質消費と言っています。残りが生育や繁殖に利用されて、つぎの生活や次世代にいのちをつなぐことができます。植物がこの物質経済生活を進めていく上で、これ以上ないと思われるくらい合理的なからだをつくり、生活していることがわかると思います。また最後に植物がこの物質経済生活を中心にたがいに争っていることを、なかでも同じなかまどうしでもはげしく争っていることを紹介したいと思います。

一、植物の基本構造——植物群落の生産構造

門司・佐伯研究との出会い

私はセイタカアワダチソウといいます。アメリカから連れてこられた帰化植物です。これから述べることの中心になっています。今でこそ人間のみなさんから悪者扱いされていますが、一九七〇年代は植物学者の間では花形でした。

私のことはあとにしましょう。最初は門司さんと佐伯さんという二人の研究者の研究成果を紹介しま

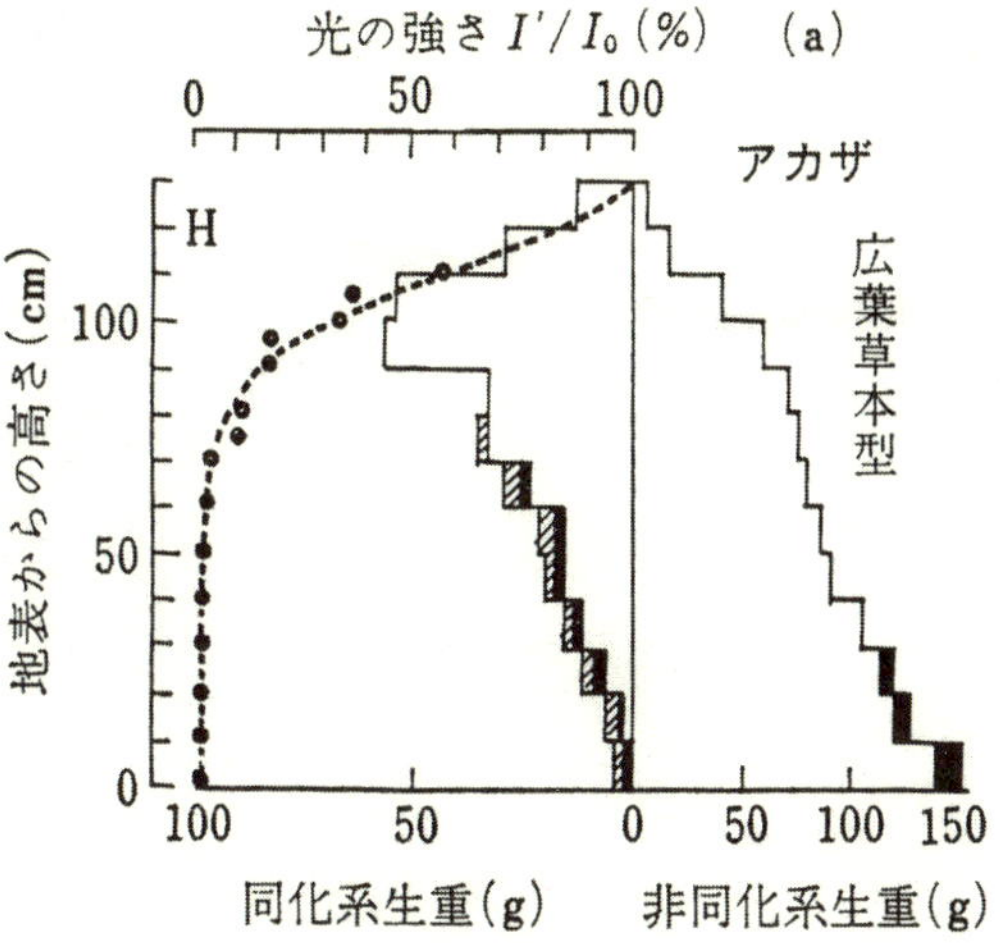

図2-1　アカザ純群落の生産構造

斜線の部分は枯れた葉、黒の部分は他の種

出典）宇田川、1979年

す。今から五〇年以上前の一九五三年のことですが、門司正三さんと佐伯敏郎さんが、日本語に訳せば「植物群落における光条件とその物質経済にとっての意味について」というドイツ語の研究論文を日本の植物学雑誌に発表しました。それは、植物群落の物質経済と構造を結びつけて考えた画期的な研究で、これ以後の植物生態学研究に大きな影響を与えました。

植物の基本構造——生産構造

図２－１はアカザという一年生の草の群落の生産構造を図にしたものです。この図は「植物群落における高さ別の葉の量と茎の量の分布と相対照度の変化」といい換えることもできます。佐伯敏郎さんも、いろいろな呼びかたが

あるといわれています。むしろこういい換えた方が図を正確に表わしていると思います。しかしこのように表現しますとお二人が一番いいたかったことがまったく表わせないことになります。

この生産構造図を描く順序について具体的に紹介しますと、ある場所の土地面積一平方メートルに生えている植物の集団を上から順に一〇cmの厚さの正方形のスライスに刈り取り、それを葉とその他に分けて重さを測るところから始まります。層別刈取法と呼ばれていました。また層別刈取する前に群落の内部の明るさを測定しています。これは明るさを測定する照度計を群落のなかに差し込んで一〇cmきざみに高さごとに測りました。これを群落の外の、太陽からの光をさえぎるものがないところを基準にして、それに対して何パーセントかという相対照度で表わしました。

この葉・茎の垂直分布と相対照度の垂直変化の図をなぜ生産構造図というのか、説明を必要とします。図２－１の中央にある垂直線の目盛は、下から上に向けて群落内の地表からの高さを表わしています。下の水平の基準線は、この垂直線と交わるところを〇g／㎡とし、そこから右に離れるほど値が大きくなっており、「非同化系」となっています。光合成をしない、茎や花・実の量です。垂直線から左は、二つの目盛があります。下の基準線には垂直線と交わるところが〇g／㎡で、左に離れるにつれて大きくなっています。これは、群落の高さごとの葉の量を表わしています。「同化系」というようになっています。もう一つの上のほうの目盛は垂直線と交わるところが一〇〇％で、これより左に遠ざかるほど相対照度が低くなり、左端は〇％となっています。ですから繰り返しますが「植物群落における高さ別の葉の量と茎の量の分布と相対照度の垂直変化の図」と言ったほうが正確なのです。

この二つの折れ線グラフと二つの横棒グラフをみますと、光合成する葉の量、茎など光合成をしない部分の量、相対照度の三つと高さに規則性があることがわかります。相対照度は、群落のもっとも高い位置がもっとも強い一〇〇％になっています。下にゆくほど弱くなっています。このグラフからは読み取りにくいのですが、地表近くでは〇・一％以下になっていたようです。

茎などの量は、枝が広がっていますから、実物を目で見た感じでは上のほうが多いように思えますが、実際に測定してみますと、このように下のほうの主軸の茎の根元に近いほど大きくなっています。これに対して、葉の量は、上のほうではだんだん増えて、この図では高さ一〇〇cm前後のところで最大となり、それより下にゆくほど少なくなっています。

相対照度のグラフのとおり植物群落の内部の下ほど暗くなっているのは、群落の上に照射した太陽の光が上のほうにある葉などによってさえぎられるからです。葉はその内部に光を吸収して光合成に利用し、また外に向けて反射します。その残りが葉と葉の隙間を通り抜けて下のほうに照射します。

葉の量の垂直分布について述べますと、群落内部の下のほうが暗くなれば、群落内部の下のほうの葉の量が少ない理由はよくわかります。葉は暗いところでは生産が十分ではなくなりますから、多くの葉を広げるわけにゆかないからです。

なぜ生産構造図というか

最初の疑問に立ち戻ることにします。こうした相対照度の変化と地上部の茎・葉の量の分布をなぜ生産構造というのかということを、ここではっきりさせたいと思います。

植物の葉が光合成によって栄養物質を生産するはたらきは、さまざまな条件に左右されますが、もっとも基本となる条件は、光の強さと温度です。温度のちがいは葉のなかで進行する化学反応に強く影響し、光の強さのちがいは光合成にとって必要なエネルギーの、とり入れる強さに影響します。群落内部のどの高さにどれくらいの量の葉があって、そこにはどれくらいの強さの光が当たっているかによって、その高さの葉の栄養物質生産能力が推定できます。群落上部の明るいところから下部の暗いところまで光の強さと葉の量がわかれば、群落全体の栄養物質の生産量が推定できます。ですから、図２－１は生産構造図ということができます。このような呼び名をつけることによって、葉などの量の垂直分布というような表面的な特徴にとどまっていた段階から、植物の生活の核心に迫る図に転換します。

しかし、物質生産だけでしたら、茎の垂直分布の部分は不要です。相対照度と葉の量の垂直変化だけ測定すればわかることです。ところが、この図には、茎など生産に関係のない器官の垂直分布のグラフが加わっています。これも植物の生活と栄養物質の関係を考えるうえで重要な資料を提供してくれています。垂直線から右側の茎などは光合成をしませんから、葉を植物体の生産器官というならば、消費器官という名が適当だと思います。葉は光を受けて光合成によって栄養物質を生産し、それを自分が生きるために使います。差し引いたあまりを茎などに供給することになります。人間社会でいえば、農民と都市民の関係に似ています。農民は食糧の生産者であり都市民は消費者です。植物の場合、生産した栄養物質を葉自体が使い、茎などの消費器官も使い、それでもなお残りがあったら、それは成長や繁殖、貯蔵にまわします。植物のこの生産と消費は、植物の生きるか死ぬかの問題を考える一つの目安になるという意味で、重要な意味をもっています。

このように植物群落のなかの消費器官の量まで考慮に入れて描かれた生産構造図は、経済構造図であるとみるべきでしょう。葉・茎の垂直分布といった場合には植物の形態の問題です。光合成系と非光合成系といった場合には、植物のはたらきの問題です。生産器官と消費器官の垂直分布といった時に生活学（生態学）の問題となります。しかし、単にどれだけ栄養物質を生産し、どれだけ消費するかというだけでしたら、垂直分布の測定は葉の量と相対照度だけでよいわけで、茎など消費器官は一括して一平方メートル当たりいくらあるかということがわかれば済むことです。

二、相対照度から生産構造図を描く試み

相対照度と積算葉量

相対照度の群落内垂直変化と葉の量の垂直分布との間に密接な関係があることから、一つのグラフを描いてみました（図2−2）。縦軸は相対照度で、対数目盛になっています。1は一〇％です。2は一〇〇％です。0は一％です。-1は〇・一％となります。この対数目盛のよいところは、一％と一〇％のちがいと、一〇％と一〇〇％のちがいが同じ長さになっていることです。桁がちがっていても同じ倍率は同じ長さになります。横軸は葉の量で、面積一平方メートルあたりの重量（g）を表わしております。多少折れたグラフになっていますが、細かいことには目をつぶりますと、ほぼ直線になります。直線になると簡単な式に表わすことができます。その数式なりこのグラフなりを利用しますと、相対照度を測っただけで、それぞれの照度に対応した葉の量が求められます。

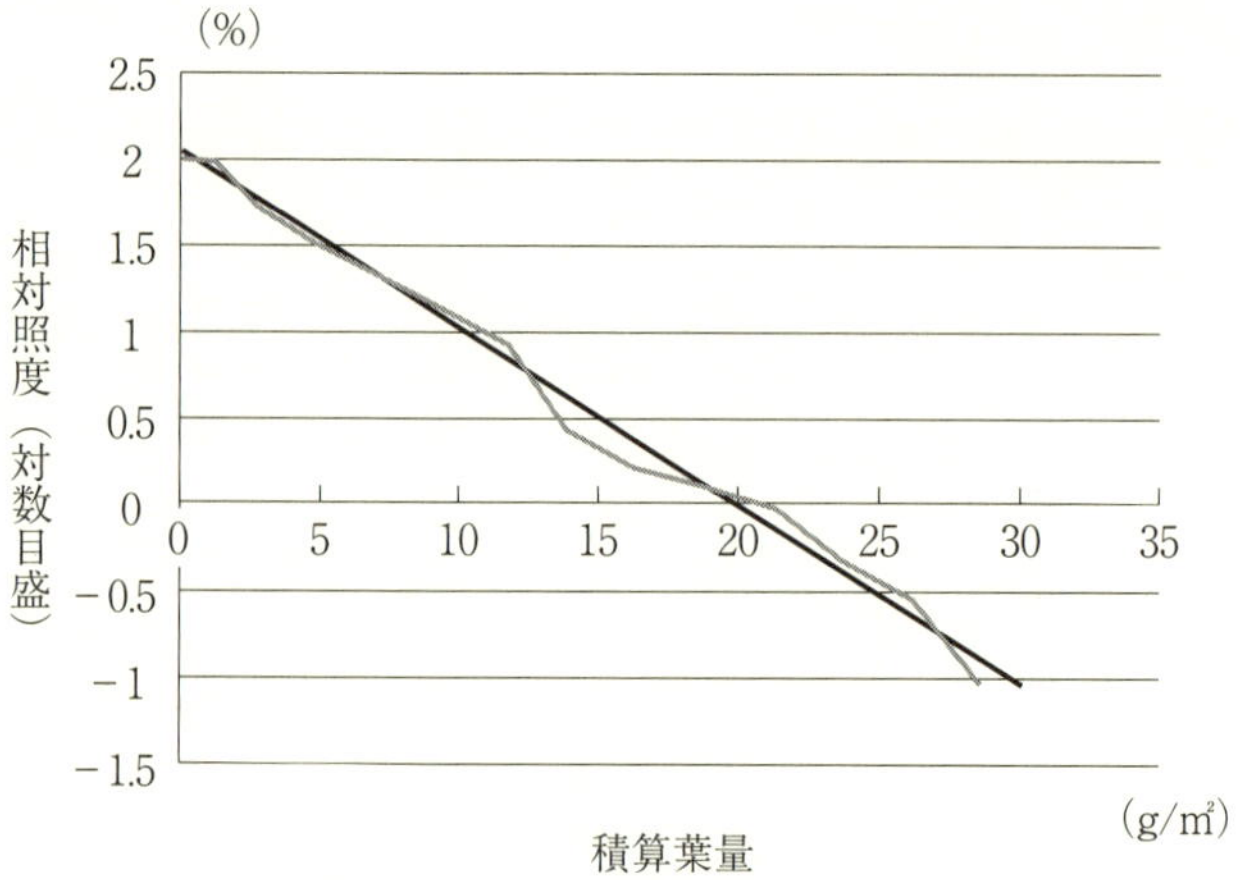

図 2-2　アカザ群落内相対照度と精算葉量との関係

片対数目盛のグラフに描くとほぼ直線となる

logL=aF+b

実はこのグラフの横軸は葉の量ではなく「積算葉量」となっています。群落内のそれぞれの高さにおける、それより高い上から順に葉の量を加算して得た数値です。それは、群落のある高さにおける、その高さより上にある葉のすべての量を表わし、群落内の明るさを減少させている原因となっている量になります。一つの理論的な考え方として、相対照度と積算葉量とは、必ずある一定の関係にあるということができます。この理論に基礎をおいて実際の数値を使って描いてみたのがこのグラフです。その結果から相対照度と積算葉量との関係は単なる理屈ではなく、一つの事実、法則性としてみることができます。群落内の高さと相対照度、葉の量はみかけの相関関係ですが、これは法則性です。どこのどのような群落であっても、同じアカザという植物の群落であれば、相対照度と葉量の間にはこのような関係にあるとみることが

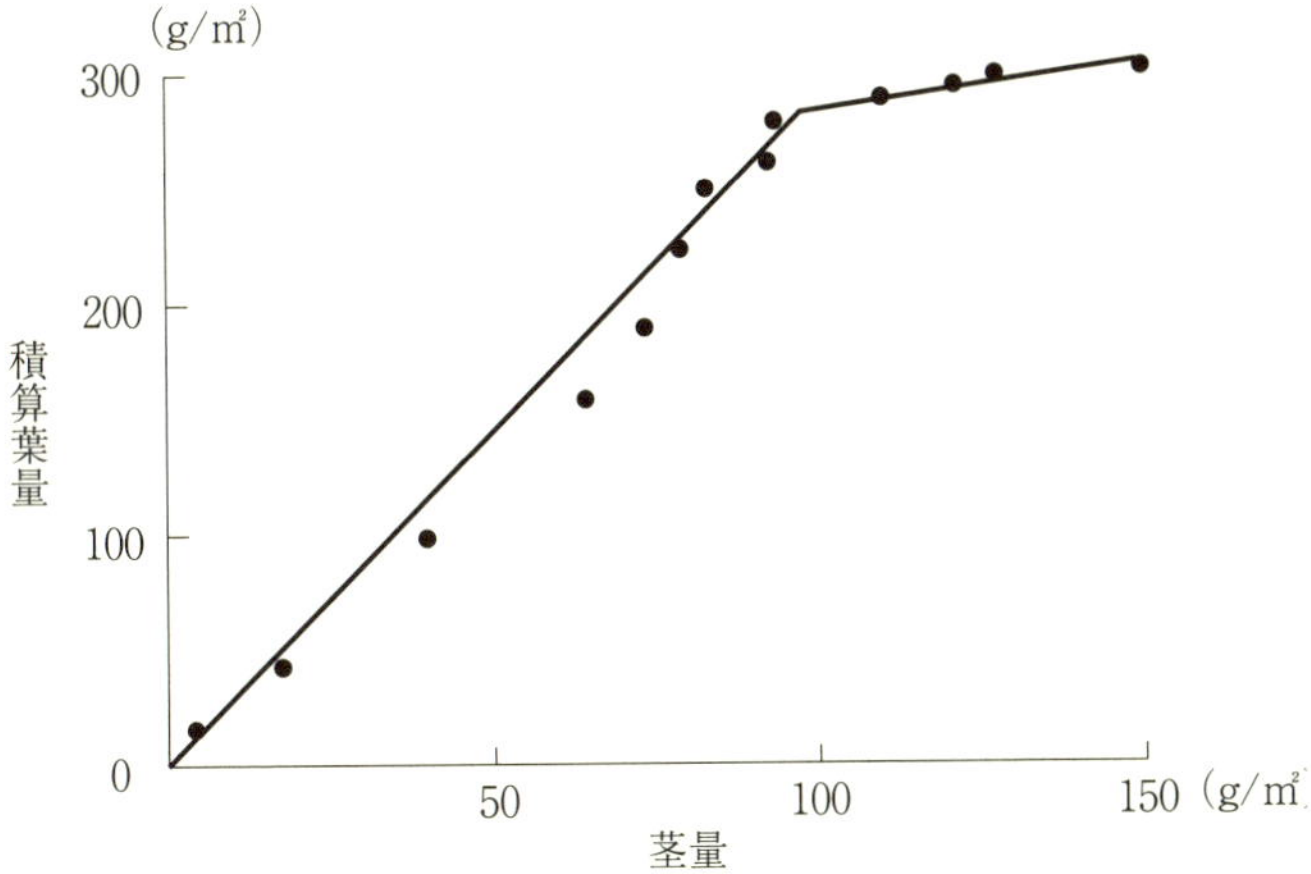

図 2-3　アカザ群落における高さ別積算葉量と茎量との関係（図 2-1 から数値を読み取り、表わした）

できます。

　そこで、一つの試みをしました。別のところの空き地にあったアカザ群落の、高さ別相対照度の数値から、このグラフを使って、高さ別積算葉量を求め、そこから高さごとの葉の量を推定するということをしてみました。その結果として、高さ約二mのアカザ群落の葉の量の垂直分布図を描くことができました。

パイプモデル説

　つぎに茎の量の垂直分布についても、単なる規則性だけでなく法則性を見つけ、グラフのかたちで表現し、そこから数式を導き出し、相対照度から推定することを考えてみました。これによって群落内の相対照度の垂直変化さえ測定すれば、生産構造図が描けることになります。

　こうした期待を実現できる理論的基礎はすでに研究者によって明らかにされています。四〇

植物群落の相対照度から高さ別茎量を理論的に求める順序

相対照度→積算葉量→高さ別の葉量→高さ別茎量

年以上前のことですが、一九六四年に、篠崎吉郎さんなどが日本生態学会誌に英文で発表し論文のなかでまとめられています。その論文の名は、日本語に訳しますと「植物形態の定量分析―パイプモデル説」というものです。このパイプモデル説によりますと、植物の葉の量と茎の量との間には密接な関係があるということです。茎の役割は葉など地上部を支え、水などの必要物質を送ることです。一枚の葉を支え、水などを送るはたらきをしている茎の一部を一本のパイプと考えるならば、一〇〇〇枚の葉を支えている茎は一〇〇〇本のパイプの束とみることができます。たしかに茎の内部は、維管束という、水などを通す管状の組織、支える役割を果たしている堅い繊維状の組織が束のように集まったものが大部分を占めています。植物のある高さでの茎の太さは、その上に乗っている葉などの量と強く関係しているとみることができます。ある高さにおける茎の断面積はその上に載っている積算葉量と比例関係にあるという考え方です。ある高さで茎を輪切りにして、ある厚さの円盤を切り取ったとしますと、その量は断面積に比例しますから、ある高さでの積算葉量とスライス状の茎の量とは比例関係にあるとみることができます（図2－3）。

グラフは大きくみますと二つの部分に分けられます。一つはグラフの左下の右肩上がりの部分です。茎の量も積算葉量もグラフ左下の端の〇を出発点にどんどん増加しています。もう一つの線は積算葉量の増加はほとんどなく、茎量の増加が大きい部分です。これは、群落内部の下のほうで暗く葉の少ない高さのところです。この部分の、支えられる葉の量が増加しないのに、支える側の茎が多くなっているのはおかしなことですが、理由は、成長の初めの頃にはこの部分に多くの葉をつけていましたが、成長が進んだ時期で葉が枯れ落ちたところです。茎の増加は葉がついていたころのパイプの名残とみることができます。このようにグラフが一つの直線になっていない場合には、グラフから数式を求めるとしたら、有効範囲を限定して二つの式をつくって利用しなければなりません。

こうして得た高さ別相対照度、葉の量、茎の量を計算で求め、図2－1にならって生産構造図（高さ別相対照度、葉量、茎量の垂直分布の図）を描いたのが図2－4です。

植物のからだをみますと、茎の根元のほうが太いのは上を支えるには太くなければならないからと、常識的に考えられます。パイプモデル説のように、一枚の葉を支える茎が一本のパイプと考えるのは問題ありませんが、上から根元まで同じ太さのパイプではありません。てこの原理で、長いパイプの先に重いものが乗っているのと、同じ重さのものでも短いパイプの上に乗っているのでは、風が吹いたり枝の先がふれあったりして外力を受けた時に耐える強度が「てこの原理」で大きくなければなりません。茎の下のほうの葉のついていない部分の茎が根元ほど増加しているのは、枯れた葉が生きていたころに支えていたパイプの残りですが、樹木の茎の場合枯れてもすぐに強度が低下することはありませんから、上のほうの高くなった葉や茎を支える助けをしているとみることができます。このパイプモデル説によって、生産構造の消費器官についてもなぜこれくらいの量になるかということが明確になりました。そしてこの構造は、もはや生産構造ではなく、物質経済構造になったということができます。

ただしパイプモデル説は、正確にいうならば、これだけの太さならばこのくらいの重さを支える可能性があり、このくらいの重さだとこれくらいの太さでなければならないというものです。

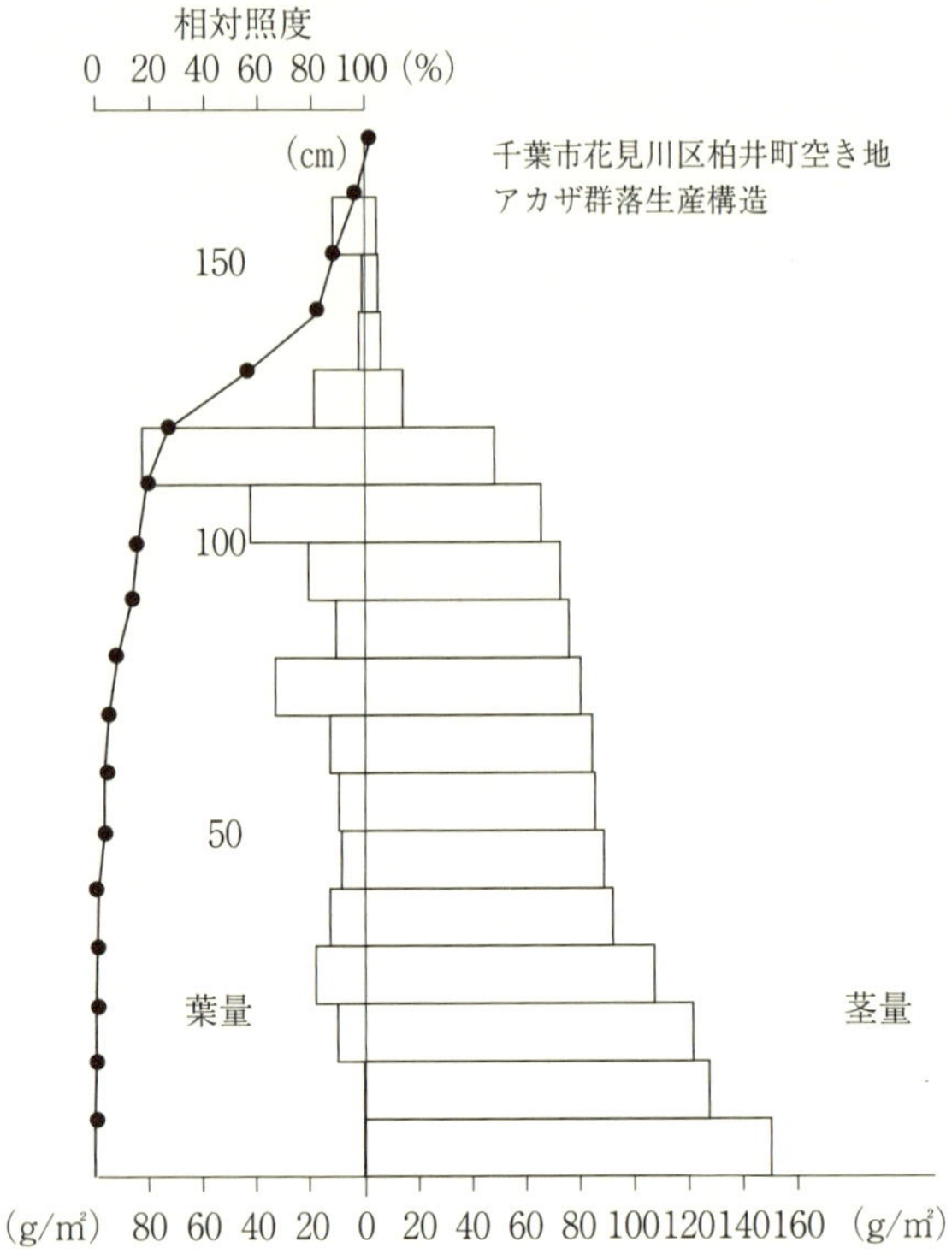

図 2-4　アカザ群落内の相対照度の垂直変化から推定した生産構造

三、生産構造図から物質経済を読み取る

数学モデル

つぎに述べますのは、この生産構造図から物質経済を明らかにすることです。結論からいいますとこれだけでは明らかにすることはできません。葉がどれくらいの強さの光を受けた時に、どれくらいの栄養物質を合成するかということを測定する必要があります。この研究がされた頃は、一枚の葉をとって密閉したガラス張りの装置のなかに入れて、いろいろな強さの光を当てて、ある一定量の二酸化炭素を入れ、出てきた酸素分子の量や使われた二酸化炭素の量を測定するという方法で研究がされました。光合成の化学反応式はつぎのように書かれますから、出てきた酸素の量から合成されたグルコースの量を求めることができました。

	二酸化炭素	＋	水	→	グルコース	＋	水	＋	酸素
化学式	$6CO_2$	＋	$12H_2O$	＝	$C_6H_{12}O_6$	＋	$6H_2O$	＋	$6O_2$
分子量	264		216		180		108		192

これらの測定結果をもとにして、門司さんと佐伯さんは、つぎの六つのことがわかると、群落の生産

量（呼吸による消費量を差し引かない量。植物生態学では総生産量といっています）を推定できるという数式を考え出しました（門司・佐伯の数学モデルといわれています）。

(a)群落に照射する光の強さ I_0

(b)葉面積示数：群落を構成している葉の面積の合計が土地面積の何倍か F

(c)一枚の葉の光の透過率：厚い葉と薄い葉でちがう m

(d)光飽和値：これ以上光が強くなっても光合成量が大きくならない値 b/a（この値でつぎの b を割ると数式で必要な値である a が求まる）

(e)光の強さが○から光が強くなって光飽和点に達するまでの間の光の強さと光合成量の比率 b

(f)吸光係数：群落内の高さ別相対照度と群落上部から葉の面積を積算したものとの比 K

（比は相対照度を対数にして求めたもの）

その数式とはつぎのようなものです。

数式

$$Pg = \frac{b}{Ka} \ln \frac{(1-m) + KaI_0}{(1-m) + KaI_0 \exp(-KF)}$$

茎などの消費器官の栄養物質消費量のほうは、密閉した装置のなかに茎の小片を入れて、不足しない程度の一定量の酸素を入れて、その装置から出る二酸化炭素量を測定するか、失われた酸素分子の量を測定して、下の酸素呼吸の化学反応式から、排出された二酸化炭素の量を算出し、消費したグルコースの量を求めることができます。

	グルコース		酸素		二酸化炭素		水
化学式	$C_6H_{12}O_6$	+	$6O_2$	=	$6CO_2$	+	$6H_2O$
分子量	180		192		264		108

このような物質量の測定は、茎の物質消費量の場合には一g当たり一時間当たりどれくらいかがわかれば、二四時間で面積一平方メートルの土地に生えている植物群落の茎がどれくらいの量の栄養物質を消費しているか、わかります。また葉の純生産量の場合は、光の強さを変えて葉の面積一平方cm当たり一時間でどれくらい量を合成することによってわかります。ただし夜になりますと、物質消費だけですから、茎の場合と同じように暗黒のなかで、一時間当たりの二酸化炭素量を測定して求められました。

積み上げ方式

植物群落の物質経済を具体的にとらえる方法は別にもあります。実際の群落や実験室で測定した、つぎの数値から簡単な数式を使って求めることができます。これを積み上げ方式といっています。

(a)現存量：測定前に生きていた群落の量 sc
(b)成長量：増加した植物体の量（ある期間ののち現存量を測定し、前の現存量を差し引いて求める）G
(c)枯死量：枯れ葉、枯れ枝などの量 l

(d)被食量：動物に食べられた量 g
(e)呼吸消費量：実験室で測定する r
ある期間でどれだけ群落が生産したかという総生産量 P はつぎのような数式で求められます。このうち、$G+l+g$ が純生産量となります。

$$P = G + l + g + r$$

岩城英夫さんという研究者などが、この点について大変興味深い測定をしております。私たちセイタカアワダチソウを例に、生産構造と理論から導き出された数式から総生産量を求めた結果と現存量の差や枯死量などを加算して求めた結果を比較しています。測定は月ごとにされていて、四月から一〇月までの六ヶ月間の総生産量の合計も算出されています。二つの方法による総生産量の測定結果には差異がみられますが、概ね近い数字ではないかと思います。その測定結果をもとに、月ごとの日射量と総生産量との関係をグラフにしてみました（図2－5）。

四、生活の基礎としての物質経済

草原・森林の葉面積密度

最後に、さまざまな草原や森林の物質生産能力の比較したものを紹介します。吉良竜夫さんがまとめ

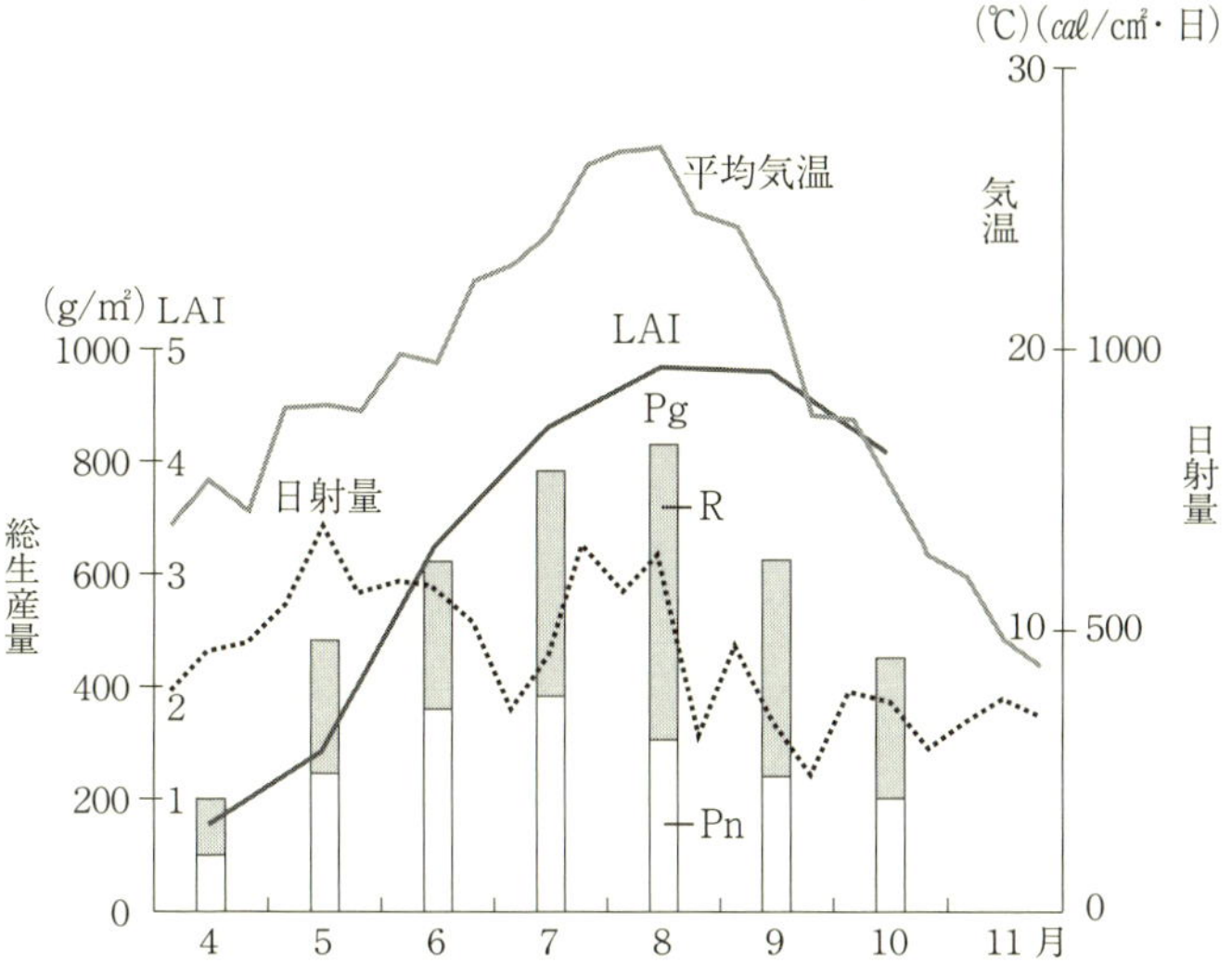

図 2-5　セイタカアワダチソウ群落の総生産（Pg)、純生産（Pn)、呼吸消費（R）の季節変化

図中には、また、葉面積示数（LAI)、水戸における 1964 年の日射量および気温の旬間平均値を示した。　出典）岩城、1973 年

たものですが（図２－６）、葉面積示数（ＬＡＩ）と高さ別の葉の面積合計（葉面積の垂直分布ともいえます）を表わしたものです。

まず葉の面積についてふれますと、それを受けとめる光の量は葉の面積によって決まります。また群落の下についている葉に光が当たるのを妨害するのも葉の面積が大きくからんでいます。

注目すべきことがいくつかありますが、一つは栽培植物をできるだけ密に植えた場合に葉の面積が非常に大きいことです。それはまた光合成能力が高いことですから、そうした栽培植物の繁茂する基礎というのはすごいことだと思いました。第二は、栽培植物を除きますと、草原よりも

図 2-6-b　草原と森林の高さ別葉面積密度

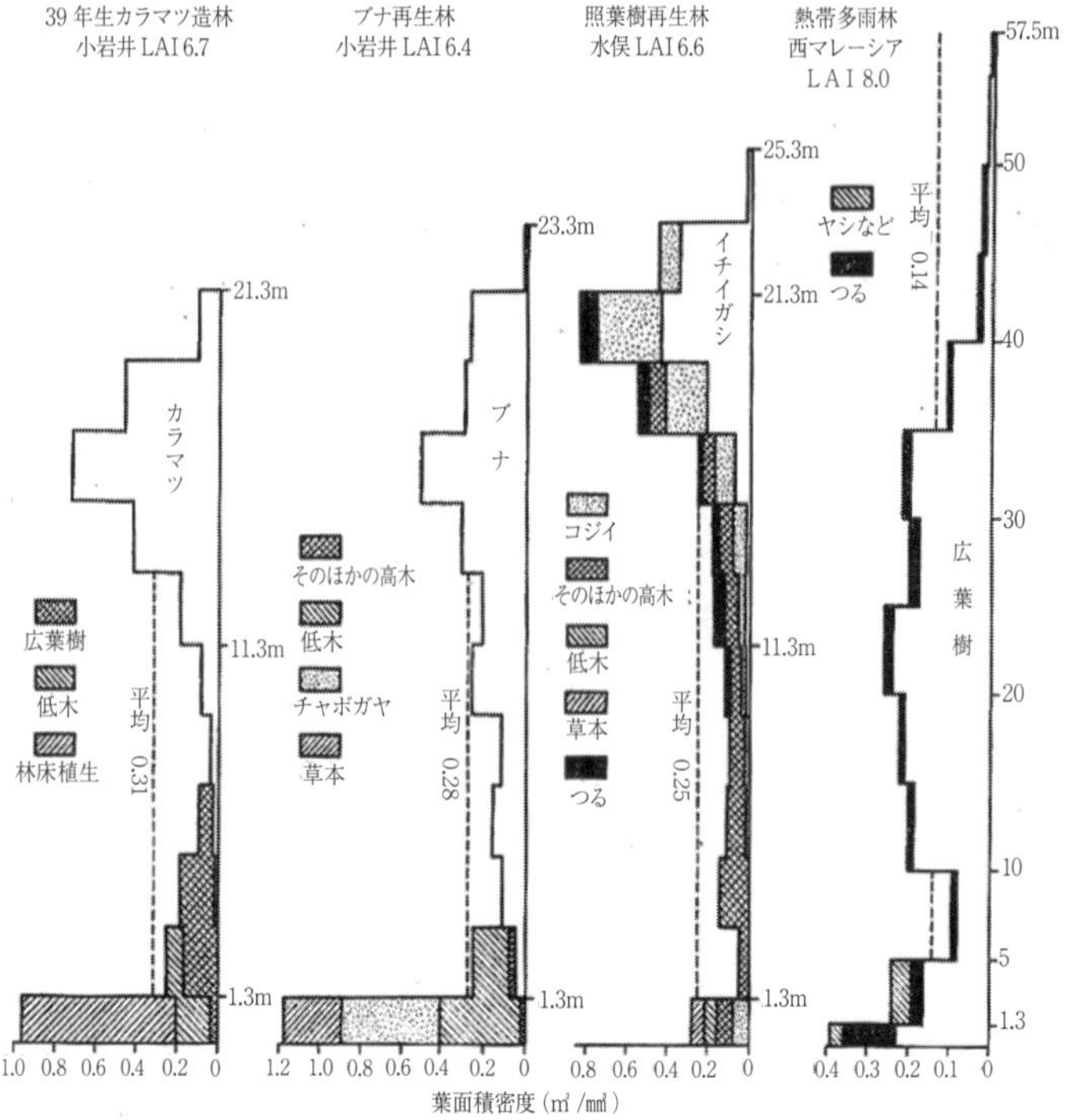

b　森林群落の葉面積密度の測定値。ちがった種類の植物が異なった高さに葉面積密度の極大をつくり出している（成層構造）のがよくわかる。ブナ林と照葉樹林は、IBP/PTF の未発表データ。カラマツ林は佐藤（1970）の原資料、熱帯雨林は加藤ほか（1974）により描く。

出典）吉良竜夫、1976 年

森林のほうが多くの葉をつけていることです。三番目に、森林では一番低い林床に生えている低木や草の葉面積が大きいです。森林の下のほうは光が弱いと思うのですが、そういう位置でも葉を広げて光合成を行なっています。葉を展開する空間が広がって、光の透過がうまくいっているのでしょう。しかも上から下までいろいろな高さに葉を展開しています。それぞれの高さによって葉を展開して

図2-6-a　草原と森林の高さ別葉面積密度

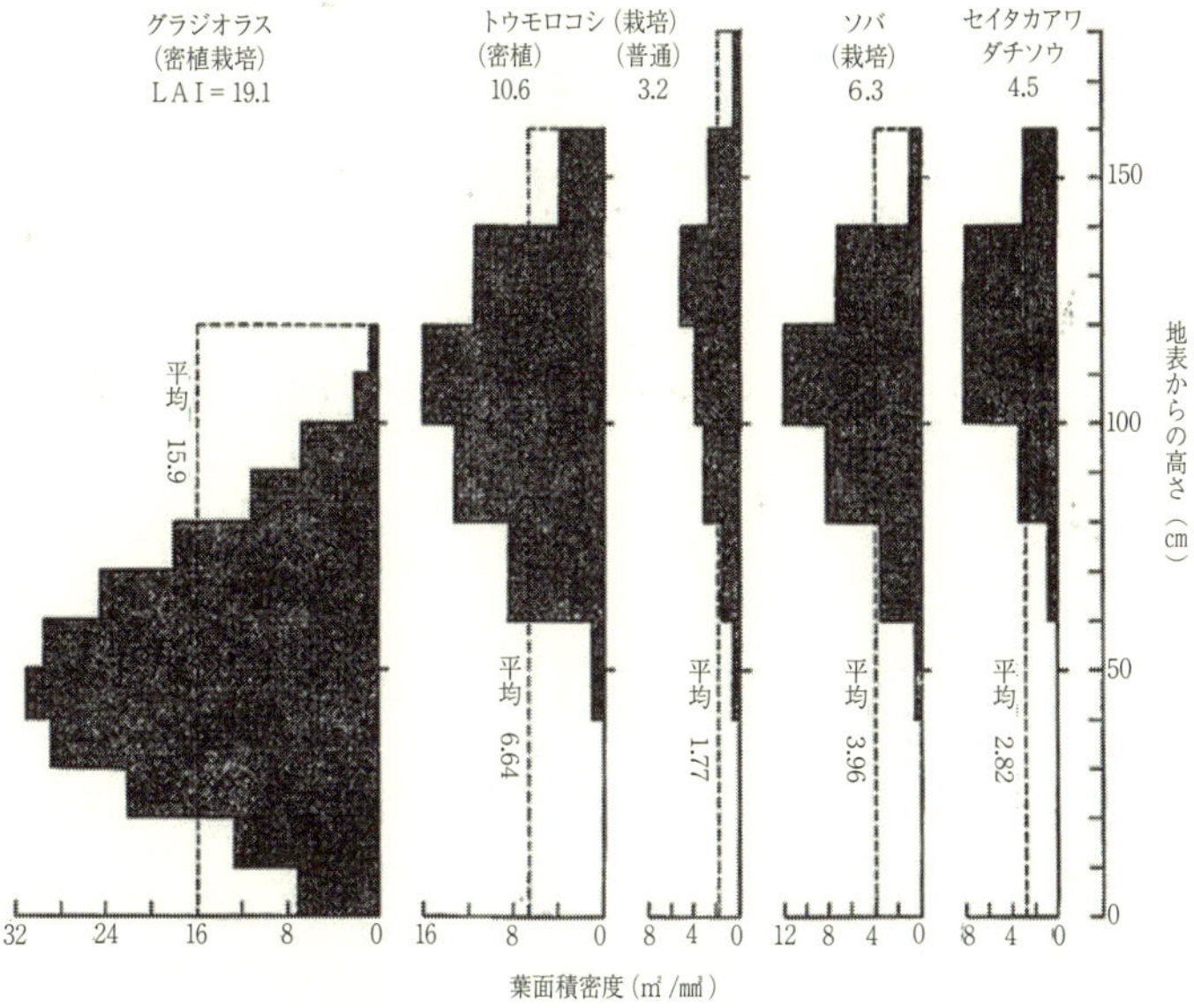

a　草本群落の葉面積密度の測定例。すべて大阪地方でのデータ。セイタカアワダチソウをのぞいて、栽培純群落について測定したもの（Kira *et al.*,1969）

出典）吉良竜夫、1976年

いる植物の種類がちがっていて、こうしてすみわけているとみました。

植物の経済生活を具体的にみる

ここでは植物の経済生活の実態を具体的にみることにします。最初は、一九七〇年代に西マレーシアのパソの森林について調べられたものです。世界でも有数の森林の物質経済を積み上げ方式で測定されています。この測定結果を見て、驚きを感じました。一ヘクタールあたり七七トンの総生産量のうち、純生産量が二六・五トンで、呼吸で消費した量が五〇・五トンであったことと、何よりも生育にまわされた量が一〇分の一にもならないということでした。生産したもののほとんどは「生きること」に使われて生育にまわす量が少ないことです。また枯死した量の多さもすごいです。一九・八四トンとなっています。純生産量が二六・五トンでありながら、枯死した分を補っているので、実質の増大量が少ないのだと思いました。

つぎは、岩城さんたちが調べた、私たちセイタカアワダチソウの一年間の生活を物質経済の視点から追求したものです（図2－5）。からだを葉、地上の茎、花、地中部に分けて、それぞれについて月ごとに前の月と比べての増加分と枯れ死んだものの量を測定して、純生産量を求めました。つぎに呼吸による消費量を測定して純生産量に加算して月ごとの総生産量が求められました。区分されたからだの四つの部分について、実験室でその月別の呼吸消費量を測定しました。これにより、季節の移り変わりにともなう変化を追い、経済生活を具体的に明らかにしました。その結果は先ほど示したとおりです。いくつか大事なことがわかりますが、なんといっても葉の呼吸消費量が大きいことで、光合成が活発になり生産量が高まる一方で呼吸消費量が大きくなることがわかります。また秋近くになって地中部が生育を始める時には単位量あたりの呼吸消費量、つまり呼吸速度は大きいのですが、全体量が小さいので地上の茎とあまりちがわないことを知ることができました。

五、植物の光をめぐる争い

なかま争い

日かげになって枯れて死ぬか、隣のものを日かげにして殺して自分が生き残るかという光をめぐる争いが、植物では普通のこととしてみられるとしますと、密集して群落をつくっている同じ種類の植物体どうしも、そうした争いをしているはずです。もしそうだとしたら、植物は生きものの争いとしてもっとも過酷な争いをしていることになります。

そこで、これからある調査結果を手がかりに自分たちの壮絶な「なかま争い」について語ります。

その調査は一九九三年にされていました。場所は千葉市のある住宅地のなかの空き地です。私のなかまが群落をつくって生活していました。前の年の秋の終わりに群落になって生活していたものがすべて枯れて、かわりに地中の茎の節から芽を出して葉を地表に広げるものが現われました。茎を伸ばすことはなく丈は低く、葉をわずかに出していました。そうして寒さに耐え、時には葉を枯らしながら冬を越し、春の終わり頃、茎を伸ばし始め、丈を高くしていきました。

五月一日の調査では、高いもので四八cm、低いもので四cmでした。五月のはじめに大きな差が出ていました。この差はこれ以後の生活にとって重大な意味をもっていたはずです。丈が高く葉を大きく広げているものは今後とも栄養物質をさかんに合成し、生育をさかんにすることでしょう。低く葉の少ないものは生きていくだけで精一杯の生活で、場合によれば栄養物質不足で枯れ死ぬかもしれないという生活をむかえることになります。

なぜこのような差が現われたのか、考えられることは四つあります。一つは冬越しのあとのからだの大きさのちがいです。葉を大きく広げて越冬したものは、春になって光合成による栄養物質が多くつくられて生育がさかんになったと考えることができます。からだの小さな、葉の数が少なかったものは、少ない栄養物質で生活し生育しなければならないことから、生育は十分ではなかったと推定することができます。また春になってから地中の茎から芽を出して生育したものもあったはずです。こうしたものは、さらに生育がおくれたと思われます。また生育を開始する時期のはやいおそいの差もあったかもしれません。もう一つの理由は争いです。そのような差から丈に高い低いのちがいが出て、四八cmもの高さのもののすぐ隣に生活していたものなどは日陰になって、劣勢になったものも現われていたのではないかとみることができます。

セイタカアワダチソウは、地中に横に伸びている茎があり、そこから枝のように地上茎を垂直に伸ばして生育します。地上の茎はたがいの間隔を広くとっていませんから、密集した群落をつくります。また二mをこえる茎を伸ばしても、花期をむかえるまでは枝分かれしません。この地上の葉のついた茎は一本の個体のようにみえますが、地中の横走り茎でたがいにつながっていますので、個体ということはできません。当然のことながら最初の生育の時には前年に合成されて地中茎に蓄えられた栄養物質が利用されます。ですから地中の茎とそこから出ている地上部全体が一つの個体です。地上に出ているものは、その個体の部分ということになります。地上に出ているものは一つの個体ではありませんが、個体のような形態をし、後で紹介しますように、たがいに争いをしますので、便宜上、「地上個」というように呼ぶことにします。

なかま争いはあった

争いがあったかなかったか、それを調べる一つの方法は、時間の経過とともに群落をつくっている地上個の数の変化を調べることです。減少していれば確実に争いがあって、日陰になり枯れ死んで数が少

表2-1　セイタカアワダチソウ群落の生育にともなう変化

測定日	群落量		セイタカアワダチソウ個体群		
	地上部量 g／㎡	群落高 cm	葉量 g／㎡	地上個数 ／㎡	葉面積示数
5月1日(0日)	199.5	48	94.8	114	1.8
5月27日(26日)	340	68	128.5	179	2.403
7月9日(69日)	678.4	125	218.5	147	4.187
8月4日(95日)	863.7	186	259.1	75	4.433

なくなったとみることができます。増えた場合は、争いがなく、時間の経過のなかであとから芽を出して現われたものがあったとみることができます。しかし争いがあって減ったということもありうることです。減ったけれど一方で新しく現われたものが多く、全体として増えたということになります。

一m×一mの土地面積にみられた群落全体が九五日間でどのように変化したかを整理しました（表2－1）。そのなかでまず、地上個の数の変化に注目しました。五月一日が一一四、つぎに測定した五月二七日には一七九になって、増えていました。そのつぎの七月九日には減少し、さらに八月四日には七五まで減少しました。最多の一七九からみれば、一〇四もの地上個が消えていたことになります。

群落全体は確実に生育していました。高さは五月一日の四八cmから八月四日の一八六cmまでに高くなり、葉の量も、葉と茎の量を合わせた地上部量も増えていました。光合成の能力を知る大事な手がかりとなる葉面積示数も増えています。これは、葉の面積全体が土地面積に対してどれくらいの比になっているかを示したものです。葉の厚さが同じならば、光合成の大きさは面積に比例するからです。

地上個の数が減少したのに、その他の量が大きく増えているのは、一つひとつの地上個が生育したことを意味します。そして大きく生育したものと生育がよくないものとの差がでて、大きく生育したものに日陰にされて生育のよくなかったものが枯れて数が少なくなったと推定することができます。

生き残ったものを調べて、そうしたことがあったとつきとめる方法があります。葉の量を測定することです。争いがあれば、丈の高いものは強い光を受けますから多くの葉をつけたはずです。低いものは少なかったはずです。こうした推定にもとづいて、地上個一つずつ、最初の五月一日に測定した、高さが四八cmの群落について一一四の地上個を高さ順に並べて、それぞれについていた葉の量を比べてみました(図2-7)。結果として、丈の高いものと低いものとで、ついている葉の量には大きなちがいがないことがわかりました。丈が低いのに高いものよりかなり多い葉をつけていたものもありました。ただし、もっとも低いものはわずかな葉しかつけていませんでした。生育を始めたばかりの小さな地上個を除いて、日陰になるか、するかの争いは、この時点ではまだはげしくなかったとみることができます。

ところが、それから約一か月後の五月二七日に測定した結果では、またそれから一か月以上過ぎてからの七月九日に測定した結果でも、明らかに丈の高いものと低いものとで、葉の量にちがいがあることがわかりました。高いものほど葉の量が多く、低いものほど少ないという傾向がはっきりしてきました。八月四日の測定では、さらに争いの結果がはっきり表われていました。五月二七日の測定でも、七月九日の測定でも、少数ながら低いもののなかに多くの葉をつけているものがありましたが、八月の測定で、はっきりした傾向がみられました。

この点をもう少しはっきりととらえることにしました。個々の地上個を丈の高い低いの階級で一〇段

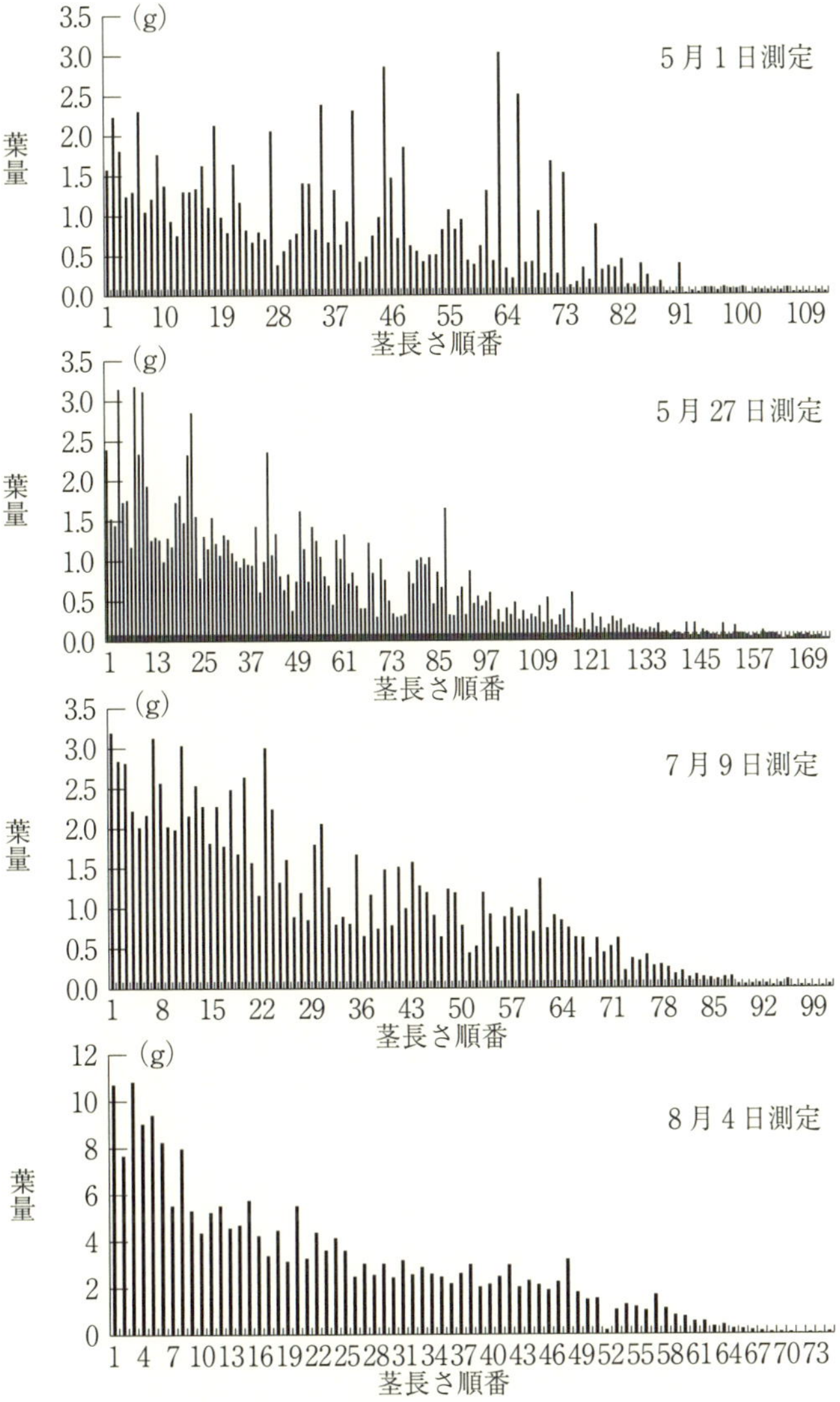

図 2-7　セイタカアワダチソウ茎長さ順葉量

階に分け、その段階ごとについている地上部の量の多い少ないを比較する方法です。地上部の量のほうも一〇段階に分けました。最初の五月一日の調査結果と最後の八月四日のものとを比較することにしました（表2－2）。

八月四日では、地上部が十分に育ったものは、背丈が高い10、9の階級のものに限られ、その数は少なく全体の一〇％にもなっていません。それに対して、地上部量の階級が1、2のものは、背丈の階級でみますと、その数は半数をこえていました。セイタカアワダチソウは、たがいの争いの結果、少数の生育がよいもの、大部分を占める生育が極端に悪いもの、その中間のものというように分かれていました。中間の四〇％のものも、これからも争いが続けば、いつやせ細る側になるかわからないという状況にあるといえましょう。集団生活しているものでは、丈が高くなることがいかに重要かということがわかります。整理して単純化していえば、セイタカアワダチソウ群落は、丈の高いもののなかでごく少数の大きく育ったものと、その他の多くのものから成り立っているということができます。

争いに勝つのも生活がきびしい

各地上個ごとに、地上部全体の量に対する葉の量の比も調べられていました。地上部全体の量は、地上個がどれくらいの栄養物質を消費するかを知る目安になります。葉の量は光合成能力の知る目安です。この比が高ければ、栄養物質の生産量の消費量に対する割合が高いのですから、植物の生活のしかたとしては安泰ということになりますが、比が低ければ、植物の栄養生活はきびしいということになります。最初の測定日であった五月一日の調査結果と、最後の八月四日のものとを比較してみました。結果は八

表 2-2　セイタカアワダチソウ群落　茎丈階級別地上部量階級別数

2009 年 5 月 1 日―8 月 4 日

5 月 1 日　　地上部量階級

茎丈階級

	10	9	8	7	6	5	4	3	2	1	計
10	1	1	1	1	4	1					9
9			2	3	3	4	6	2	1		21
8		1	2		4	1	5	7	1		21
7		2	1			1	4	2	6	1	17
6						2		1	4	4	11
5									3	2	5
4									1		1
3									1	5	6
2										16	16
1										7	7
計	1	4	6	4	11	9	15	12	17	35	114

8 月 4 日　　地上部量階級

草丈階級

	10	9	8	7	6	5	4	3	2	1	計
10	1	1		1							3
9			2	2		2	3				9
8						4	5	13	1		23
7								3	13		16
6									1	6	7
5										4	4
4										2	2
3										3	3
2										4	4
1										4	4
計	1	1	2	3	0	6	8	16	15	23	75

月四日のほうが〇・四前後で低いことがわかりました。また一部のものを除いて大きな差がないことがわかりました。一方、争いが激化していない五月の場合は、比は全体として〇・五から〇・六で高く、それぞれによって差が大きいことがわかりました。どうやら丈を大幅に高くして多くの葉をつけても、それを支える茎を大きく生育させることによって、栄養生活という点からは安泰とはいえないことを知りました。

争いの過程を調べる

五月一日に測定された一一四の地上個が、その高さ別階級に分けられ、その数を調べられていました。これでどれくらいの高さのものが多く、どれくらいの高さのものが少ないかがわかります。描かれたグラフをみますと（図2－8）、数の多い山が高いほうと低いほうに二つあります。中間の高さのものは数が少ないことがわかりました。生育のちがいをはっきりととらえることができ、それが生育開始時期のはやい・おそい、生育を始める時の地上個の大きさのちがいなどと関係していることを読み取ることができます。五月二七日の測定では地上個の数が五月一日よりもかなり増えています。またグラフの山が三つあり、高いほうの二つはかなり前の生育のはやい・おそいのちがいによるもので、低いほうの一つは、さらにおくれて五月一日から五月二七日の間に地中の茎から芽を出して生育を始めたものとみることができます。

ところが、つぎの七月九日になりますと、三つの山のうち二つが高いほうに寄り、低いほうの山は数が少なくなって、五月二七日から状況が変化しています。また表2－1をみてわかりますように、地上

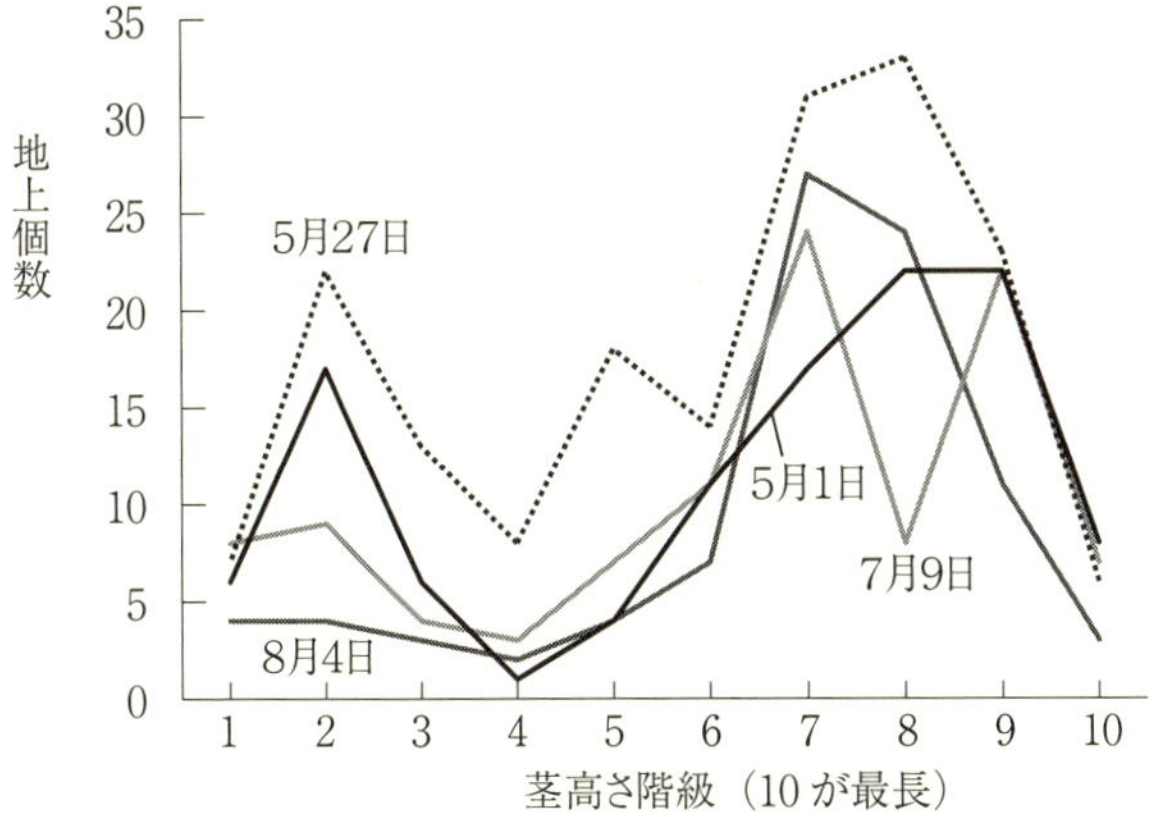

図 2-8　セイタカアワダチソウ茎長さ階級別地上個数の変化

個数が大きく減少していました。八月四日はさらに大きな変化がみられます。表2－1のように地上個数の減少がはげしく、階級が上位のものが圧倒的に多く、短いほうの山をつくっているものの数が少なくなっています。

こうした高さ階級別の地上個の数から、群落全体の変化（表2－1）の、地上個数の減少が争いの結果として現われたことを鮮明にとらえることができました。

茎の太さの意味

茎が長いということは高くなるという意味がありますが、セイタカアワダチソウの場合、特別の意味がふくまれています。それは、セイタカアワダチソウの茎は花が咲く時季をむかえる前までは枝分かれしないことです。花が咲く繁殖期になる前は、葉は、木でいえば幹にあたる垂直に伸びた茎から直接出ています。

セイタカアワダチソウの茎は節と節の間が詰まっていて、茎にはたくさんの節があり、その節から葉が出ています。ですから茎が長いということは葉を多く付ける場所が多くあるということになります。茎に多くの葉をつける可能性はまだあります。それは茎が太いことです。太ければ茎の表面積が広いことになり、節がたくさんできます。それも葉が付く場所が多くあるということになります。さらに、パイプモデル説に関係して、茎が太いということは、その内部に葉に対して、水やその他の物質を運ぶ管がたくさんあるということを意味していますし、重力にさからって、葉や茎を支える細胞が束になって多くあるということになります。

太い茎ならば葉や茎を増大させる可能性があることになります。しかし細い茎ならば強い光を受けて葉を増大させようとしても不可能ということになります。それに対して、植物の茎は肥大成長という生育をして対応しています。茎が長くなる、葉や茎の量が多くなるということと、茎を太くするということは相互に強い関係にあります。ところがセイタカアワダチソウは、地上の茎が地中茎から出たあと生育していっても、出た時の太さと比べてあまり太くならないという性質があります。高く伸びた茎も、短いままの茎も、その太さは、地中から出てきた時におよそが決まってしまうということです。実際に調べてみますと、葉の生育が進んだ八月四日における茎の太さは、最初の測定日の五月一日の時の茎の太さと比べて大きな差はありませんでした。やはりセイタカアワダチソウの茎は、葉量の増大に対応した肥大生育がほとんどないことがわかりました。

そうしますと、セイタカアワダチソウの地上個の生育は、地中部から出てきた時の茎の太さに左右されるということになります。地上部が大きく生育すれば茎の太さが太くなる、茎が太くなれば地上部が大きくなるという相互作用が限定されているのです。セイタカアワダチソウの場合、一本の地上茎が枝を大きく広げてそこにたくさんの葉をつけて、特別に大きくなって生育空間を占有し、他の地上個の生

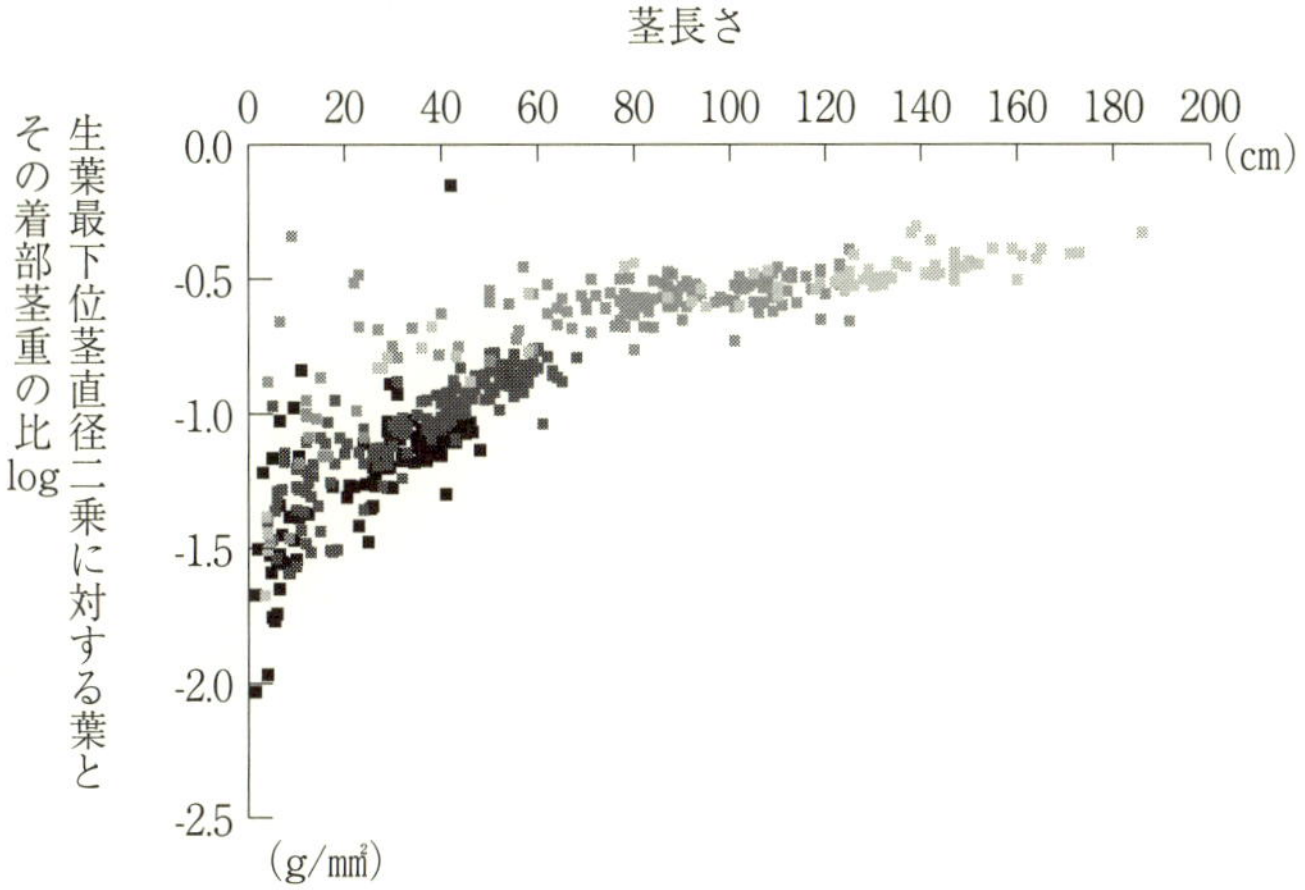

図 2-9　セイタカアワダチソウ
茎長さと(葉＋着部茎)／生葉最下位茎直径二乗との関係

育を強く抑えるということはあまりないようです。

こうしたセイタカアワダチソウの特徴を考慮しながら、群落をつくっている各地上個が競争のなかで優勢になったり劣勢になったりするようすをみると、もう一つの視点が浮かびあがってきます。葉がついている部分の葉と茎の量をあわせたものと、茎の太さの関係に注目することです(図2－9)。茎はある太さをもって地表に現われます。それは、これくらいの重さまでならば地上部を支えることができるという可能性をもって生まれてきたという意味があります。もしその位置の茎の太さに対する、そこで支えられている上の部分の重量の比が大きければ、その太さにみあうだけの生育を果たしたとみることができます。またこの比が小さければ十分に生育したとはいえません。この「太さに対する重さの比」というのは、そうした地上個の生育の成熟度を意味していると考えることができます。ここでいう成熟度とは、茎の太さのもつ可能性に応えるだけの生育をしたか、それとも可能性には応えることができずに生育が十分でなかったということをしめすことばです。

このようなみかたから四回の調査結果をみますと、三つのことが明らかになりました（図2－9）。第一は、どの日の調査結果も、茎が高く伸びた部分はいくらか右肩あがりになっています。わずかながら高く生育したもののほうが成熟度が高いということを意味しています。第二は、どの日の調査結果も、茎が低いままに伸びていないものでは、そうした右肩上がりの傾向とは異なって乱れています。想像するところ、これらは生育について二つのものがあります。一つは、「太さに対する重さの比」が小さいものです。これは太い茎でありながら地上部の生育が異常に小さいものです。もう一つは、茎の太さが著しく細く、過重な地上部を支えているものです。これは太さに対する重さの比が異常に大きいです。

第三は、四つの調査結果で茎が高く伸びたものを比較しますと、太さに対する地上部の比が、生育が進行するにつれて、大きくなっていることです。五月一日のものが小さいのはまだ成熟が十分でなく、八月四日に至って成熟したというものです。

なかま争いの結果と優劣を決める要因

セイタカアワダチソウのなかま争いは、生きものにとってもっともきびしい、生きるか死ぬかという結果を生みだしました。調査結果の範囲内でいいますと、第一回の調査日であった五月一日の時は、争いはさほどひどくありませんでしたが、つぎの一ヶ月も経たない五月二七日までの間では発生していたと予想できます。この間に、あとから芽を出して生まれてきたものが多くあって、数のうえで読み取ることができませんでしたが、その一方で、すでに枯れ死んだものがいたと思われます。その後さらに一ヶ月経ったところでは、明らかに地上個数が減少し、それからさらに一ヶ月近い間に、減少はさらにはげしくなりました。七月九日から八月四日の間に半数以上のものが消えていました。

もう一つ、生き残っているもののなかには、背丈がさほど低くないのにやせ細っているものが、多数みられました。それはさらに争いが続けば、まちがいなく枯れ死ぬという危機のなかにあるものたちです。

こうした優劣の差別がどこから生まれたのかという理由も、つぎのようなこととわかりました。

(a)冬越ししたあとの地上個の大きさのちがい
(b)冬越ししたものと地中茎からのちに生育を始めたものとのちがい
(c)以上の二つのことが原因しながら、光をめぐる争いに勝ったものと敗れたものとのちがい
(d)地中茎から出た地上茎の太さのちがい

おわりに

環境が異なれば物質経済も変わる

これまでみてきました植物の物質経済も、それに関係した地上個間の争いも、植物が密集して生活している場合のことでした。しかし、生活環境がきびしく密に繁茂できないようなところでは、地上個と

地上個の間にすきまができて、光をめぐる争いはなくなるか、弱いものになります。当然のことながら、背丈の高い植物はいなくなります。たとえば、タンポポやコウボウムギのような植物は、地上部はすべて葉です。茎がないことは、地上には葉をつける場所がないことであり、地表に展開できる葉の量に限界があり、光合成によって合成する栄養物質の量にも限界があります。しかし、高く伸びた茎がないことは、栄養物質の消費が少ないということでもあり、生産器官と消費器官の分化は地表と地中にみられます。また地中部はきびしい環境条件にあった場合に、損傷を受ける地上部の再生、あるいはコウボウムギのように分布拡大のために必要な栄養物質の、貯蔵器官としての役目が大きくなります。

ツルヨシの茎は大きくみれば三つに分化しています。地表のほふく茎は分布拡大に重点をおいており、そこにつく葉の量は少ないので、物質経済的には不利な形態をしていますが、葉を支持するはたらきがないことによって、中空の脆弱な形態をして物質消費を抑えています。物質経済からみた地中茎の役割は、栄養物質の貯蔵となっています。多くの葉をつけるのは、ほふく茎から枝分かれした直立茎と、地中茎から出た直立茎です。物質生産も物質消費もアカザやセイタカアワダチソウとは異なるところがあります。

物質消費のしかたは、つぎの生活をどうするかということと強く結びついています。セイタカアワダチソウの場合、葉、茎、地中部、花・実の四つの器官ごとの生育量（増加量）の季節変化をみることによって、生育がそれぞれの時季によって、どの器官に重点をおいて進行しているのかもわかります。最初は葉の生育へ重点をおきながら、五月頃からは地上茎の生育に移り、後半の繁殖期を迎えて地中部と花が生育を開始して、そこに栄養物質が重点的に向けられるということもわかりました。

一章の表1－3は、植物の生活のしかたの基本を、冬季・乾季をどう乗り越えるかということと、その後の生活をどう再開するかということで示したものですが、それはまた、それぞれに植物の生産量から消費量を差し引いた残りの分配の問題でもあるわけです。森林のなかの林床で生活する常緑草は地上茎がなく、地上部と地中部で生産器官と貯蔵器官が分かれた植物です。森林内の林床の光の弱いところで生産量が少ないというのが、この植物の基本的な生活様式ですが、地上茎がないことによって物質消費を著しく小さくしています。逆に森林内の高木層を形成している植物は、強い光を受けることができますが、また高く伸びる茎を養うには大量の物質消費がともない、物質経済は常緑草とは別の問題をかかえていることがわかります。

呼吸による物質消費は、植物の今を生きるための栄養物質の使いみちですが、生産量から差し引いた残りは未来に生きるために使われることになります。その使いみちが生育にまわされる場合には、それは「今を生きる」ことに接続した未来の生のためですが、種子などの繁殖と貯蔵に使われる場合は、つぎの「未来の生」のためのものといえましょう。ところが、「今に生きる」器官も未来に生きる器官も、樹木の場合には未来に向けて再利用されるという使われかたをするものです。草の場合は、今に生きるのに役立ったものは、冬季や乾季をむかえる前に枯死して、再利用されることはありません。このように植物の物質経済は、植物の長期にわたる年月のなかでの生きかたとも強く関係していることになります。

三章　光合成という生活様式

クロモジ　光合成というのは、私たち植物固有のはたらきです。しかも私たちの生活のもっとも根幹にあるはたらきです。光合成というはたらきを身につけた時、私たちの祖先は、これを中核にして生活していこうと決断しました。それは、それまで生活していた生きものの生きかたとはまったくちがうものでしたし、環境に対しての要求も別になりました。私たちは、ほかの生きものと争うことがまったくありませんでしたから、私たちはどんどん発展し、生物世界を三分する一つの世界「植物世界」をつくり上げました。光合成はそれほどに重要なはたらきであり、私たちを栄養源とする動物、菌類とともに、地球全域に新しい生物世界を築くことになりました。その光合成とは、どのような物質変化なのか、これからクロレラが紹介します。

一、光合成の生物的定義

私クロレラは、非細胞性（単細胞）の植物です。植物としてのからだのはたらきとつくりを最小のところでとどめながら光合成を能率的に行なっているものです。その意味でこの章を語るものとして適していると判断されたのでしょう、私が選ばれました。「植物として生きる」ということの、そのもっとも基本になることを簡潔に述べるよう心がけたいと思います。早速本論に入ります。

光合成という植物のはたらきは、普通「二酸化炭素と水を材料にし、光のエネルギーを利用して糖質を合成するはたらき」というように定義されています。もっとも単純なかたちの化学式で表わしますとつぎのようになります。

CO_2 ＋ H_2O → CH_2O ＋ O_2
二酸化炭素　水　糖質　酸素

しかし、これは化学的定義であって、生物的定義ではありません。二酸化炭素も水も糖質も、すべて物質の化学的性質に基づいてつけられた名前です。もっとも水については日常用語が化学的用語に転用されたもので、化学的に厳密に名をつけるならば「酸化水素」です。分子式をみますとH_2Oです。H_2Sは硫化水素ですから、それに対応させれば、やはり酸化水素となります。

生体原物質

それでは、生物的に定義するとしたらどういえばよいのでしょうか。それは、このはたらきを行なっている植物にとって、どのような役割を果たしているのかという角度から定義することが必須の条件になります。

現在のところ、光合成の生物的定義はないのですが、私が定義するならば「光のエネルギーを利用して、生体物質の原《もと》になる生体原物質をつくるはたらき」ということになります。生体物質というのは、それで植物のからだができている、それが反応して植物の生命が成り立っているという物質のことです。その原になっている生体原物質というのは、これが、光合成で合成される最初の生体物質であり、この物質が変化して「生きる」ことに役立つさまざまな生体物質がつくられます。

しかし、光合成というはたらきは、まぎれもなく物質の物理化学的変化です。それが生物にとって大事なはたらきをしている、その大事なはたらきとは何かといった時に、生物的定義が生まれるわけです。それは前の章で「生体原物質」のいい換えである栄養物質という語で使われ、その合成を生産という語にかえて明らかにしました。ですから、物理化学的変化としての光合成についてみることにしましょう。

二、光合成は炭素と水を結合させる反応ではない

光合成のはじめの化学的定義のところで、合成される物質を糖質としましたが、生体原物質としての糖質とは、具体的には炭素三原子からなる三炭糖であるグリセルアルデヒドという物質です。グリセルアルデヒドは、光合成の途中で水が水素と酸素に分かれ、それから二酸化炭素と水素が結合して合成されます。化学式で表わすとつぎのようになります。

(1) $H_2O \rightarrow H + O_2$　　水→水素＋酸素

(2) $CO_2 + H \rightarrow CH_2O$　　二酸化炭素＋水素→糖質

今から八〇年前の一九二九年のことになりますが、ファン・ニールという研究者が、ある学会で「バクテリアの光合成」という題の研究報告をし、それが学術雑誌に掲載されました。その発表のなかで、ある種のバクテリアは、つぎのような化学式で表わされる光合成を行なうということを明らかにしました。

$$CO_2 + H_2S \rightarrow CH_2O + H_2O + 2S$$

二酸化炭素　硫化水素　糖質　水　硫黄

この化学式でまず注目したいのは、光合成によって酸素分子が発生しないで、硫黄がつくられることです。その硫黄のもとになる物質は何か、この化学式から判断しますと硫化水素以外ありません。硫化水素が水素と硫黄に分解した結果、硫黄が発生したとみることができます。また酸素が発生しないのですから、二酸化炭素が炭素と酸素に分かれると考えるのは誤りであることも明らかです。そして、硫化水素の分解で発生した水素と二酸化炭素が結合して糖質ができたと考えたほうが妥当です。

　同じように、植物が行なっている光合成についても、発生する酸素は、二酸化炭素が分解した結果のものではなく、水が分解した結果であると発表しました。水（硫化水素）は、水素を供給する物質（水素供給物質）、二酸化炭素は水素を受け取る物質（水素受容物質）というようにみることができると、ファン・ニールは考えました。

　そこで彼は、バクテリアと植物の光合成の化学式をまとめて、つぎのような式を考えました。光合成は、水素の受け渡しの反応であるとみたわけです。この式のAとは硫黄や酸素などに置き換えが可能です。

$$CO_2 + 2H_2A \rightarrow CH_2O + H_2O + 2A$$

水素受容物質　水素供給物質　糖質

そして水素の受け渡しというのは、化学的にいう酸化・還元ですから、水を酸化して水素を取り出し、その水素を二酸化炭素に結合させる、炭素は還元されたことになるともいっております。

しかし実際には、二酸化炭素と水素を直接結合させることは光合成ではみられません。光合成はもっと複雑な化学反応です。

三、光合成はエネルギー反応

光合成では、水を分解する時に光のエネルギーが必要です。そのつぎの二酸化炭素が水素を受けとる反応では光は必要ではありません。そこで前半の光が関係している反応は明反応、後半の光が関係しない反応は暗反応といわれています。

この反応で一つ大事なことは、水の分解につかわれた光のエネルギーが、そのあとどうなるのかということです。エネルギーはなくなることがありませんから、光ではなく別のかたちのエネルギーになってどこかに行ったはずです。それがどのようにかたちをかえてどこに行ったかということです。

水の電気分解という化学実験を記憶されていると思いますが、電気エネルギーが吸収されて進む化学反応です。水は分解されて水素と酸素に分かれます。電気エネルギーは化学エネルギーになって水素と酸素の分子のなかにとじこめられます。その発生した水素と酸素をまぜて点火しますと、爆発をおこします。爆発は、結合の時に大量の化学エネルギーが瞬時に熱エネルギーに転換したことがもとになっています。光合成の場合にも、光のエネルギーは一度電気エネルギーに転換し、その電気エネルギーがある物質のなかに化学エネルギーのかたちで封じ込められます。光合成はたんなる物質変化ではなく、エネルギー変化でもあります。

明反応というのは光のエネルギーがつかわれ、水（硫化水素）が水素と酸素（硫黄）に分解し、光のエネルギーを化学エネルギーへ転換する過程、暗反応は、二酸化炭素と水を結合させ、化学エネルギーを別の化学エネルギーに転換させて糖質のなかに封じ込める化学変化ということになります。

生体原物質であるグリセルアルデヒドは、燐酸と結合したグリセルアルデヒド燐酸のかたちで存在しますが、これはグリセリン酸燐酸に水素が結合してできるものです。その時に結合する水素は、光合成の前半の明反応で水が分解してできた水素です。水素は、グリセリン酸という酸に水素を結合させて還元して糖質に変えるのに使われます。しかし、あらたに疑問が出てきました。

①水はどのように水素と酸素に分解されるか

②どのようにして二酸化炭素からグリセンリン酸燐酸になるのか

③なぜ燐酸がついているのか

まず③の質問に答えます。燐酸が結合したものは、グリセルアルデヒドだけとくらべて、エネルギーレベルが高くなって、反応しやすい状態になります。グリセルアルデヒドに燐酸を結合させる反応はエネルギー吸収反応で、燐酸が結合するとその物質はエネルギーを内部に取り入れてレベルが高くなった状態になります。逆に燐酸が離れますと、同時にエネルギーが発生して、ほかの物質変化に利用されて反応が促進されやすくなります。こうしたことは、グリセリン酸やグリセルアルデヒドだけでなく、ほかのいろいろな生体物質でも普通にみられることです。

このエネルギー変化に重要な役割を果たしている物質があります。ＡＴＰという物質です。Adenosine Tri Phosphate（アデノシン三燐酸）の頭文字をとって略称されています。この物質は名のとおりアデノシンという物質に三つの燐酸が結合したもので、燐酸が一つ離れるとエネルギーが発生します。燐酸が離れるとＡＤＰという物質に変ります。Adenosine Di Phosphate（アデノシン二燐酸）の略称です。たとえば、グルコース（ブドウ糖）がたくさん結合してでんぷんになる時には、グルコースはＡＴＰと反応して、グルコース燐酸になります。逆に、ＡＤＰと燐酸にエネルギーが加わって結合しますとＡＴＰがつくられます。

ＡＴＰ＝ＡＤＰ＋燐酸＋エネルギー

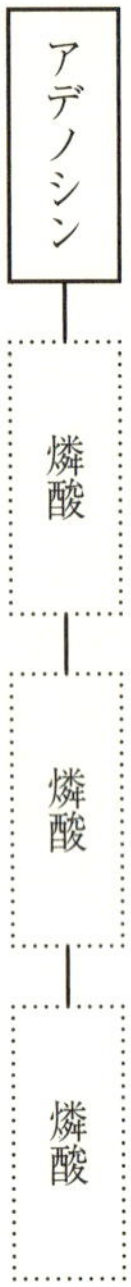

四、光合成明反応

葉が光をうけると

①の質問の水素とＡＴＰをもたらす明反応がどのような反応なのか説明します。明反応は光合成の中心的な反応で、もっとも植物のはたらきらしいはたらきです。

主要な課題をしぼりますと、つぎの二つになると思います。

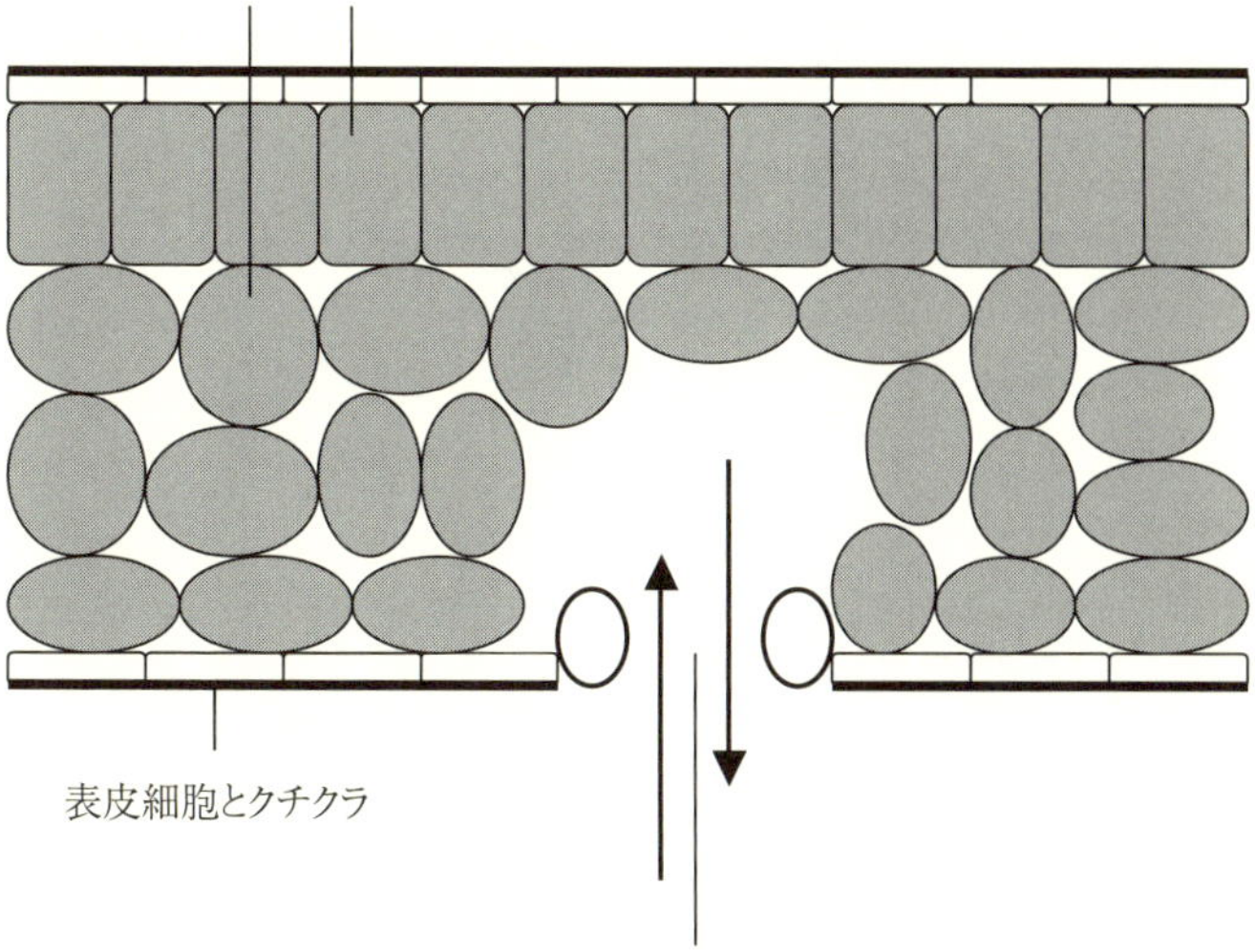

図 3-1　葉の内部構造

(1)クロロフィルaなど光合成色素といわれているものが、光エネルギーを受けて水を分解する役割を果たしている

(2)光エネルギーは別のかたちのエネルギーに変わって水素とATPのなかに組み込まれる

葉が受けた光は内部に射し込み、緑色の光合成細胞に取り込まれます（図3-1）。葉の内部にはたくさんの細胞が詰まっていますが、大別しますと二種類の細胞群からなっています。一つは、葉を支え、水や生体物質、塩類の通り道になっている葉脈です（図3-1にはありません）。細長い堅い細胞が縦に並んで、全体が管状、繊維状になっています。もう一つは緑色をした細胞（光合成細胞）です。ここで光を受けて光合成が行なわれます。

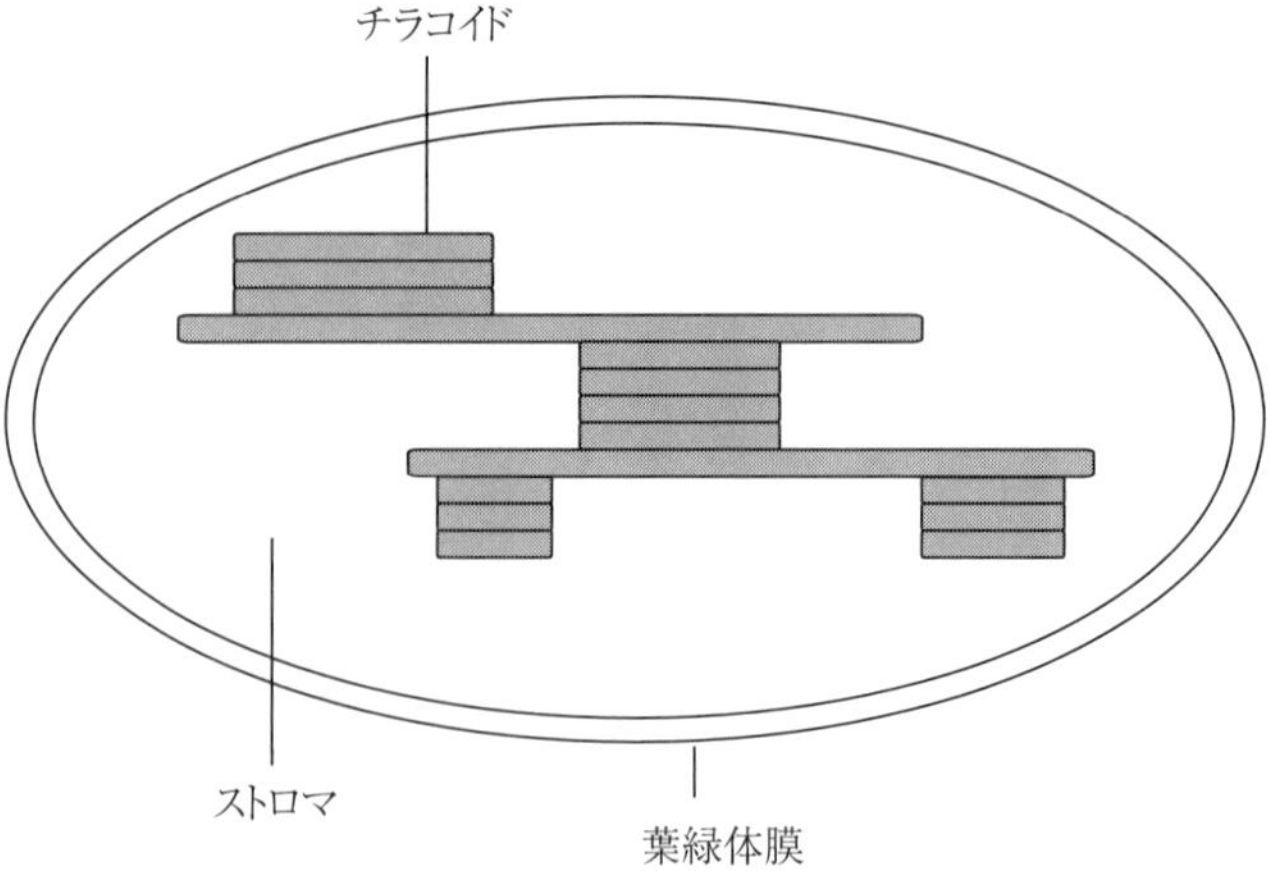

図 3-2　葉緑体の構造

光はこの細胞の内部にも射し込み、細胞のなかの葉緑体という袋状のものにまで達します。光合成細胞が緑色をしているのは、この葉緑体のなかに葉緑素という緑色の色素などさまざまな物質（＊）がふくまれているからです。

＊光合成色素、電子伝達系物質

光合成の中心的役割を果たしている色素であるクロロフィルは、非常に複雑な物質です。その骨格となるのは、五つの原子が環のように結合したもの（ピロール環といいます）が四つ結合してできているポルフィリンという物質です。その中央にMg^{2+}（＋の電気を帯びたマグネシウムイオン）が位置しています。電子伝達の中心的役割を果たすチトクローム（シトクロームともいう）も、ポルフィリンを骨格として中央にMg^{2+}のかわりにFe^{3+}（＋の電気を帯びた鉄イオン）が位置しています。また動物の赤血球のなかにふくまれていて、酸素の運搬に役立っているヘモグロビンは、チトクロームに似た物質で、同じくポルフィリンの中央に鉄イオンがあります。

光化学反応

この光合成色素こそ光合成の明反応を進める中心となる物質です。葉緑体のなかにはチラコイドという、これも膜に包まれた小器官があります。葉緑素などの色素は、このチラコイドの膜そのもののなかに順序よく並んで埋め込まれ、順々に反応が進んでいきます。ここが明反応を進めていくところです。その反応が進行するなかで、暗反応でつかわれる水素とＡＴＰがつくられます。

明反応は、チラコイド膜の葉緑素など色素に光が当たったところから始まります。葉緑素などの色素にはすべてタンパク質が結合しています。このチラコイドの色素タンパク質は中心部分と集光部分に分けられます。集光部分はクロロフィルｂタンパク質などの集まりです。色素タンパク質の大部分を占めます。これは中心部分に光を集めるはたらきをし、そのように色素タンパク質が配列されています。もう一つの中心部分にあるクロロフィルａタンパク質は、集められた光を受け、また自分が直接受けた光によって「励起状態」という特別の状態になります。内部で光のエネルギーを別のかたちのエネルギーに転換させ、エネルギーが充満します。非常に不安定で反応しやすい状態です。その励起状態からもとの状態に戻る時に、エネルギーが発生して、水を水素と酸素に分解し、そのエネルギーを電気のエネルギーに変えます。これが明反応の中心となるはたらきです。整理しますとつぎのようになります。

①光がチラコイド膜の色素タンパク質の中心部分に集められる。
②中心部分であるクロロフィルａタンパク質は励起状態になる。

ここで光エネルギーが別のかたちのエネルギーに転換する
③クロロフィルａタンパク質は、励起状態からもとの状態に戻るとき、大量のエネルギーを発生する。
④大量のエネルギーを受けて、水は水素と酸素に分解する。
酸素は酸素分子になって葉緑体の外に移動する
⑤水素は、水素原子核と電子に分かれる。
ここで、電気エネルギーに転換する

電子伝達というはたらき

電気エネルギーに転換したのは、水素原子が水素原子核と電子に分かれたことと強く関係しています。電子はマイナスの電気を帯びています。原子核のほうはプラスの電気を帯びています。電子と原子核が一緒の原子の時は＋、－どちらの電気も帯びていません。＋と－に分かれたことによって電気エネルギーに転換したのです。ここまででチラコイド膜に埋め込まれている色素タンパク質の役割は終わりです。

つぎのはたらきの担い手は、電子伝達系という物質集団です。それらもチラコイド膜のなかに順序よく並んで埋め込まれていて、電子をつぎつぎに受け渡していきます。その過程でエネルギーを少しずつ発生してエネルギーレベルを下げていきます。そして発生したエネルギーをつかって、ＡＤＰと燐酸を結合してＡＴＰを合成します。このようにして生まれた電気エネルギーはレベルが低下していき、ある低いレベルまでに達したところで、ＮＡＤＰ（＊）という物質と水素が結合してＮＡＤＰＨという物質になります。ここで電子伝達というはたらきは終わりになり、明反応は終了します。

＊ＮＡＤＰＨ
「ニコチンアミドアデニンディヌクレオチド燐酸」の略。ニコチンアミドとアデニンヌクレオチドという二つのヌクレオチドが結合してできた物質に、燐酸が結合した物質ということを意味している。

五、光合成暗反応

明反応でできたＮＡＤＰＨとＡＴＰはグリセリン酸燐酸と反応してグリセルアルデヒド燐酸になります。そこで②の二酸化炭素の結合とグリセリン酸燐酸の生成はどのように進められるかという問題が重要なものとして浮かび上がってきました。それはいわば、光合成を完結するための準備段階がどうであるかということです。ＮＡＤＰＨは水素がはずれますから、もとのＮＡＤＰに戻ります。

暗反応は簡単に表わしますと図３－３のようになります。暗反応も非常に複雑な反応で、この図はずいぶん省略しました。このなかのどれか一つでも進まなければ生体原物質はつくれません。いくつもの化学変化があわさって一つのまとまったはたらきをするものを「反応系」といっていますが、これもいくつもの反応が結びついて、その全体で二酸化炭素と水素から生体原物質をつくるという、重要なはたらきをする反応系です。この図を見ますと、一つ大事なこととして反応が「回路」になっていることです。グリセルアルデヒド燐酸から始まって、グリセルアルデヒド燐酸で終わる循環する反応系です。「回路」反応系の注目すべきところは、外からどのような物質が結合し、どのような物質が生まれるかということです。外からのものは二酸化炭素と明反応でできた水素です。生まれるものはグリセルアルデヒド燐酸と水です。またどこが出発点でどこが終着点かがわかりにくい反応ですが、植物細胞にとってみれば、光合成の役割の完結は生体原物質であるグリセルアルデヒド燐酸の生成ですから、グリセルアルデヒド燐酸が出発物質であり最終物質です。全体を四つに区分できます。

(1)「炭素固定準備反応」：リブロース二燐酸までの二酸化炭素を取り入れるための準備反応
(2)「炭素固定反応」：二酸化炭素が結合する反応
(3)「水素結合準備反応」：水素結合直前のグリセンリン酸二燐酸まで
(4)「水素結合反応」：水素が結合して酸が糖質に変わる反応

一つのグリセルアルデヒド燐酸をつくりだすのに、最初に五つのグリセルアルデヒド燐酸から出発します。それはこの四段階の化学反応を通して炭素五つの糖質（五炭糖）のリブロース燐酸三つになり、もう一つ燐酸を付けたしてリブロース二燐酸になります。ここまでは炭素の数は十五個で増減はありません。つぎの反応でこれに三つの二酸化炭素が結合して炭素が取り込まれ、炭素三つのグリセリン酸燐酸が合計六つにかわり、炭素の数は全部で一八個となります。さらにこれに燐酸が付け加わってグリセリン酸二燐酸になり、水素と結合する準備が完了します。水素が反応して、六つのグリセルアルデヒド燐酸ができます。生体原物質であるグリセルアルデヒド燐酸一つが増えました。六つのうち五つは再び暗反応に使われます。

生体原物質から流通・貯蔵物質へ

暗反応でできたグリセルアルデヒド燐酸は、葉緑体のなかで六炭糖のフルクトース（果糖）になり、そ

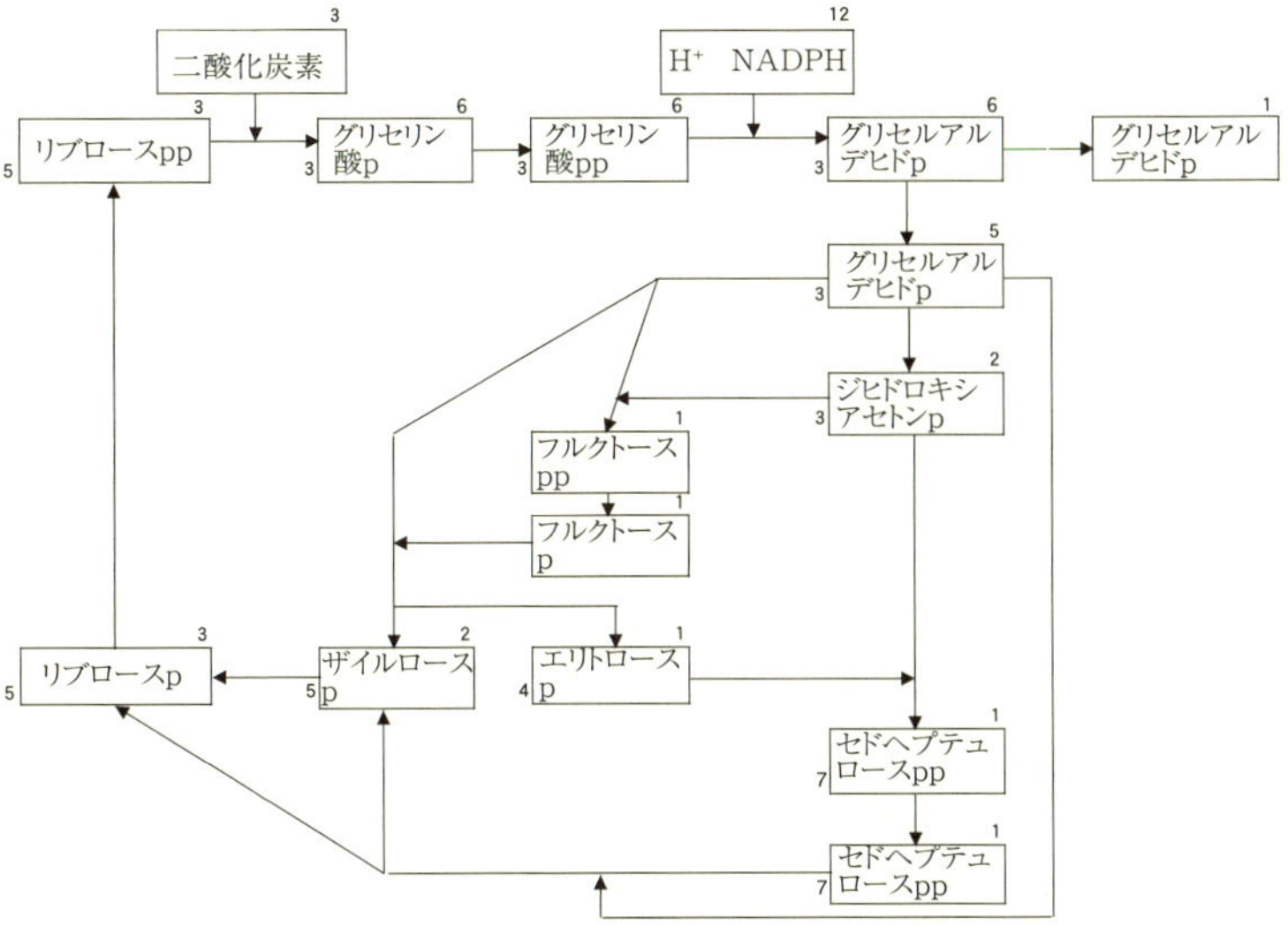

図3-3　光合成暗反応

暗反応は4つの反応が組みあわさったものである。1つは二酸化炭素を受け入れる準備反応である。この反応は5分子の三炭糖（グリセルアルデヒド）を3分子の五炭糖（リブロース）にする反応で、非常に複雑な反応である。2つ目は二酸化炭素を受け入れる反応で、これによって3つ目の「水素を受け入れる」グリセリン酸pができる。4つ目が水素を受け入れる反応で、ここまでで1分子多いグリセルアルデヒドpができる。pは燐酸で、物質名の前の数字はふくまれている炭素原子数、物質名の上の太字の数字は分子数。

れが変化してグルコースになります。さらにそのグルコースがたくさん結合してでんぷんになって、一時的に葉緑体内に貯蔵されます。

また葉緑体から出て光合成細胞内でグルコースとフルクトースの二つの糖質が結合してシュクロース（砂糖）になります。葉緑体のなかに貯蔵されたでんぷんも、夜になるとグリセルアルデヒドまで分解されて外に出て、シュクロースになります。そして、葉脈を形成している細胞群の一種である師管を通って茎や根、あるいは花や果実の細胞に運ばれ、それぞれの細胞のはたらきに利用されます。シュクロースは流通物質です。

六、生体物質の利用その一――エネルギーの取り出し

物質代謝

光合成で生体原物質ができて、つぎの問題はそれを植物が「生きる」ためにどう利用するかということです。その第一はエネルギー発生です。生体物質から水素を取り出してＡＴＰを合成するはたらきです。そのＡＴＰが分解する時に発生するエネルギーをさまざまな同化に利用することです。

生物体内では非常に複雑な物質変化が展開されています。そうした物質変化は全体として、六章の「藻類とその歴史」でくわしく説明する物質代謝といえます。物質代謝はさまざまな物質変化が組みあわされたもので、どれも同化と異化のどちらかになっています。同化は、生体物質をつくる変化、異化は

生体物質をほかの物質に変える変化です。異化はそのことによって生物が利用できるエネルギーを発生する反応で、同化はエネルギーを使う変化が基本になっています。

エネルギーをとり出すはたらき——呼吸

異化の中心になっているのを呼吸といっています。どの細胞もATPが必要になると、生体物質から水素を取り出し、ATPを合成します。その物質変化が呼吸です。息をはき、息を吸うはたらきを呼吸というので紛らわしいのですが、生物学ではこの語が使われていますから、使うことにします。呼吸では、普通貯蔵されたでんぷんを利用しますから、でんぷんを出発点にしてみますと、つぎの三段階からなっています。この三段階を経て水素が除かれATPが合成されます。

第一段階　でんぷんを分解してグルコースにする
第二段階　グルコースから水素を除いてATPを合成して二酸化炭素にする
第三段階　水素と酸素が結合するまでにATPを合成する

このうち、第一段階では水素が除かれることもATPの合成も行なわれませんから、呼吸の準備段階といえます。でんぷんが分解されてグルコースができ、グルコースに燐酸が結合します。グルコース単独では比較的安定であるために、すぐに変化するということはありません。変化しやすい、エネルギーレベルの高い状態にして不安定な状態になることが条件となります。それが燐酸の結合ですが、これについてもATPが関係しています。ATPの分解によって、エネルギーが発生し、はずれた燐酸がグルコースに結合するわけです（ここでつかわれたエネルギーは、のちにこの燐酸がはずれる時に回収されてAT

Ｐが合成されます）。

第二段階における物質変化を示しますと、図３－４と図３－５の二つに分かれます。グルコースを出発点にして前半を解糖といいます（図３－４）。糖を酸に変える反応だからです。その中心となる反応はグリセルアルデヒド燐酸からグルセリン酸燐酸の変化で、水素が除かれ、ＡＴＰが合成されます。この反応式は光合成の暗反応の逆反応です。

グリセルアルデヒド燐酸＋ＡＤＰ＋燐酸

↓ 呼吸解糖　↑ 光合成暗反応

グリセリン酸燐酸＋ＡＴＰ＋Ｈ

第二段階の反応の後半は、ピルビン酸から二酸化炭素が一つ除かれたのち、残りの炭素二つの化合物とCoA（コエンザイムＡ）という物質と反応して、水素が一つ除かれながらアセチルCoAという物質になり、それがオキザロ酢酸という炭素四つの酸と結合してクエン酸（炭素数六つの酸）になって「ＴＣＡ回路」と呼ばれている反応系に入り込みます（図３－５）。

クエン酸からの反応は最後にオキザロ酢酸にもどります。その過程で二酸化炭素と水素が除かれます。ここで注目したいのは、除かれた水素が、光合成の場合と同じようにそのまま単独に存在するのではなく、ほかの物質と結合していることです。二種の物質がみられます。一つはＮＡＤ（ニコチンアミドアデニンディヌクレオチド）という物質です。光合成の場合の水が分解して酸素と水素に分解したとき、水素

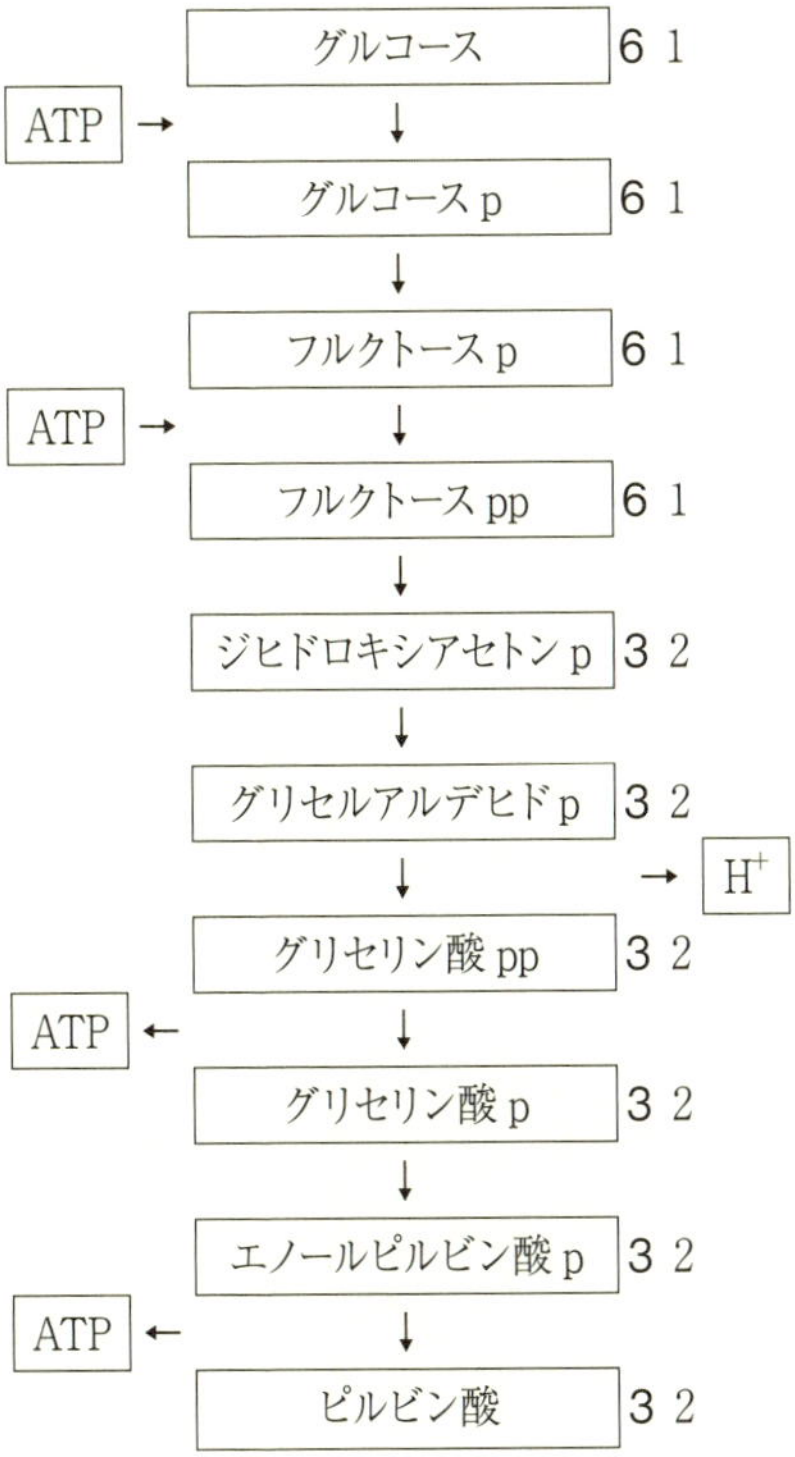

図の右側の数字（太字）は、各化合物を形成している炭素の数、細い数字は、各化合物の分子数を表す。

図3-4　解糖における物質変化

グルコースのような糖質をピルビン酸のような酸に変化させる反応。

1. グリセルアルデヒドPからグリセリン酸に変化する時に、水素が除かれる。
   これはNADという物質に渡される。これがATP合成のために利用される。
2. グルコースなどそのままでは安定した物質であるために、反応が簡単にははじまらない物質の場合、ATPが反応して燐酸を付け加えて反応しやすくする。あとで利用した分のATPは回収される。
3. この段階ではまだ炭素が除かれることはない。
4. この反応は酸素が使われることなく進められ、水素が除かれるので、無酸素状態で進行する。
5. ピルビン酸は、無酸素状態であれば乳酸のような酸に変化するが、酸素呼吸をする生物では、酸素があれば、炭素が一つ除かれて、クエン酸回路という物質反応系で新たな変化を始める。

を受け取るＮＡＤＰより燐酸が一つ少ない、非常に近い物質です。二つ目の物質はＦＡＤ（フラビンアデニンディヌクレオチド）です。除かれた二個の水素は、二つの水素イオンと二つの電子に分離します。二つの水素イオンのうち一つがＮＡＤと結合してＮＡＤＨとなり、またＦＡＤのほうも二つの水素イオンのうち一つと結合してＦＡＤＨとなります。そして電子は電子伝達系に繰り入れられます。これが第三段階の「水素と酸素が結合するまでの反応」です。光合成の場合と同じように、つぎつぎに異なる物質に受け渡しされ、その都度エネルギーを放出してＡＴＰ合成に利用されながら、エネルギーレベルを低下させ、最後に水素と酸素が結合して水になります。電子伝達系にかかわる物質は、光合成の電子伝達系の物質と同じではありませんが、似た物質もあります。このとき水素と結合する酸素は、光合成によって発生した酸素があれば、それを利用し、夜間のように光合成が行なわれない場合には、からだの外の空気中から気孔を通じて取り入れ利用します。

ミトコンドリア

こうした呼吸の物質変化は、植物体を構成しているすべての細胞で行なわれます。私たち緑藻類など多くの植物は、ピルビン酸から後のＴＣＡ回路と電子伝達系を、細胞のなかのミトコンドリアという小器官のなかで行ないます。ミトコンドリアは二層の膜で包まれたものですが、ピルビン酸は二層の膜を通り抜けて内部に入って、そこでＴＣＡ回路の反応が進み、脱水素と脱炭酸が行なわれ、ＮＡＤ、ＦＡＤと水素イオンの結合がみられます。それに対して電子伝達系の電子の授受を行なう物質は、ミトコンドリアの内側の膜に順序よく埋め込まれていて、そこに電子が移動していきます。六章の語り手である藍

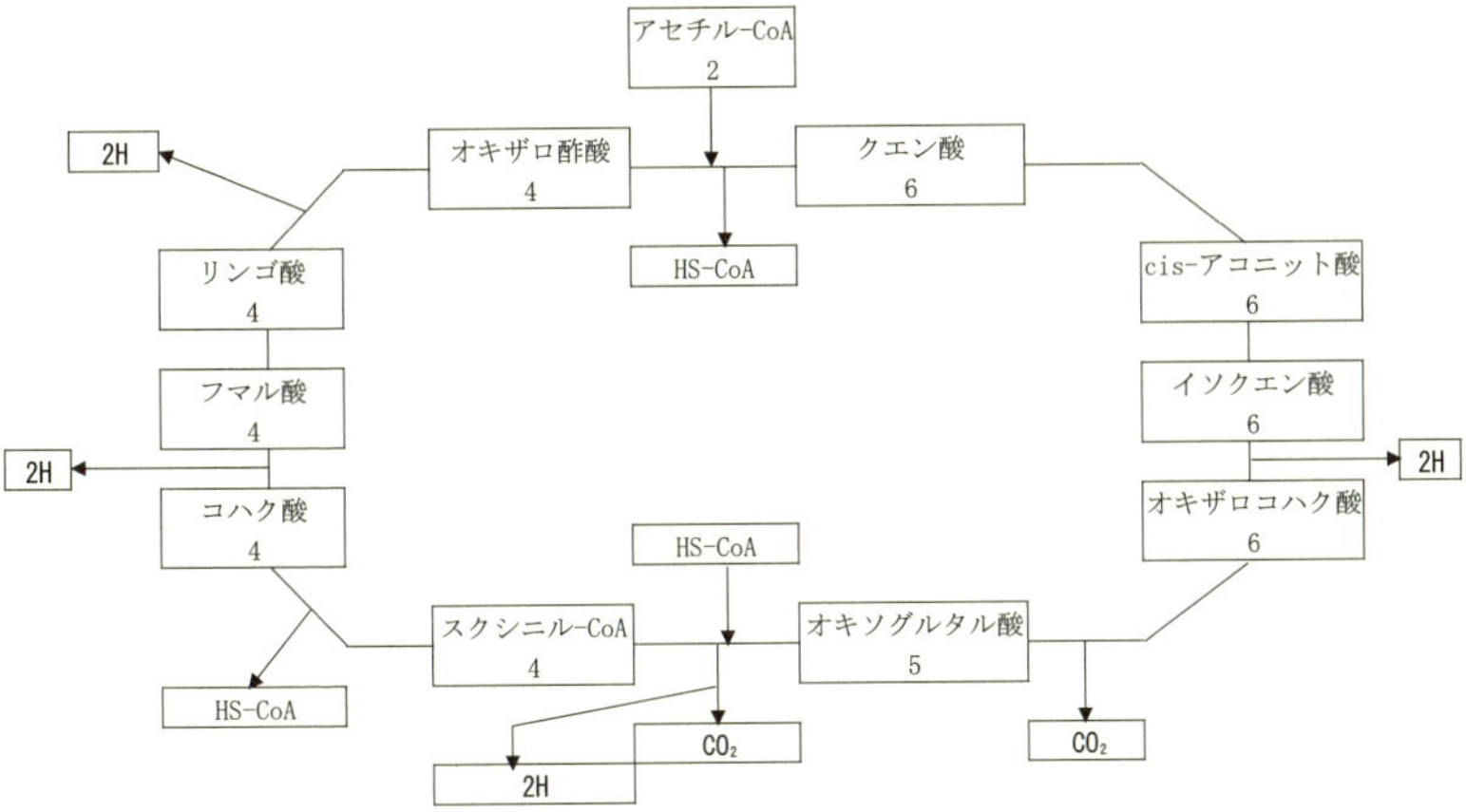

図3-5　酸素呼吸TCA回路における主要な物質変化

1.　光合成暗反応と同じように、反応が循環している。
2.　アセチルCoAのかたちで反応して2個の炭素がこの回路のなかに入る。それは2か所で放出される。
3.　水素が除かれる時、またその後の電子伝達系における反応でATPが合成される。水素が除かれるのは4か所である。
4.　物質名の下の数字はふくまれている炭素原子の数
5.　この回路にみられる物質はいずれも酸で、アミノ基が結合してアミノ酸になるものが多い。逆にアミノ酸のなかにはアミノ基がはずれて、この回路のなかの物質になるものがある。

藻類のミクロキスチスにはミトコンドリアがなく、生体外膜の内側にあるしわに囲まれています。

脂質から水素と二酸化炭素をはずしてＡＴＰを合成する物質変化は、脂肪を例にしますと、グリセリンと脂肪酸に分解し、脂肪酸は先ほど出てきましたCoAと結合してＴＣＡ回路に入って進められます。

七、生体原物質の利用その二——生体物質の合成

四種の生体基本物質

生体原物質は、それがもとになり、同化によってさまざまな物質がつくられます。それらは役割のちがいから四つに分類できます。

わかりやすいものからいいますと、一つは貯蔵物質です。代表的なのは、でんぷんです。それぞれの細胞のなかの色素体のなかで合成され貯蔵されます。もう一つはシュクロースです。このほうは細胞のなかの液胞という液体のつまった袋状の小器官のなかに溶けています。脂質やタンパク質のかたちで貯蔵される場合もあります。

第二は流通物質です。葉脈や茎・根のなかにみられる管状の細胞のつながったもののなかを運搬されていく物質です。水に溶けながら比較的安定な物質です。シュクロースが代表的な物質です。そのほかタンパク質を構成する物質であるアミノ酸、脂質を構成する脂肪酸などが上げられます。

第三は構造物質です。細胞を形づくっている物質、あるいは内部の小器官をつくっている物質です。

代表的なものは膜物質です。ミトコンドリアの二層の膜をつくっている物質、葉緑体膜と葉緑体の内部にあるチラコイドの膜などです。核膜、細胞膜。その他の小器官も、その多くは膜に包まれています。小胞体というのは、細胞内のいたるところに網状にある管状、その他さまざまなかたちの小さな袋です。これら膜状の生体物質は基本的に脂質を中心に成り立っています。それにタンパク質、糖質、その他の物質が埋め込まれたり付着したりしています。チラコイド膜やミトコンドリア内膜のなかに埋め込まれているクロロフィルタンパク質や電子伝達物質などはその代表的なものです。細胞壁も膜状の物質ですが、植物の種類によってさまざまです。私たち緑藻類や陸上植物はセルロースです。頑丈な構造をしています。このほか構造物質としてリボソームのように袋状になっていない小器官もあります。それらはたくさんの複雑な物質の集合体です。

もう一つ重要な物質として酵素があります。からだや細胞を形づくっている物質ではなく、水溶液のかたちで存在しています。これが第四の生体物質です。たとえば、でんぷんがグルコースまでに分解されるには、アミラーゼとマルターゼという二種の酵素が関係しています。酵素は化学的には触媒です。物質と反応して相手を変化させますが自分は変化しない物質と一般的にはいわれています。触媒となる物質は生きものの体内だけでなく、地球上に広く存在しますが、そうした触媒のなかで細胞が合成しているものが酵素です。呼吸の最初に脱水素がみられるグリセルアルデヒド燐酸からグリセリン酸燐酸への変化は、グリセルアルデヒド燐酸脱水素酵素という酵素がはたらきます。TCA回路のなかの、イソクエン酸からオキソグルタール酸への変化では、脱水素と脱炭酸が同時に行なわれますが、そこではオキソグルタール酸脱水素酵素がはたらいています。

しかし、酵素だけで単独に物質変化を進行させることのできないものもあります。水素を除く脱水素反応がその例です。酵素のほかに除かれた水素を受け取る物質が必要です。すでに紹介しましたNAD、NADP、FADがそうした物質です。タンパク質合成に重要な役割を果たしているDNAもこうした物質の一種といえます。DNAがもっているRNA合成情報にしたがってRNAを合成するのはRNAポリメラーゼという酵素です。RNAは、ヌクレオチド二燐酸を材料にし、燐酸二つを外しながらその時発生したエネルギーを利用して結合しつくられます。この化学変化を進めているのがRNAポリメラーゼです。しかし、材料物質のヌクレオチド二燐酸があるだけでは、この酵素ははたらきません。ヌクレオチド二燐酸には四種のものがあって、それらが順序よく並べる情報をもっているDNAが助けています。DNAが保存している情報のうち必要とする部分が選び出され、その情報を写し取るかたちでヌクレオチド二燐酸をきちんと並べて二つの燐酸をはずしてヌクレオチドを結合させます。DNAは、この合成反応を進めることはしませんから酵素ではありません。酵素の役割を援助している物質ということができます。このほか酵素のはたらきを調節する物質もあります。

八、タンパク質の合成

遺伝物質（タンパク質合成情報保存物質）と表現物質（機能・構造物質）

物質代謝の同化のなかでもっとも基本となるのは酵素の中心物質になっているタンパク質の合成です。

DNAはタンパク質合成のための情報を保存しRNAを介して伝達することはしますが、他の物質を合成する情報はもっていません。

DNAのうち、タンパク質合成の情報となっている部分を遺伝物質といわれることがあります。その他の生体物質は生体の生存に直接役立っている物質です。遺伝学的には表現物質といわれていますが、その役割からいえば、すでに述べた機能・構造物質ということになると思います。この機能・構造物質の合成は、まずDNAの情報に基づいてタンパク質が合成され、このタンパク質を中心になって他の生体物質が合成されます。どのようなタンパク質ができるかが生体の特徴を決める基礎となり、そのために必要な情報を保存しているのがDNAです。生体物質に欠損ができたりほかの物質が結合したりして、はたらきが鈍ったり、できなくなったりした時に、また細胞が増殖する時に、そうした生体物質を合成しなければなりません。そうした時にタンパク質を合成するための情報を保存している物質です。

タンパク質の異なるはたらきは、それぞれのタンパク質の構造のちがいが基礎になっています。そしてその構造は、タンパク質を形成している材料物質であるアミノ酸の種類と、その並びかたによって決まっております。そのなかのどれとどれを結合させるか、どのような順序に並べて結合させるかによってタンパク質の構造にちがいが生まれ、はたらきもちがってきます。一つでもちがったアミノ酸が結合すれば、まったく別のはたらきをするようになるか、はたらきが弱まるかあるいははたらかなくなります。アミノ酸は二〇種あって、すべての生きものが共通してもっています。しかし生きものの種類によって、また細胞の種類によってその種類と結合する順序がちがいます。どのようなアミノ酸配列のタンパク質をもっているかによって、それぞれの細胞、生物体の特徴が決まってくるといっても過言ではありません。

アミノ酸が結合してできた物質はタンパク質以外にもあります。そのなかでこれがタンパク質と考えられているものは、結合しているアミノ酸の数が非常に多いことと三次構造という立体的な構造をもっているものをいっています。

アミノ酸とアミノ酸の結合は、糸状に続いています。それがある数になりますと局部的に折りたたまれます。これを二次構造といっています。さらに結合したアミノ酸全体が三次元の立体的な構造になります。これがタンパク質です。このような構造になった時、タンパク質は一定のはたらきをすることができます。しかし、このような三次構造は、アミノ酸が結合していけば、他の物質の作用を受けることなく、そのアミノ酸の種類と結合順序によってでき上がるものです。ですから、アミノ酸の結合順序が重要な意味をもっているということになります。

タンパク質合成過程

タンパク質の合成に向けて最初の反応が開始されますと、細胞内で二つの物質変化が進行します。一つは、核のなかに核小体というものがあって、そこでｒＲＮＡ（リボソームアールエヌエー）という物質が合成されます。この物質は合成されますと核の外に出ます。これは、タンパク質の合成がしやすい場所となります。

もう一つは、核内のＤＮＡが保持している情報を読み取りｍＲＮＡ（メッセンジャーアールエヌエー）という物質に転写するはたらきです。ＤＮＡという物質は、二本の糸状になったものがたがいにらせん状によじれてゆるく結合をしています。情報を読み取る部分の二本のよじれがほどけ、ＲＮＡポリメラーゼは、そこにｍＲＮＡの材料物質であるヌクレオチド二燐酸を反応させ、すでに述べたように燐酸二つを外しながらヌクレオチドだけを順に結合させながら糸状につなげていきます。こうしてできたのがｍＲＮＡです。ヌクレオチドとその結合の配列順序によってＤＮＡが保持している情報が正確に読み取られます。

しかし、こうしてできたｍＲＮＡをそのまま情報源としてアミノ酸を結合させるわけではありません。これはプレｍＲＮＡというべきもので、そのなかにはタンパク質合成に関係ないものがありますので、不要な部分を切り取って外します。そしてタンパク質合成のための情報として有用な部分だけをつないで、実際に使われるｍＲＮＡにします。これができ上がりますと核の外に出て、別につくられたｒＲＮＡのところに移動して付着します。

ＲＮＡにはもう一種あります。ｔＲＮＡ（トランスファーアールエヌエー）と呼ばれているものです。これはたくさんの種類があって、それぞれ二〇種のアミノ酸一つひとつと結合し、ｒＲＮＡに運びます。そしてＤＮＡのもっていた情報を読み取ったｍＲＮＡと結合しながら、ｍＲＮＡのもっている情報にそって運んできたアミノ酸どうしを結合させ、タンパク質を合成します。

合成にあたって、こうしてＤＮＡを中心としたタンパク質合成システムができたことが同じタンパク質を必ずづくり、前と変わらない生物体を維持することに大きな意味をもつことになりました。

分裂によって細胞が増殖する場合には、分かれる二つの細胞に同じタンパク質合成情報をもったＤＮＡが伝わるようにＤＮＡの合成が行なわれ、分裂する時にできる二つの細胞に渡されます。

おわりに

この章は、前章で植物の生活の基礎としてみられる物質生産と物質消費、生育が、物質の化学変化、エネルギー変化としてみた場合に、どういうものであるかということに焦点を当てて紹介しました。

生物的には、生体原物質の合成、その生体物質への転化というかたちをとった同化、エネルギー取り出しの異化というようになりますが、まぎれまなく物質の化学変化でありエネルギー変化です。人間をふくめて生物は、その根底のところで物理的化学的変化が絶え間なく進行しながら維持されています。戦後間もなく動的平衡という概念が生まれましたが、まさにそういうものだと思います。しかし動的平衡は、個体群にもみられます。繁殖による個体数の増加と死亡による減少が絶え間なく続行しながらある数の個体が維持されているのが個体群の動的平衡です。

四章　生きかたの発展——生育

クロモジ　この章の話し手は、低木の私です。光合成で生体原物質をつくり、それをからだの各部分に送り、それぞれのところで利用します。真っ先に利用するのは「今を生きる」に直接つながるエネルギー取り出しで、余分ができると、枯れたり食べられたりして失ったものを補い、さらに残ったら生育にまわします。幹を伸ばし丈を高くし、枝をはり根をはり、葉を展開して生きかたを発展させていきます。この章の主題はこの生育です。低木を中心に話すことにします。

植物の生育のしかたは、動物の場合と大きくちがいます。簡単にいいますと、動物の場合は、カイメンやサンゴのような固着動物を除けば、運動するということを中心にからだ全体でまとまりをもって生育が進みます。それに対して、植物の場合は、ゼニゴケなどを別にとれば、背丈を高くする、枝を張ることを中心にして生育しているといってよいでしょう。茎と葉に分化しているのはそれと強く関係しています。ですから、からだを大きくするという生育は、茎を伸ばし、そこに葉をつけるということを軸にして展開されています。

一、台倉のクロモジ

私は、千葉県房総丘陵尾根北西に位置している台倉という廃村から、三〇〇mほど南東に離れた尾根筋にある林に生活しています。「二〇〇九年九月の時点においては」と付け加えておきましょう。そこは、かつて薪炭林で、今でも落葉広葉樹の林がみられます。

低木というのは、植物の生育のしかたからすれば中途半端なものです。枝を毎年継ぎ足して高くなるという樹木の特徴からしますと、それをまっとうしないという生育のしかたをしています。しかし、そ

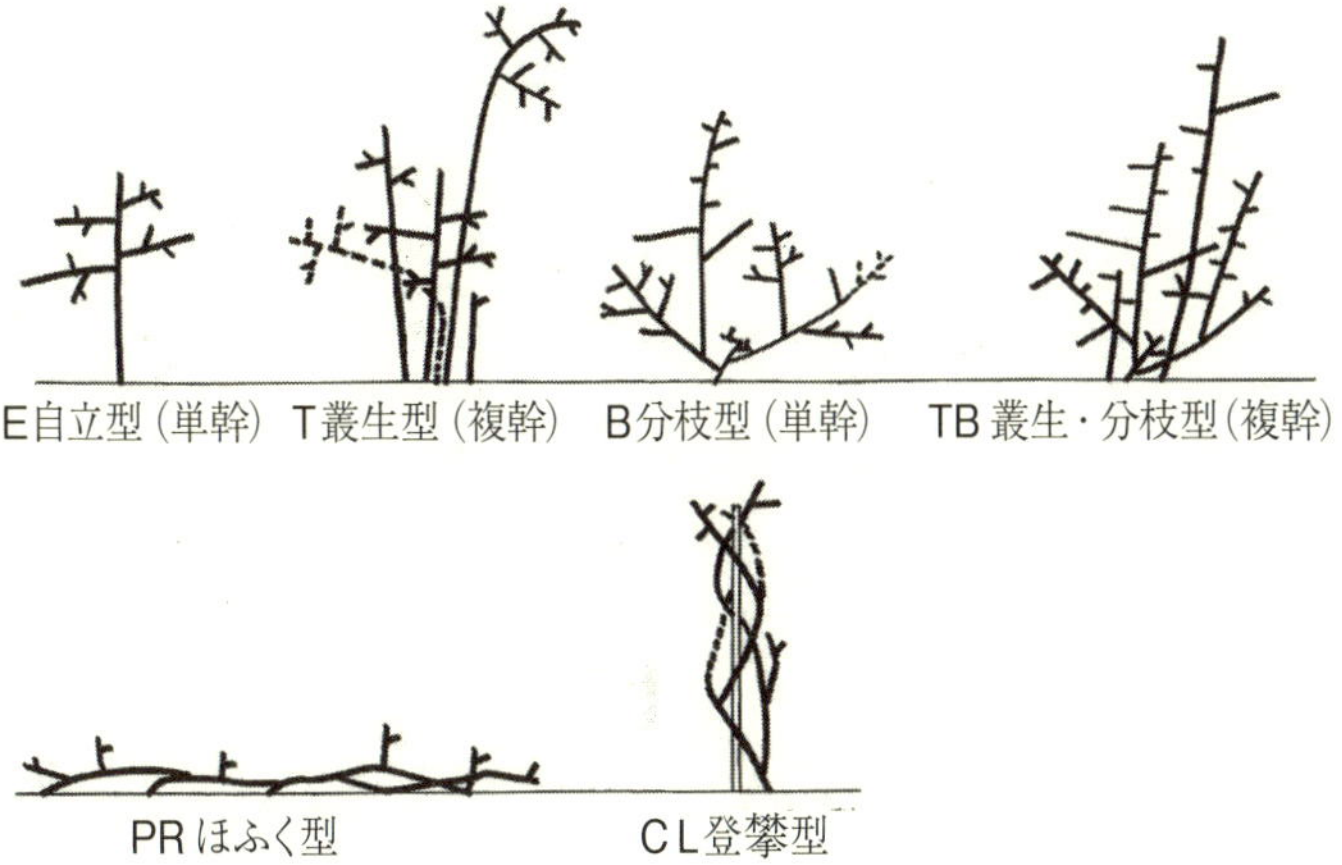

図4-1　低木の生育型

れが低木独自の生きかたであって、生きかたとしては決して中途半端ではありません。

私たちクロモジは、地中に株があり、ほとんど毎年そこから長い茎が伸びて幹となります。図４－１に低木のいろいろなかたちを紹介しましたが、そのなかのＴのような樹形をしており、常に地中から複数の幹を出しています。私自身は、三本の幹から成り立ち、樹高は七九㎝でした。四年前に一本、五年前に二本出たものです。それよりも前に出たものもたくさんありましたが、みな枯れてしまいました。枯れて先が折れて短く残ったものが一本あります。三本のうち一本、五年生のものについて生育してきた過程を紹介して、私がどのように生育して、その結果として低木になっているかということを説明したいと思います。樹高生育を中心にみますと、図４－２のようになります。

この茎は最初の一年のうちに枝分かれがあり、それを分出枝といいます。主軸にあたる枝を主軸枝、

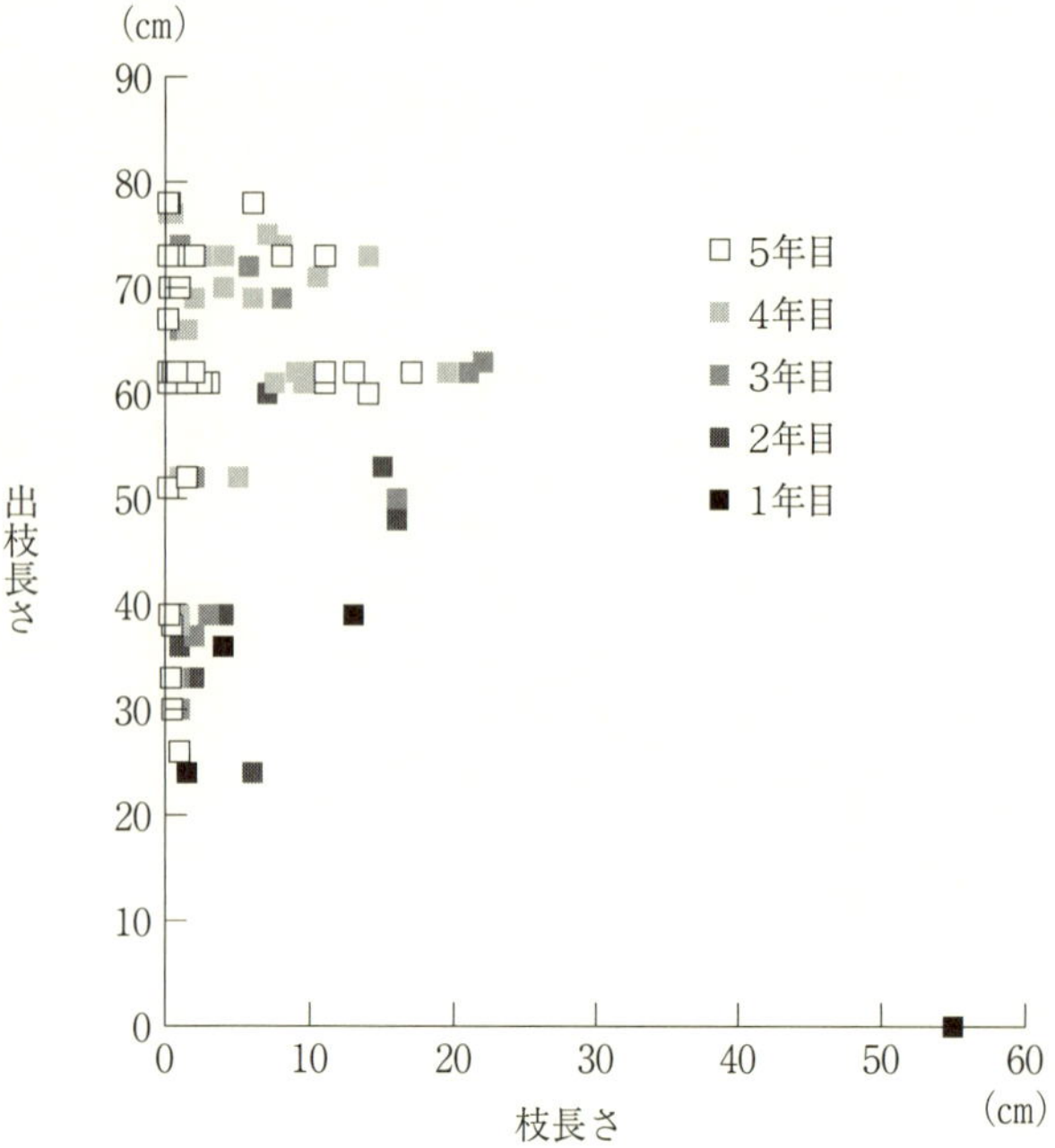

図 4-2　クロモジ年次枝長さと出枝高さ

そこから分かれて伸びた枝は側軸枝と呼ばれています。なかには、側軸枝が出ないで主軸枝だけの幹もあります。

五年生の地上部は、二〇〇五年に地中の株から出た五五cmの長さの枝が最初です。生育していく過程で五本の側軸枝が出ました。図４－２に示しました五年間の生育についてのグラフは、いずれも各年の主軸枝と側軸枝の長さと出枝した高さを示したものです。最初の二〇〇五年では地表〇mから五五cmの長さの枝が、ややたわみながら伸びて、樹高は四八cmとなりました。翌二〇〇六年には四八cmの高さの主軸枝の先端から、長さが一六cmの新しい枝を出し、そこからも七本の側軸枝を出しました。二〇〇五年の側軸枝の先端も新しい枝を出しました。

こうして三年目の二〇〇七年まで樹高を高めていきましたが、四年目になって樹高生育が急激に衰え、五年目の二〇〇九年ではほとんど高くならなくなりました。高い位置から出た枝が長くなく、長い枝のいずれもがたわんで水平に近い角度で伸長して、垂直に伸びることがなかったからです。あとで紹介しますケヤキの生育のしかたとよく似ています。こういう現象を「先細り現象」といっています。

この後の生育がどうなるかは、これからのことですから不明です。他の個体でわかっていることを参考にしますと、ここまで生育が進みますと高い位置に出る枝の長さは益々短くなり、長い枝もほとんど出なくなり、樹高を大きく高めることなく、数年後には枯死します。

このような生育と併行して、地中にある株からあらたな茎が出て新しい幹になります。現在のところほかに二本しかありませんが、育ちがよいものでは、もっと多くの幹が同じ地中部から出ます。ですから一つの株からたくさんの茎が伸びており、それに混じって立ち枯れた茎も残ってみられます。「恋人たちの森」という、もう少し南東に行ったところになかまがまとまっていて、九株について茎の数、長さと高さ、根元近くの茎の直径を測定し、生きているか枯死しているか、元から枯れているか先枯れかの調査がなされていますが、最大の株のものでは、一三本の幹がみられ、高さは最高で三m、最低で五〇cmにもならないものがありました。このうち七本が生きていて、三本が枯死、三本が先枯れしていました。まだ若い茎数が三本のものでは、高さが一・五mで、枯死しているものが一本、残り二本は生きていました。なかには、七本中四本が枯れ、残りが三本というものもあります。

私たちクロモジの、こうした一つの株から複数の幹が出るという生育のしかたは、株が大きくなって

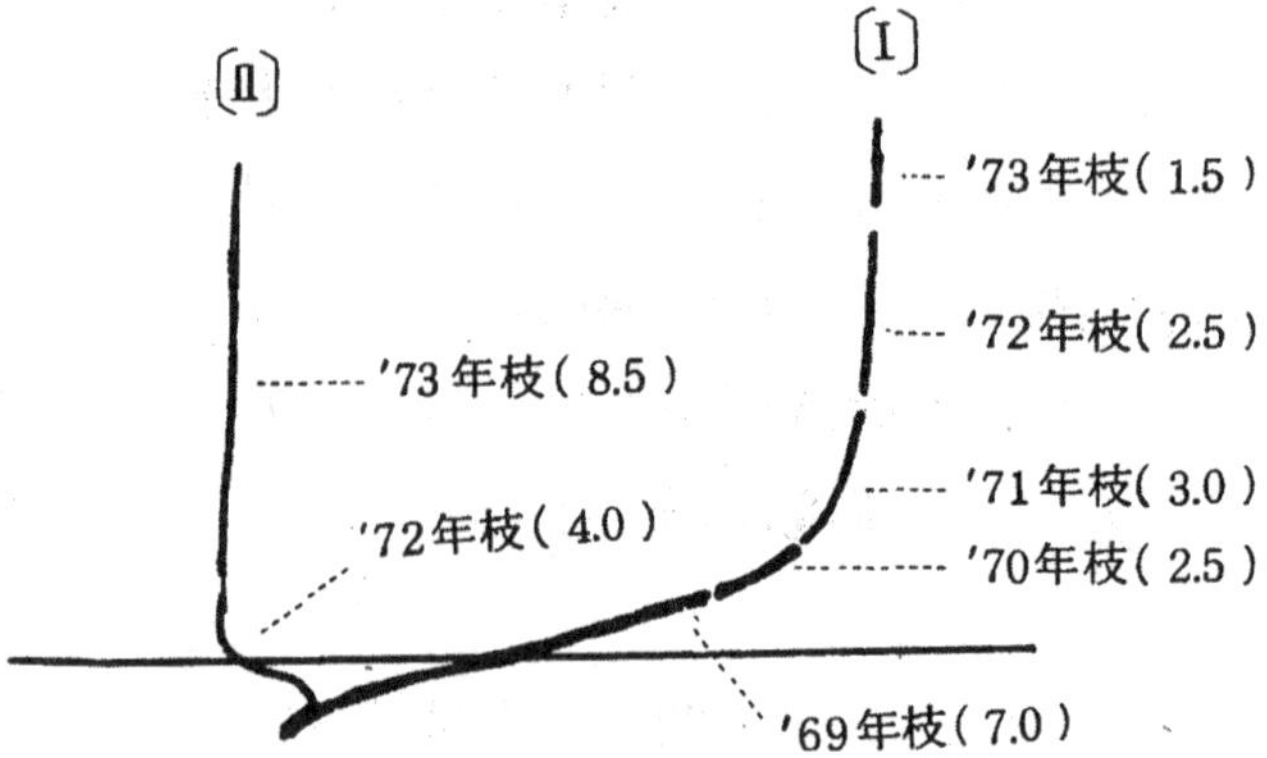

図 4-3　クロモジ稚樹（5年生）生育断面図

（　　　）は枝の長さ、単位はcm

はじめ種子から〔I〕の茎が出て、年々枝をつぎ足したが、先細り現象をおこしながら伸張。4年目に地中から隔年枝が出て、翌1973年に著しく伸張した。

出典）岩田好宏、1980年

からみられることではなく、芽生えから数年経つとみられるようになります。複幹性低木といっています。同じ房総丘陵の清澄山という山の、荒樫沢という照葉樹林のなかのものによって明らかにされています。

それは、実から発芽して五年生のもので、実から出た一年目の幹（一九六九年枝）は糸のように細い茎を地中から斜めに伸ばして地表に出て七cmになりました（図4－3）。つぎの年にはその先端に長さ二・五cm、そのつぎの三年目には長さ三cmの枝が前年の枝の先端から伸びました。そしてつぎの四年目の一九七二年になって、はじめて二本目の茎が地中から出て複幹になりました。長さは四cmの隔年枝でした。隔年枝というのは、前の年の枝から出た新しい枝ではなく、もっと前に出た枝から出た枝のことです。この隔年枝の先端から翌年に八・五cmの枝が出ました。最初に出た幹から出た一九七三年の枝は、わずかに一・五cmでした。最初の幹は、短い枝の積み重ねで少しずつ生育して「先細り現象」が進行していくなかで、栄養物質を蓄え、ある量まで蓄えられたところで、長い隔年枝を生育させて大きく生育を進めたとみることができます。

私たちクロモジとしては、一年で五〇cm以上も伸びる枝を出しますから、そうした長い枝を垂直に伸ばして毎年積み重ねて生育を継続させたら、たちまち一〇m近い高木になるはずですが、「先細り現象」がおこって高木にはなりません。ついには新しい枝を出さなくなったり先枯れをおこします。もう一つの要因は地上の幹の寿命があまり長くないことです。

二、茎に注目する

茎は生育の基礎

種子植物のからだは、根、茎、葉、花、実の五つの器官から成り立っています。このうち、花と実が繁殖にかかわるもの、ほかの三つが生育にかかわるものです。根、茎、葉の三つに分かれていることは、からだの大型化と固着生活、光合成生活と密接な関係があります。この点で動物とは異なるからだになっています。

これらの器官の進化的な形成過程を、微小なからだをしているクラミドモナスまでさかのぼり、そこからみることにします。クラミドモナスは陸上植物の祖先にあたる緑藻植物の中でも小さく、簡単な体をした植物です。全体が卵形をしていて、根とか茎というような消費器官はありません。また花とか実というような生殖のための特別の器官もありません。ある時期になりますと、からだそのものが二つの異なったものになり、それが接合してあらたなものになります。それ以外の時は、分裂して殖えていきます。

クラミドモナスのからだは、種子植物でいえば全体が葉に相当しますが、光合成を行ない生きていくという、植物としての生活を営む上で必要な最低限度のもののほかに、べん毛や眼点というものがあります。眼点は光を感じて、明るいほうへからだを移動させるものです。ですから、これらはクラミドモナス独特の生きかたに関係したものです。光合成と無関係とはいえませんが、そのものが栄養物質を合成することはしません。一種の消費器官です。緑藻植物に属し、小さなからだをしているクロレラにはべん毛がありません。その意味ではクラミドモナスのほうが余計な器官をもっているといえましょう。また同じく緑藻植物のカサノリは固着生活をしておりますので、からだのかたち、大きさはとても異なり、からだが流されないように底の石のようなものに付着して、細長い茎のようなものと笠状の光合成器官とつながっています。付着の器官は光合成をしない消費器官です。

褐藻類の大型植物であるコンブやワカメ、あるいはもっと大型のホンダワラ、英語名でジャイアントケルプといわれているマクロキスチスにも、大きく丈夫な付着器官があります。これは種子植物の根にあたるもので、固着生活との関係で生まれたものです。ただしからだ全体が水に囲まれ、体表から水を吸収していますから、岩の中から水を吸収するということをしません。マクロキスチスやホンダワラには葉と茎のような区別があります。細長い茎のようなかたちをしたものはいくつも枝分かれをして、ところどころに葉のようなものをつけています。それはかたちの上では種子植物と同じ茎葉体というものです。葉のようなかたちをしたものを、とりあえず仮葉とよぶことにしますが、これは光合成器官です。茎のようなかたちをしたものを、仮茎とよぶことにしますが、これも表面に光合成細胞が並んでいて、中心のところには細長い管のような細胞が縦にずっとつながっています。この部分は光合成をしません。

こうしたかたちになるというのは、種子植物と共通することですが、仮茎ですばやく伸びて枝分かれし、仮葉を展開するというのは、大型化に最適な生きかたではないでしょうか。マクロキスチスのなかには一日に六〇cmの速さで伸びるものもあります。マクロキスチスは、ケルプの森と呼ばれている海中森林を形成しています。からだが固着している海底の光の強さは、海面のわずか一%くらいだそうですが、そこで顕微鏡でみなければみえないほどの小さなからだから出発して、四〇mをはるかにこえる距離の海面まで伸びるようです。また葉のように扁平になるのは、光が内部まで透過する上で適したかたちです。海藻類の多くは、アオサやコンブでわかりますように平べったいかたちをしています。

種子植物の茎には分裂組織が三ケ所あり、生育の基礎となっています。一つ目はその先端で、これによって茎を伸長させて高く生育したり枝を広げたりする基礎となっています。二つ目は節です。茎のところどころにあって、そこから枝が伸び、そこに枝や葉が展開されます。三つ目は、茎の内部に形成層という分裂組織が輪のようにあることです。これは、分裂によって細胞が増えることで茎を肥大成長させています。この成長によって、水などの通導組織や支持組織ができます。こうした生育のしかたは、動物にはみられない独特のものです。それは、植物が光を受けて光合成して栄養物質を獲得することと、大型で運動することなく固着生活するという二つの生活と密接な関係にあります。

三、樹木の生育

生育単位の基本形

樹木は草とちがって、二年以上にわたって枝の伸長を継ぎ足して生育していきますから、二年にまたがる二本の茎の生育の結合が生育の単位となっています。その生育単位には、もっとも単純なものとして、つぎの二つの基本的な形態があります（図4－4、U－1、U－2）。これは前年の枝に当年の枝が一本だけ出た場合です。片方のU－2は、枝分かれがあり、樹高が高くなるのが少し抑えられ、もう一方のU－1は、枝分かれがなく、樹高を高めるのに有利な形態といえます。U－2のほうは、ツツジやフヨウなどでみられるように、前年の枝の先端に花芽がついて、花が咲き結実して落ちる場合にみられます。またそれとは別の先枯れがおきた場合にもみられます。あとで紹介しますニワトコなどでみられます。

植物の枝の生育のしかたは、基本として丈を高めることと枝はり（まわりに枝を広げること）の二つの方向に進んでいます。こうした生育単位の基本形態は、植物の生活が光を受けて光合成によって栄養物質を合成していることから、当然のことながら生まれでたといえましょう。丈を高めれば、ほかの植物の日陰になることはなく、枝はりを広げることによって近くに他の植物を寄せつけず、葉を多くつけて光を受けるというように考えられます。生育単位の基本形はこの二つだけではありません。前年の枝に二本の枝が出た場合に別のかたちがみられます（図4－4、U－3）。前年枝に二本の枝が出た場合には生

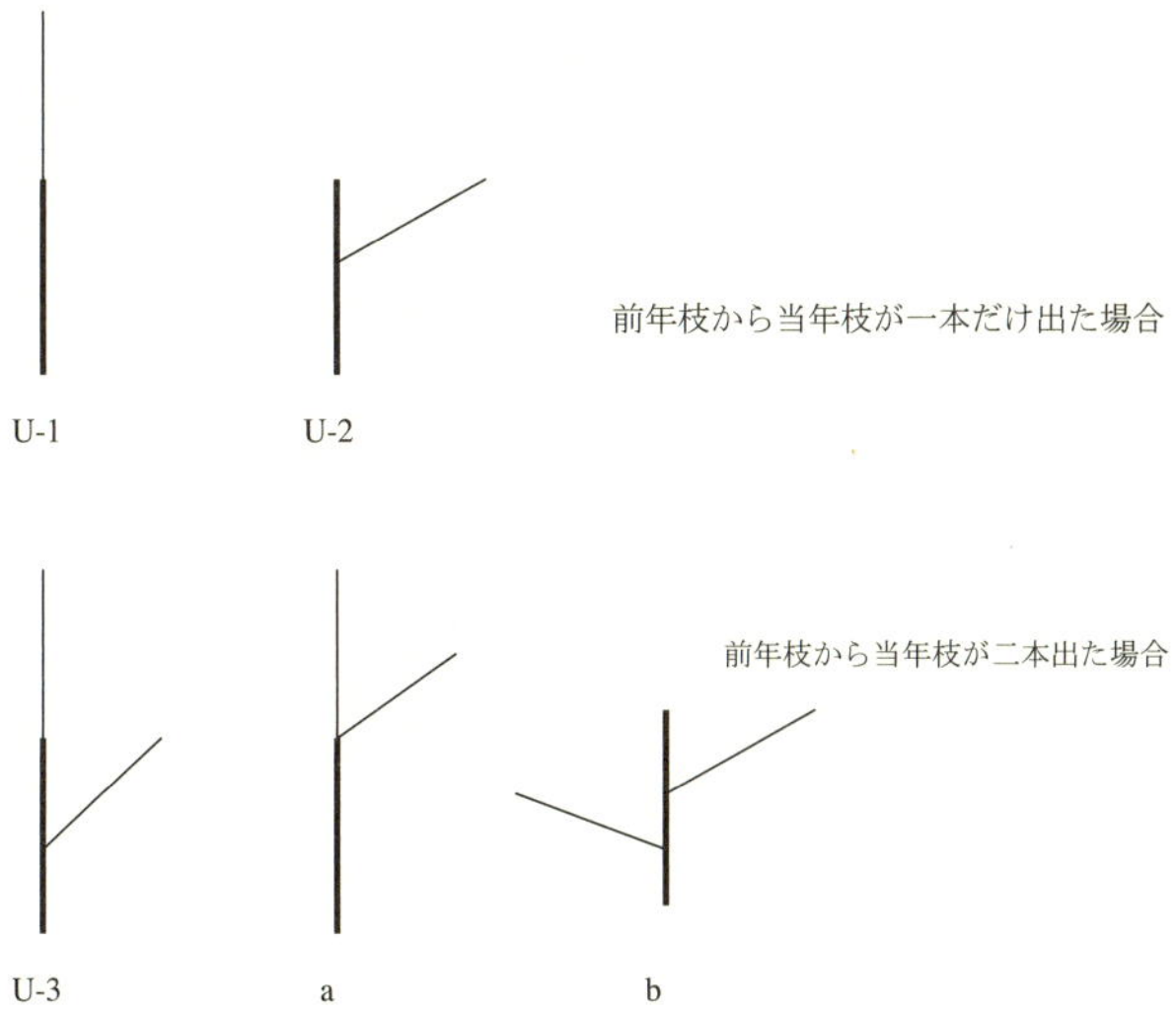

図 4-4　樹形単位の基本形

a は U-2 に枝が一本または二本追加したもの、b は U-1 に枝が一本追加したもので、基本形ではない。基本形は U-1,2,3 となる。

育単位のかたちはU－3、とa、bのような三つになります。しかし、aはU－1に枝が一本増えただけですし、bはU－2に一本枝が加わっただけですから、基本形ではありません。U－3はU－1またはU－2に枝が一本加わってできたものですが、基本形としてはU－1、U－2とはちがった役割を果しますので、基本形の一つとします。

　三本以上の枝が出た場合には三種の基本形に枝が増えたものですから、整理しますと樹形単位の基本形は、U－1、U－2、U－3の三種ということになります。前年の枝と当年の枝が結合してできる樹形単位は、この三つの基本形に何本かの枝が加わったものとみることができます。

　こうした生育単位の三つの基本形を、樹木の樹高成長（木の高さを増す成長）についての意味からみますと、U－1は樹高を高めるのに重点をおいたものです。それに対して、U－2はそれとは反対に、樹高生育としては前年の枝が到達したところからあまり大きく高くならないかたちとみることができます。U－3は樹高を高めるのと枝はりの両方にバランスをとっている、中間とみることができます。

生育単位における頂端集中度（分枝様式）

しかし、これは前年枝から出る当年の枝が、どれも同じ長さであることを前提として考えられることです。前年枝から複数の当年枝が出る場合には、それぞれの枝は当然のことながら長さにちがいがあります。樹高を高めるか、枝はりを大きくするかという生育上のちがいを、この三つの基本形にそのままあてはめて考えるわけにはいきません。U－3の場合、先端から出る枝より前年枝上の中間の位置から出る枝のほうが長い場合には、枝はりに重点がおかれることになります。

例として取り上げましたムラサキシキブとヤマザクラは、その生育単位の基本形はともにU－3ですから、比較しながら具体的にこの点をはっきりさせることにします。ヤマザクラの場合は前年の枝の先端近くに長い枝が出ていて、樹高を高めるほうに重点がおかれていますが、前年の枝の中間の位置にも比較的長い枝を出していますので、枝はりにも役立っているとみることができます。ムラサキシキブは、前年枝の先端から出た枝が短く、前年枝の元近くから出たものが長く、樹高を高めるというより枝はりに重点をおいた生育単位とみることができます。生育単位のかたちは、前年枝上の当年枝の位置だけでなく、枝そのものの生育がどうなっているかということを、組みあわせて考えねばならないことがわかります。そこでこの点をもっと明確に表現できるように、頂端集中度曲線というものを描いてみました。前

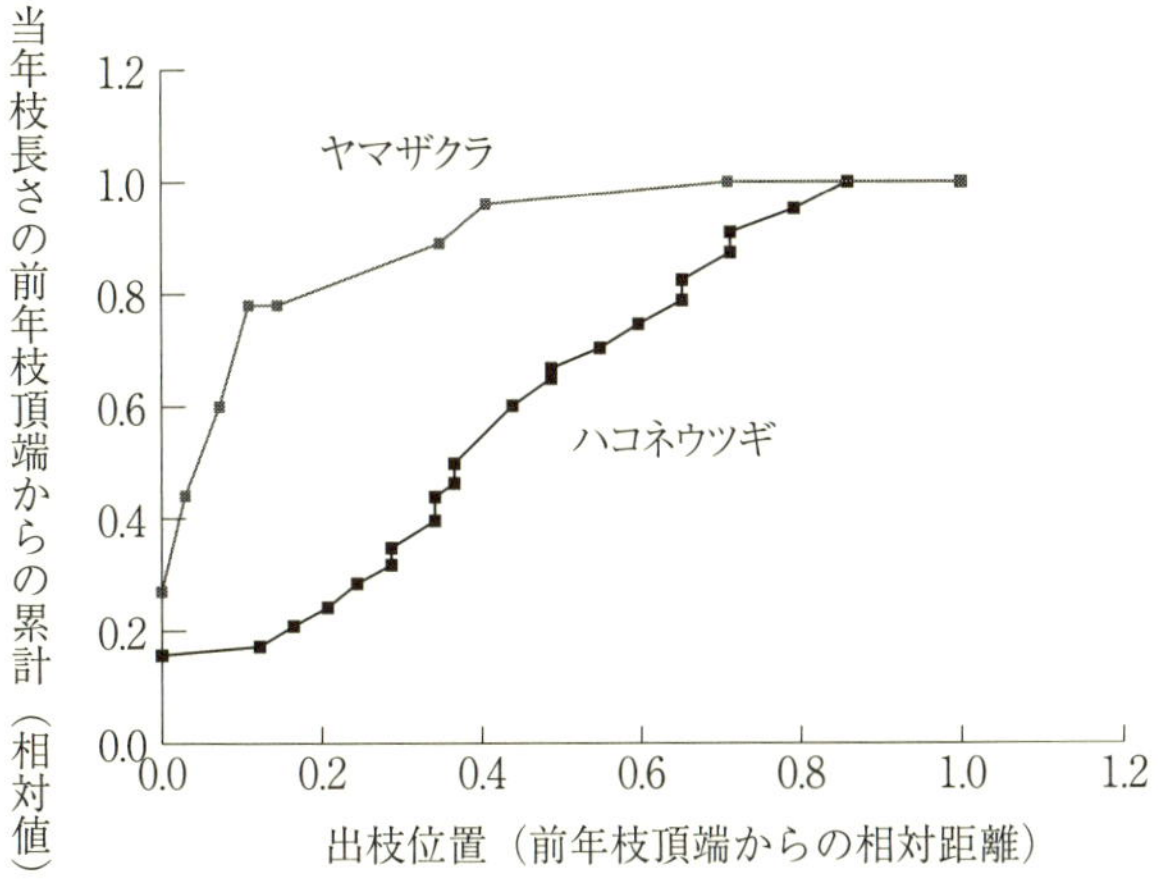

図 4-5　樹木二種の頂端集中度曲線

年の枝から出た当年の枝が、前年枝の頂端に集中して出ているかどうかをみるための一つの尺度です。これは、それぞれの枝の伸長した長さと、前年の枝のどの位置に出たかを測定すればわかります。前年枝の上の位置は、先端からの距離で表わすのがもっとも適当です。また先端からの距離が同じ一〇cmであっても、前年の枝の長さが一mの場合では先端近いところですが、一五cmの枝ならば元近くになりますので、前年の枝の長さに対する比で表わすことにしました。当年の枝の長さのほうは、前年の枝の先端から出た当年枝の長さを積算していって、ある距離のところで得た枝の長さ合計（累計）が、すべての枝の長さを合計した長さに対する比で求めました（図4－5）。

この頂端集中度曲線は、縦軸がそれぞれの距離までに出た枝の長さを積算して得た累計になっていますから、曲線が急激に上昇しているところは、集中的に枝が出ているところです。逆に曲線が水平に近いところは枝が出ていないか、出ていても短い枝がまばらなところというようにみることができます。ヤマザクラは先端近くでグラフが急勾配になっているので、先端近くで長い枝が集中していることがわかります。また前年の枝の中間の位置まで分散して出ているということになります。これに比べて、ムラサキシキブの場合は、曲線がゆるやかに上昇していて（図4－5）、枝の出しかたが分散しています。枝の分布のしかたはつぎの三つに整理できます。

(a)「頂端集中型」：前年枝の先端からの距離が〇・二までのところで当年枝の長さ累計が〇・八になっているもの

(b)「分散型」：先端からの距離が〇・八の位置で当年枝長さ累計が〇・八になるもの

(c)「元集中型」：先端からの距離が〇・八になっても累計が〇・二未満で、〇・八から一・〇（前年枝の元）の間で急激に枝が集中して出るもの

図4－4の生育単位の基本形のU－1の系列のものは、当年枝がすべて前年枝の先端に出ているものですから、どのような長さの枝が出てきても、まちがいなく頂端集中型の生育単位になります。それに対して、基本形がU－2とU－3は、それぞれの位置に出る枝の長さのちがいによって、頂端集中型になるものもありますが、分散型になるものもあります。また元集中型になるものもあります。

しかし、もう一度考え直してみますと、枝が頂端に集中しているかどうかに関係なく、わずか一本であっても先端近くの枝が長ければ、樹高成長に大きく役立つことになります。

生育要素としての枝の検討——育略的枝と育術的枝

こうみますと、長い枝が出るかどうか、それが先端または近くに出るかどうかは、樹木の生育にとっ

て戦略的に重要な枝ということになります。短い枝はそれに対して戦術的な枝ということになります。

ハコネウツギという木を例にしますと、この低木は長短異なる二通りの枝を出します。短い枝は節と節の間が詰まっていて、長さの割には節が多く、多くの葉をつけ花を咲かせ実をつけます。樹木の生育を樹高を高める方向と枝はりの方向に分けて考えてみますと、戦術的な枝で、大きく役立つことはありません。多くのものでは、そこから出る枝は短く小さなものであり、なかには新しい枝を出さず、つぎの年に枯れてしまうものもあります。これに対して大きな枝のほうは、太く、節間が長く、長さの割にはついている葉の数が少ないのですが、ハコネウツギの樹形の基本をつくる枝です。樹高を高めることも、枝はりを広げる上でも重要な役割を果たしているものです。樹形の骨格を形成するものです。樹木のなかには、生育の上で二つの異なる役割を果たす長短別の枝があることがわかります。こうした枝を育略的枝・育術的枝と呼ぶことにします。

四、樹形形成の基本

シラカシの幼樹との出会い

しかし、長短の差はあまり大きくなく、生育上の役割分担が明確でないものもあります。

シラカシという常緑の高木があります。関東地方で代表的な樹木の一つです。年齢八年の若い木ですが、その生育過程を調べたデータがあります（図4－6）。ドングリの芽生えから六年目までは、垂直に伸びた前年の茎の先端に一本だけ新しい枝が出て、それも垂直に伸びて幹となり樹高を高めてきたあとがよくわかりました。七年目になって枝分かれがおこりました。樹高を高める一辺倒の生育から枝はりの拡大を兼ね合わせた生育へと転換しました。つぎの八年目ではさらに枝分かれが著しくなり、枝はりと樹高成長の両方の調整がよくとれていると思われる生育のしかたを始めるようになりました。

このシラカシの若木の生育単位の基本形は六年目までは典型的なU－1型であり、七年目からはその系列の分枝を展開するようになりました（図4－4、a）。先端集中型です。育略枝と育術枝の分化はみられません。樹高を高めることに重点をおいた生育単位の積み重ねで樹形を形成していくタイプの生育が進んでいることがわかります。

ところが、シラカシが高木になるもう一つの特徴がありました。それは、八年目の一九八四年の枝の出かたによく現われていました。前年の七年目に出た四本の枝のうち、前年枝の先端から五本の枝が出て、将来主幹になると思われる垂直に伸びた枝が一番長かったのです。前年の低い位置に出た他の枝の先端から出た新しい枝は数が少なく、長さも劣っていました。樹高成長に重点がおかれている枝の出しかたです。かりに生育単位がシラカシのように基本形がU－1形であり、分枝が先端集中型であっても、枝分かれした翌年の枝の出かたが、垂直にのびた主幹になる枝には短い枝しか出ず、脇枝に長い枝が出たら、まちがいなく枝はりに重点をおいた、生育のしかたになり、樹高生育は鈍化するとみることができます。

樹木の生育は、生育要素、生育単位とその基本形、頂端集中度だけでなく、樹形全体に目を向けねばならないということになります。

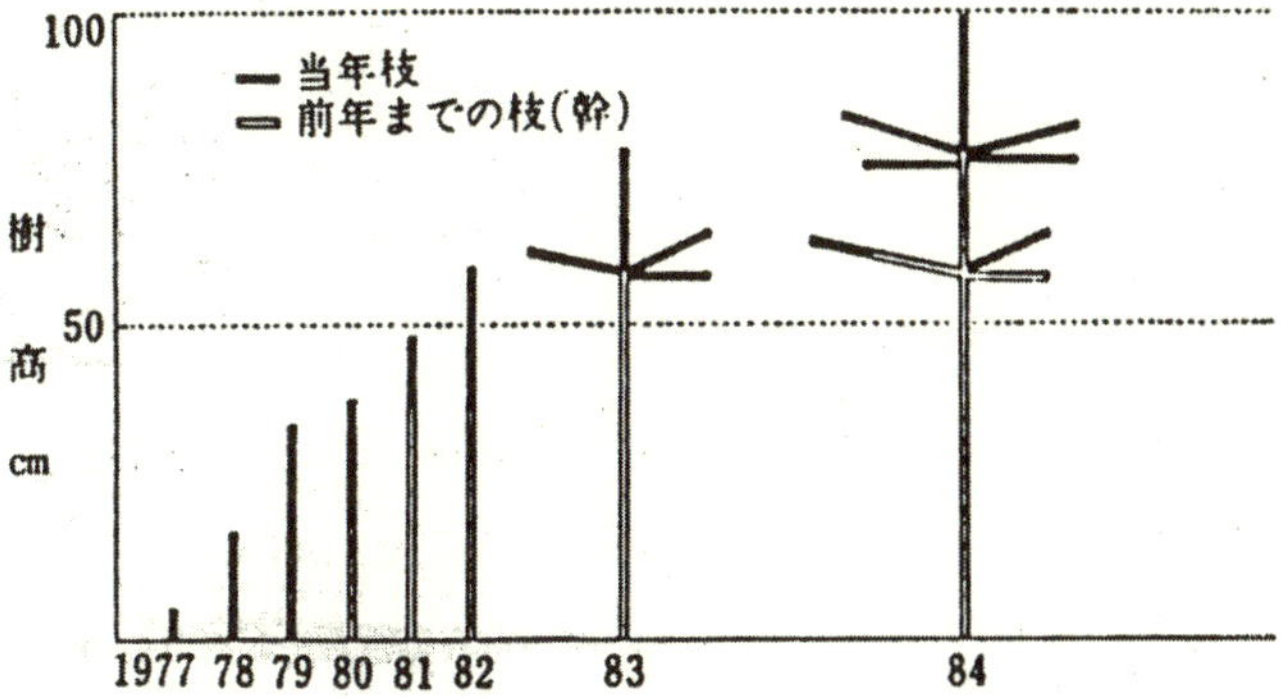

図4-6　シカカレ若齢木の生育過程

先細り現象——ケヤキの場合

ケヤキは高木で、生育のしかたをみますと、生育単位の基本形はU－3、枝は前年の枝に分散して出ますが、頂端集中型です。育略的枝と育術的枝の分化もあります。若木の段階の生育過程が調べられていますが、幹の先端に出た育略的な枝は長く、樹高生育が順調に進んでいたことがわかります。ところが五年目に出た長さ六三cmの枝が垂直に立たず、横に大きくたわんでしまいました。このことはケヤキのどの若木にもみられることです。それ以降前年まで最高位に出た枝があまり長くはなく、しかもたわんで樹高を高めるのに役立ちませんでした。樹高はそれよりやや低い位置から出た長さ六三cmの枝によって決定されました。樹高は前年の七二cmからわずか一cmしか高くならなかったのです。

生育過程の節目に注目しますと、二年目まで基礎づくり、三年目で樹高を大きく高くしましたが、四、五年で樹高生育が鈍化したというようにみております。ケヤキの場合、芽生えから四、五年後に出た枝の形態が、支える量に見あう強度がなかったのです。樹高形成の上で育略的枝であるはずの長い枝がその樹高を高める役割を果たしていないのです。ケヤキの生育には「先細り現象」がみられます。

問題は今後樹高生育はどうなるのかということです。やわらかな、たわんだ枝に来年大きな枝が出ても垂直に伸びることは難しいです。

この疑問に事実が見事に答えてくれました。別の年齢の高い個体での観察によりわかったことですが、幹が垂直から水平にたわむところ、つまり自立的な部分とそうでない部分の境界にあたるところから、何年かのちに自立的な長い枝が垂直に伸びて、樹高を高めていることがわかりました。これは、ケヤキだけでなく林内のやや暗いところで育ったムクノキやヒサカキなどでみられることです。ケヤキの若い木と同じように長い枝がたわんで、樹高を高めることができず、樹冠が傘状に広がっているものをよく見かけます。そして、垂直方向から水平方向に枝が曲がっているところから、垂直に高く伸びる枝がみられるものもありました。

ヒサカキ

ヒサカキという暖帯林にみられる常緑の亜高木で、こうした「先細り現象」とその後の樹高の高まりが実際に調べられています。その年齢七年、樹高が九三cmのものについて紹介します。

この木の生育のしかたをみますと、二年目までは生育単位がU－1で、枝の伸長方向は一年目、二年目とも垂直方向で、伸びた長さだけ樹高を高めました（図4－7）。三年目になって二年目の枝に合計四

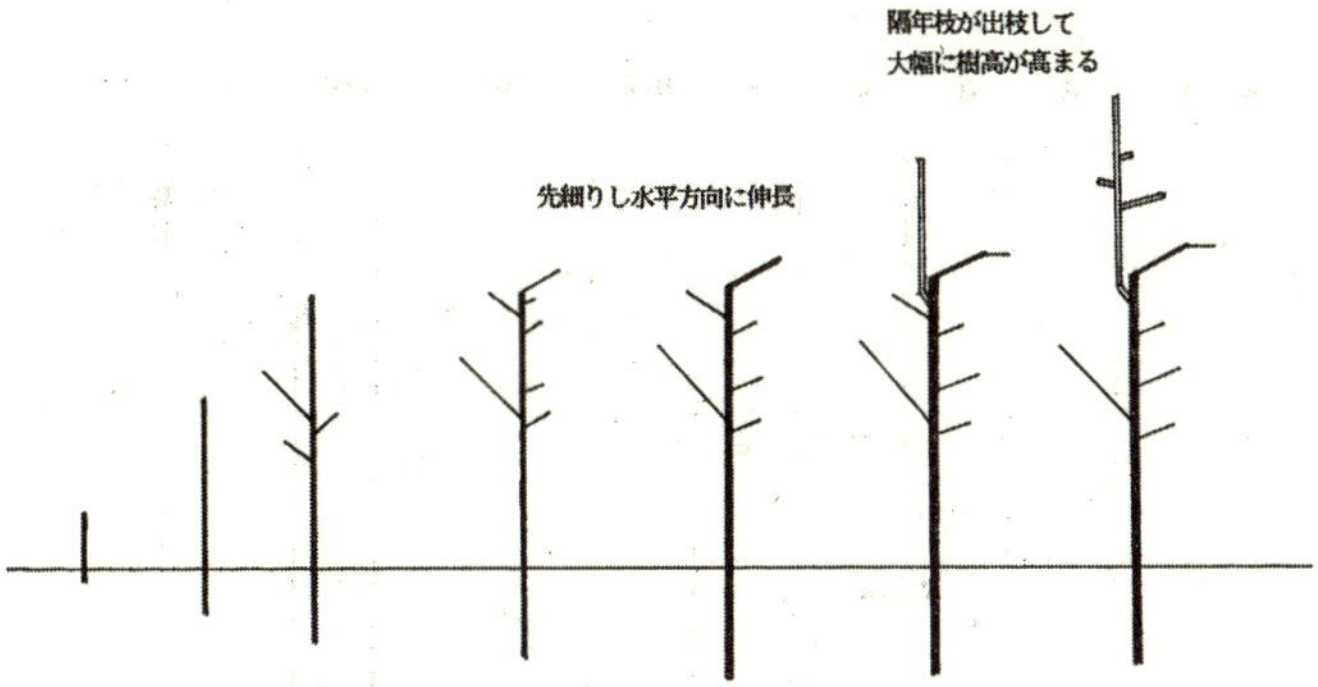

図 4-7　ヒサカキの生育過程概念図

出典）岩田、1992 年

本の枝が出て、分枝が始まりました。生育単位の基本形はU－3に変わりました。頂生枝が一本、側生枝が三本出ました。この年から、生育は樹高生育と枝はり生育の両方がみられるようになりました。ところが、五年目になって頂生枝をはじめとしてどの枝も長さが短くなり、また幹の先端部分が水平方向に伸長するようになりました。その結果樹高はほとんど高まらなくなりました。それだけでなく、枝はりも十分ではありませんでした。「先細り現象」がおきました。このまま生育が進めば、このヒサカキの個体の生育は、樹高を高めるという点では行き詰まるとみることができます。

六年目になって、短い枝が数多く出て分枝が著しくなり、行き詰まりの進行がはっきりした最中に、枝の長さが他の枝とはかけ離れて長い隔年枝が生まれました。出枝位置は幹が垂直方向から水平方向に変わる境界にあたるところでした。この枝は垂直方向に伸び、ここで樹高は大きく高まり、測定した年にあたる七年目には、樹高は九三cmになりました。

この生育のしかたは、シラカシとは異なる高木の生育様式です。高木の生育のしかたには、シラカシのかたちとケヤキ・ヒサカキのかたちの二つがあるとみることができます。

主幹と樹形形成

樹木の生育のしかたでもう一つ加えますと、一本の樹木の形態のみかたとして、主幹部と枝部という、これまで一般的な常識として定着しているみかたも重要な意味があることを、再確認しておく必要があります。

具体的に申しますと、幹を形成している枝にはいろいろなものがあって、どのような枝でできているかによって、生育の基本様式に大きなちがいがあるということです。

一つの例としてフユヅタの場合を紹介しますと、この植物は、登攀枝《とはんし》と自立枝と短枝の三種の枝を出します。この三種の枝のうち登攀枝によって主幹部が形成され、他の二種の枝は枝部を形成することによって、フユヅタは登攀性つる植物となって高木になります。そのほかの主幹となる枝の形態と樹高生育との関係はのちに紹介します。

生育全体にかかわることとして、樹形全体の問題があります。主幹部がどうであるかということは、一本の幹についてのことで、樹形には、単幹性のものだけでなく複幹性のものがあるし、幹が多いことによって主幹と他の部分の区別のできない分枝性の樹形のものもあります。これは、先細り現象にともなって長大な隔年枝が出た場合に、その位置が地表近くから出たものか、あるいは地中から出たものかのちがいが原因となっています。

五、低木という生育様式

低木とは

低木というのは、植物の一つの生きかたです。低木という独特のからだから特定の生きかたが生み出され、それに対応したある環境と出あった時に、その植物が生きていける、生き続けることのできる、そういうからだと生きかたをいいます。これも植物多様性発現の基礎となっています。植物に限らず、生きものは、からだの形態がその生きかたの形式、基本となり具体的な生きかたが生まれます。高く伸びることも低いままであることも、からだのかたちであり、生育のしかたであり、生きかたです。そうしたからだと生きかたが、取り巻く環境のなかで、ある位置（地位）を占め、環境との対応関係が成立した時に、生きかたは現実の「生きる」となり、生存できるようになります。ですから、低木といった場合にも、こうしたからだの形態、生きかた、環境との対応関係をとらえることになります。

マンリョウ

最初はマンリョウという正月に珍重される植物から入ることにします（図4－8）。

マンリョウは、垂直に立っている幹の頂端に一つだけ芽をつけ、それが発芽して枝が同じく垂直の方向に伸長して背丈を高くしていくというように生育します。そして三年くらい経ちますと、分出枝を出して樹高生育と枝はり生育の両方の段階へと転換します。分出枝の側軸枝には細かく枝分かれした花枝が出ます。マンリョウの場合、分出枝を出すというのは、生育が繁殖段階に入ったことでもあります。

マンリョウの成長のしかたには、ほかの種類の樹木ではあまりみられない奇妙なことが二つあります。一つは、実が食べられたり落ちたりしたのちに枝が落ちることです。風に吹かれて折れたり日陰になって枯れたりして落ちるのではなく、マンリョウという植物の生育のしかたの一つとしてそのような落枝がみられるのです。第二の特徴は、マンリョウの新しい茎は必ず前年に出た茎つまり幹の頂端に一本だけ出て、前年の茎の途中から伸びないことです。この二つの特徴から、マンリョウの生育は、分出枝を出して繁殖するようになった段階でも、丈を高くすることに重点をおいています。こうした形式で生育している樹木としては、シュロやヤシが思い出されます。

マンリョウの毎年の幹の先端の高さと毎年の茎の長さとの合計はほぼ同じです。毎年茎が垂直に伸びて伸びただけ高くなっているからです。かりに一年に伸びる茎の長さが一〇㎝であるとしますと、一〇年で一m、二〇年で二m、五〇年では五mにまで高さを増すことになります。そうなれば、マンリョウは低木として大きなほうになります。葉層は人間の頭上を越します。細長い茎がすーっと垂直に伸びて、その先に葉を広げているというヤシの姿を想像することができます。しかし、そうした丈の高いマンリョウを実際にみることはできません。東金市大沼田の屋敷林のもののなかでは、年齢が二四年のものが最高でした。丈は、茎がたわんで高くはなっておりませんでした。マンリョウには人間の丈を越えるようなものはなく、高くならないうちに地上茎の寿命が尽きて、高いものがないという結果になっています。幹が長く伸びるとたわむというのは、茎が伸びてもその先端近くの葉や実を支えるだけの支持能力

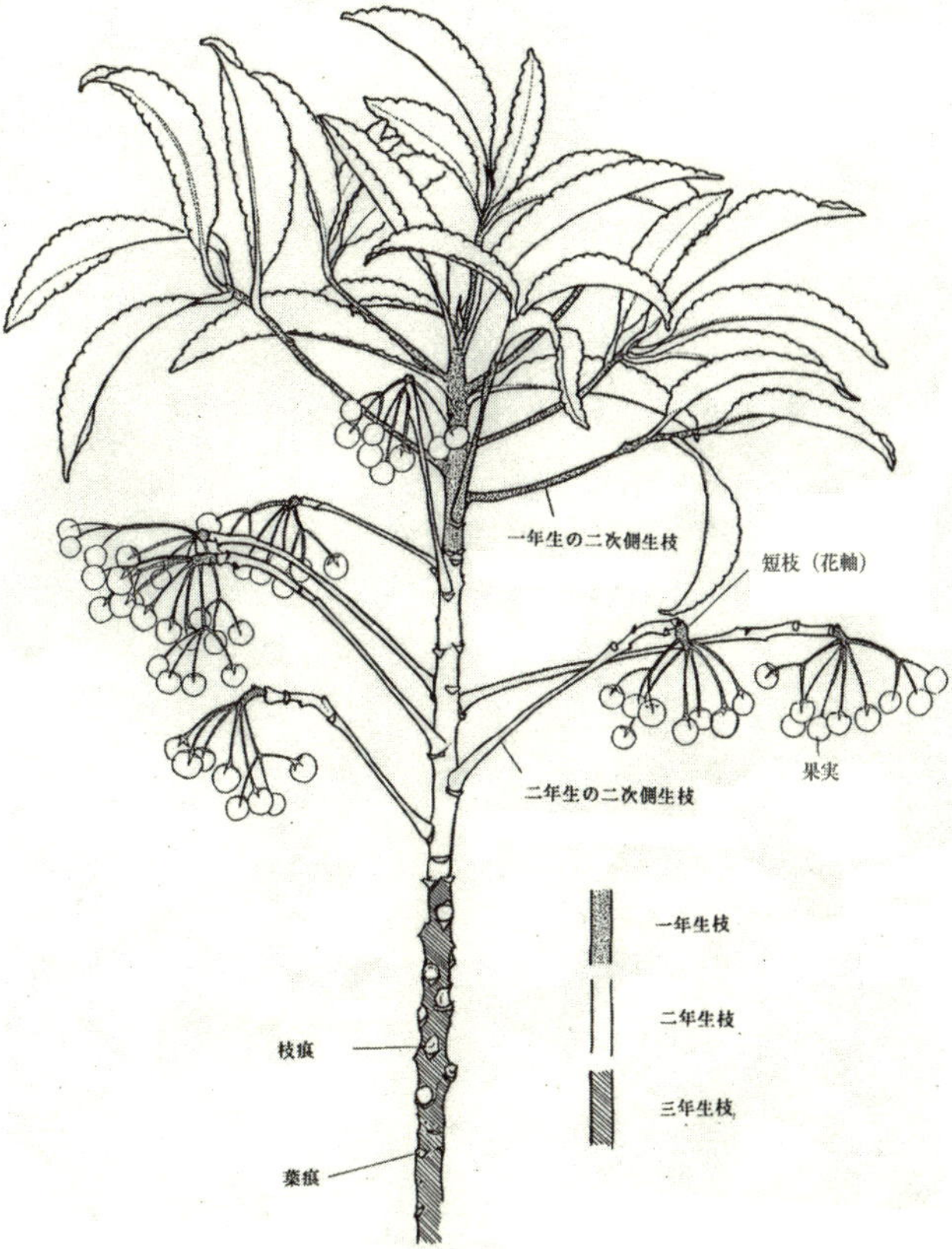

図 4-8　マンリョウの生育

がないことです。マンリョウの茎は肥大成長が小さく、背丈の高まりに比べてはるかに劣るように思えます。風に吹かれたり他の植物のからだとふれあったりしてたわみ、それが恒常的になって、それ以上は樹高を高めることができなくなるのではないかと想像してみました。

しかし、寿命が短いというのは地上の部分だけで、地中部はかなり長く生存できるのではないかと思っています。一つの地中部から何本もの茎が伸びている様子を観察しておりますが、なかには一株で五〇本以上の茎をみたことがあります。またそれらの茎とともにすでに枯れた茎が混じっているのもみております。丈が高くないというのは、高くなれないというのではなく、マンリョウの生きかたとして低木になっているとみるべきだと思います。林のなかの日陰のところで生活する植物の、一つのありかたではないかと考えました。

マンリョウが低木であるための生育上の特徴とは何か。その一つは毎年の茎の伸長量が小さいことと、寿命があまり長くないことです。幹があまり太くならないことから支持能力が劣るということも加えられます。

オオアリドオシとハナイカダ

房総丘陵の北東にある、ある神社に近い常緑広葉樹林のなかのオオアリドオシは、どれも樹高が五〇cmを大きくこえるものがなく、低木のなかの低木といえましょう。生育のしかたはヒサカキとほぼ同じです（図4－7）。それでも低木である理由はヒサカキと比べるとつぎの三つです。

(a)枝が著しく短い

(b)寿命が短い

(c)「先細り現象」がみられる

(d)先細りのあとの樹高生育が再開するための枝が長くない

オオアリドオシの枝の長さを測定したデータがありますが、二・五cm未満のものが七七・九％、二・五cmから五cmまでのものが一九・三％で、両方合わせますと九七・二％となります。残りは一三cmから二三cmで、その中間の長さのものがありませんでした。

オオアリドオシの生育の過程をざっとみますと、まず地中の株から長さ一六cmから二三cmの茎を垂直に伸ばして幹となります。翌年はこの幹の先端に枝が出ますが、いずれも五cm未満の短い枝で、二年目から先細り現象が現われたことがわかります。しかもその伸長方向はほぼ水平に転換します。この後、毎年前年の枝の先端に短い枝が二又分枝して伸びます。なかには分枝しないで一本だけのものもあります。

こうして枝を水平方向へ伸ばし「枝はり」中心の生育を続けていくなかで、生育方向が垂直から水平にかわった曲がり角にあたるところから、隔年枝が垂直方向に伸長します。この枝は、わずか二・七％に入る長い枝です。この植物としてはめずらしく一気に樹高を高めた生育ということになります。こうして幹の継ぎ足しがおこります。この後もこうした生育を積み重ねていきますから、アリドオシの樹形全体は、ヒサカキ同様に葉層が棚状に展開したかたちになります。もし毎年の通常の枝も、垂直に伸びる隔年枝も、ヒサカキ並みに長いものであれば、ヒサカキのように森林のなかの亜高木層を形成する樹木になると想像できます。

森林内のあまり明るくないところで生活している、落葉低木のハナイカダの生育過程は三段階から成り立っています。第一段階は、地中の株から長い枝をほぼ垂直に伸ばして幹となります。つぎの年には第二段階に入り、垂直に伸びた幹の先端やその近くに複数の枝を出して分枝がおこります。この時、先端に出た頂生枝は短く垂直に伸びます。側生枝は水平に近い斜向に伸び、頂生枝に比べて長いものです。ですから第二段階は、樹高生育から枝はり生育へ転換したといえます。一年目に出た枝が短いものでは、二年目になっても第二段階に進まないものもありますが、おくれて数年後には第二段階に進みます。第三段階というのは、先細り現象がおきる段階で、第二段階の生育で出た頂生枝の先端に出る枝は垂直方向に伸びながらも短枝化します。樹高生育は鈍化します。第二段階で出た側生枝から出る枝は短枝化しませんが、枝の伸長量は小さくなります。四年以降は第三段階がそのまま続行します。こうしてハナイカダは低木になります。

キブシ

キブシは単幹性分枝型の低木です(図4－1、B)。その生育のしかたは、これまで見てきた三種の植物の生育様式とは大きく異なります。その特徴は、なんといっても三mをこえる、長さも太さも大きい枝を出す一方で、それよりはるかに短く細い枝を出すことです。六年生の単幹性の樹高二・九一mの個体の二年目から五年目まで出た枝は、最長のものは三・一mで、最短のものはその一〇〇〇分の一に相当する〇・三cmまで合計一五〇六本の枝を出していました。そして、この長短異なる枝が、生育上の育略的枝と育術的枝という役割分担をしています。

表4-1　キブシの生育上の特徴——樹高生育を中心に

	樹高	樹高決定単枝		最長単枝		最高位単枝	
		長さ	出枝高	長さ	出枝高	長さ	出枝高
1年目	17	76	0	76	0	-	-
		-	-	-	-	-	-
2年目	78	82	17	148	16	148	16
		0.554	1	-	0.941	1	0.941
3年目	113	60	77	201	52	24	78
		0.299	0.987	-	0.667	0.119	1
4年目	213	182	89	310	35	35	113
		0.587	0.418	-	0.310	0.113	1
5年目	272	120	160	212	148	48	210
		0.566	0.751	-	0.695	0.226	0.986
6年目	290	30	272	215	155	30	272
		0.140	1	-	0.570	0.140	1

太字：cm、細字：最長のもの、または前年樹高に対する比

長さ三m以上の枝を出しますから、同じ低木といっても、キブシはオオアリドオシやマンリョウなど比べて大きな低木です。しかし、ケヤキやシラカシと比べればはるかに低く、明らかに低木ですし、ヒサカキと比べてもやはり低木です。

キブシの生育のしかたは、長短さまざまな単枝を多数出す、先細り現象とそれにともなって育略的な大きな枝を出す、頂端集中度は分散型であるということに特徴があります。樹形形成の基本を解きほぐすのが難しい植物です。

まずつぎの三つのことに注目しました。

(a)樹高決定枝：毎年の樹高を決定した枝の長さと出枝高

(b)最長枝：毎年出る枝のうち最長のものの長さと出枝高

(c)最高位枝：最高位から出た枝の、その高

さと長さ

出枝高が最高位でもっとも長い枝を出した場合には、その枝の生育方向が水平でないかぎり(a)―(c)は一致します。シラカシはこうした生育のしかたをするし、マンリョウも同じです。樹高生育のしかたとしてはもっとも理想的です。それで必ず高木になるとは限らないのはマンリョウがその例です。調べられている結果を表4-1に示します。樹高を決定した実際の枝の長さ・出枝高と最長枝の長さ・出枝高とは一致しませんでした。樹高を決めた枝の長さとその出枝位置（高さ）が、二年目、三年目では高い位置に出ましたが、枝の長さが長くなく、五年目は一mをこえる枝が出ながら出枝位置が低く、六年目になると再び出枝位置は高いものの、長い枝ではありませんでした。四年目だけ一m近い枝を高い位置に出枝し、大きく樹高を高めましたが、総体的に枝の長さと出枝位置が一致しませんでした。キブシの生育様式はこれまで見てきた低木の生育のしかたとは異なることがわかります。そこで、つぎのような(d)、(e)二つのことに注目して、生育過程が調べられました（図4-9）。

(d)早期樹高決定枝群のその後：はやい時期の二年目の生育の時に樹高を決定した枝の、その後の枝の継ぎ足しのあとを追跡して、六年目になった時にどこまで高さが増したかを調べる（図4-9の＋）

(e)後期樹高決定枝の前歴：六年目に樹高を決定した枝の源を明らかにし、最高位になったあとを追跡する（図4-9、●）

図4-9のように、「d系列の枝群」のうち最初に樹高を決定した枝は、一七cmの高さから出た長さ八二cmの枝です。三年目に、その枝の先端に長さ二四cmの枝が出ましたが、樹高を決めるには伸びが足りませんでした。その後は短い枝が多く、どの枝も低い位置にとどまり、先細り現象になりました。

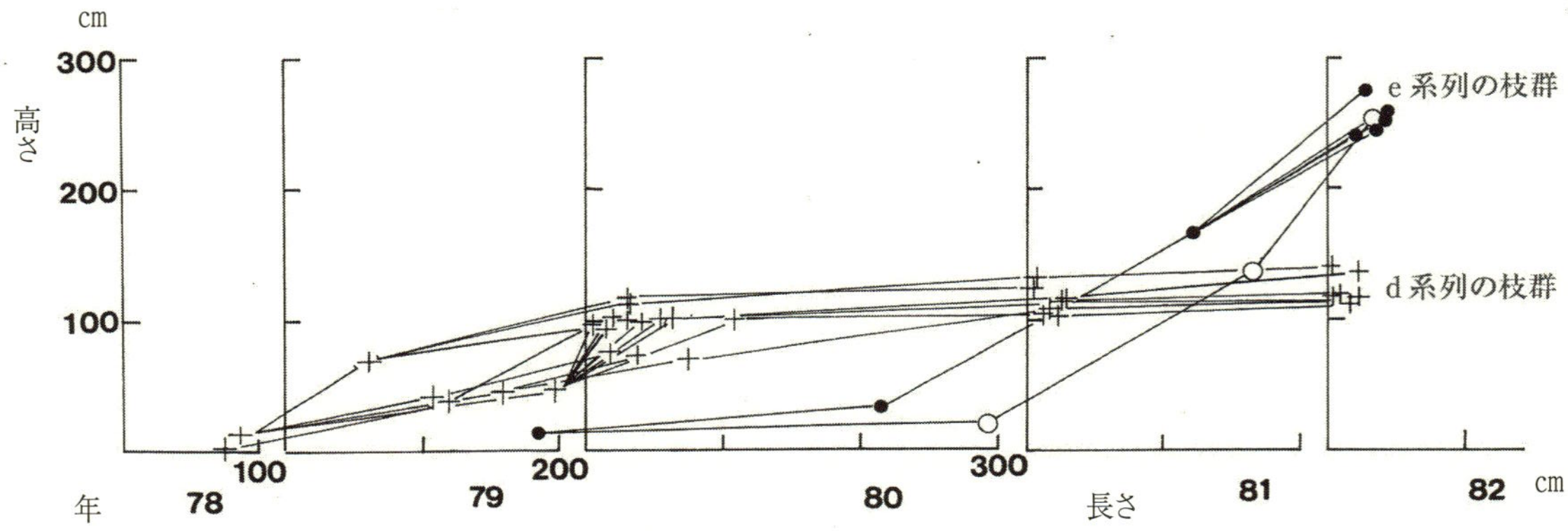

図 4-9　キブシの樹高生育過程

●：1982 年の樹高を決定した枝の由来（1981 年に出た枝で樹高を大きく高めたが 1982 年出枝した枝はいずれも短く、先細り現象の兆候）

＋：1979 年に樹高を決定した枝の以後の系統枝（翌 1980 年以降は大きく樹高を高めていない）

出典）岩田、1998 年

六年目の樹高を決めていた「(e)系列の枝群」の始まりは、実に四年目の「(d)系列の枝群」が先細り現象を見せた時に、かわって樹高を決定した枝です。その始まりは三年目に出た長さ一八五㎝の枝でした。この枝はこの年の最長のものに近い長さでしたが、出枝高が地表からの高さが二〇㎝ほどで低く、しかも水平に近い方向に伸長していました。そのためすぐに高く伸長することはありませんでした。ところが翌年四年目になって、そこから長さが二ｍをこえる枝が伸びて、その先端は一六〇㎝まで高まり、その位置はこの年の樹高となりました。そして前年まで高く伸びたものが先細り現象をおこしながらも、樹高生育を鈍化したのにかわって、樹高決定枝群になりました。五年目もさほど長い枝ではありませんでしたが、高い位置から出枝したために樹高決定をしましたし、六年目の一九八二年も同様でした。しかし、六年目になって先細り現象の徴候がみられますから、これ以降この枝群によるかぎり樹高が大幅に高まる可能性は低いと思います。キブシが長く太い大きな枝を出しながら高木にならないのは、先細り現象がおきることと、それに関連して大きな枝を出すという点では、ヒサカキやオオアリドオシに似た生育のしかたをしますが、その大きな枝が高い位置から出ないことに理由があることがわかりました。

ニワトコ

キブシ同様長く太い大きな枝を出す低木として、ニワトコという植物があります。キブシとちがうところは細く短い枝を出さないこと、枝に先枯れが発生し、生育単位の基本形はＵ－２で、前年枝の先端に新しい枝が出ることはありません。短い枝は全体が枯れるものがあります。また次年以降、幹の元近くまで枯死が進行すること、同じ地中株から茎が出て複幹性であるという点で、キブシとちがいます。

ナガバノコウヤボウキ――限りなく草に近い低木

ナガバノコウヤボウキは、落葉広葉樹林などでみられる落葉性の低木です。その生育過程をみますと、地中の株から茎が伸びて幹となり、伸長の途中でいくつもに枝分かれして分出枝になります。つぎの年、その分出枝の節にロゼット（タンポポやオオバコのように短い枝から葉を広げる生育のしかた）のように葉を展開する短枝が出ます。その先に花を咲かせ実をつけ、地上部は枯れます。図鑑によっては、草に分類している場合もありますし、木に分類している場合もあります。しかし、地上部の寿命が二年であるし、二年目の茎・葉が地表から離れた空中に展開されますから、まぎれもなく木です。房総丘陵の薪炭林であったところで二三本のものが調べられています。分出枝の主軸枝は最短のものは長さが一五cm、最長のものは三九cmでした。二年目に出た枝はすべて短枝でした。こうした生育のしかたは最初の年に出た茎によって樹高が決まるのでハナイカダに似ています。二年目に先細り現象がおきて、それ以上樹高を高めることはありません。毎年同じ地中株から茎が伸びますので、複幹性の低木です。

サルトリイバラとナワシロイチゴ

サルトリイバラはユリ科の登攀性の樹木です。刺があってこれでよりかかり、巻きつるで他の植物にからみついて高く伸びていきますが低木です。低木であることは、これまで紹介した低木の生育上の特徴としてみられた「先細り現象」をおこし、寿命が短いことが原因しています。

サルトリイバラは、地中株から出たつる性の茎が幹となり、翌年から短い枝が出て、樹高生育は鈍化します。また先枯れがおこり基部まで進行します。このため、樹高は最初の年に出たつる性茎の伸びた高さでほぼ決められます。それは三mほどでとまります。

林道脇にみられる低木のナワシロイチゴの枝には長枝、登攀枝、ほふく枝の三種があります。長枝は他のものに刺でよりかからないで自立している枝、登攀枝は刺でよりかかって登攀する枝、ほふく枝は地表をほふくする枝です。先枯れのないものを一五〇本ほど選んで、長さを測定した調査結果がありますが、最長のものは一八〇cm、最短のものが〇・五cm、平均の長さが二四・六cmでした。最長のものの長さの一〇分の一以下の長さのものが半数近くありました。長短のちがいに関係なく先枯れがみられます。先枯れは三年目までに基部まで進行します。幹にあたる主要な茎がほふく性であるために地表、他物の上をほふくする低木です。刺があって、それで他の植物や自分の他の枝にひっかかり樹高を高めますが、登攀能力はあまりありませんから、ナワシロイチゴは低木です。幹にあたる主要な茎がほふく性であること、先枯れが多くみられること、地上部の寿命が短いこと、先細り現象がみられることに基因しています。

六、高木か低木か

低木の類型化

一口に低木といっても、いろいろなものがあるということがわかってきました。それらを整理しながら、そうした異なるものがどのような生育過程によって形成されてそうなったのかということを、まずみたいと思います（図4―1）。

生育要素（単枝）	主幹部	樹形形成
自立枝	直立形	直立性
登攀枝	登攀形	登攀性
短枝	ロゼット形	ロゼット性
ほふく枝	ほふく形	ほふく性
隔年枝が地表近くから出たもの		分枝性
地中から出たもの		多幹性

その一つとして、低木をそのかたち、樹形から整理してみることにします。

低木には自立的なものとそうでないものとがあります。自立的でないものには、樹高が高くなる登攀性のものと高くならないほふく性のものとがあります。この三つの樹形のちがいは、それぞれが生育にあたって幹となる主要な茎を形成する枝のちがいに由来します。直立型低木は、主要な茎が自立枝から成り立っています。登攀性低木は、主要な茎が他物によじ登ることのできる登攀性のつる枝から形成されています。またほふく性低木は、登攀能力のないほふく枝が主要な枝になっています。枝には、このほかに短枝と垂下枝がありますが、この二つの型の枝は、主要な茎の形成には直接的には関係していません。ただ、外国の砂漠などには、ロゼット状の低木があるようです。

樹形についてつぎに考えておきたいのは、複幹性か単幹性かということです。またそれと関係して、幹と枝との関係が明確な単立型低木と、そうではない分枝型低木のちがいにも目を向けたいと思います。

複幹性か単幹性かのどちらになるかは、樹形の上で大きなちがいですが、地上部の枯死とともに地中部が枯死するのであれば、複幹性の低木は存在しません。地中部の寿命が地上部のそれより長く、しかもすでに生まれた地上部が枯死しないうちにあらたな地上部が生まれる場合に複幹性になるわけです。また地中部から出る枝を隔年枝の一つとみれば、隔年枝が地上部から出れば分枝型、地中部から出れば複幹性というようにみることができます。

モウソウチク

高い位置に出る枝が年々継ぎ足し生育していくうちに短くなり、高い位置に長い枝が出ないで、ついには先折れや出枝不能になって生育がとまる現象——先細り現象——がおき、しかも地上部の寿命が長くないというのが、低木になる必要条件です。二ｍも三ｍも長い枝を出しても、こうした生育上の特性がみられると必ず高木にはならず低木になるというのが、これまで見てきたいくつかの例から出た結論です。これで、低木であるということの原因を、生育上の特性から明確にできたと思ったのですが、ここに一つの例外となる植物があり、それだけでは低木になる生育上の十分条件がそろったとはいえないことに気付きました。その例外的な植物とはモウソウチクです。

モウソウチクは、春（南関東の場合四月の中旬近く）になると、地中の横走り茎の節から芽が出て、地上茎が伸びていきます。いわゆるタケノコです。タケノコのすーっと伸びて幹となる茎は、特別に稈《かん》と呼ばれています（ここでは一般的な名である幹をつかいます）。これは分出枝で、一年のうちに幹から枝が出ますし、その枝からあらたな枝が出ます。さらにその枝からも枝が出て、普通枝分かれは四回重ねられ、最初に幹から出た枝を一次枝と呼ぶならば、四次枝まで出ます。枝が出るたびに短いものになり、最初の年に先細りになります。それは、幹の先端は多くは先枯れがみられ、来年枝は出ません。モウソウチクの樹高は最初に地中茎から出た幹の長さで決まります。また翌年出る枝はすべて短く細いものでした。モウソウチクが、低木の生育上の必要条件をみたしながら、高木になるのは一年目に出る幹が高木並みの高さまで伸長するからです。

低木になるには

これまでいくつか具体的な例をあげながら、「低木がなぜ低木になるのか」という問いに対して、生育のしかたの問題として考えてきました。その結果、低木になる要因がいくつも明らかになってきました。

(a) 生育要素である枝の伸長量が小さい
(b) 生育単位である二年の枝接ぎの頂端集中度が分散型か元集中型である
(c) 先枯れがおこる
(d) 先細り現象がおこる
(e) 地上部の生存期間が短い
(f) 育略的な長い枝が高い位置に出枝しない
(g) 幹となる主要な茎が短枝ないしほふく枝である
(h) 幹となる主要な茎が伸長するとたわむ

しかし、どれもその一つだけでは低木にはなりませんし、なかには樹高生育を抑制する要因ではあるものの、それによって低木には必ずしもならないものもあります。たとえば、先細り現象や先枯れがあっても、高い位置に隔年枝など長い枝が出て、それが垂直方向に伸びれば、低木のままではなくなります。ヒサカキやケヤキなどにそうしたことがみられます。生育単位の頂端集中度が分散型であっても、前年に出た枝の先端に出た枝が長く、垂直方向に伸長すれば、樹高は大きく高まります。ですから、先に挙げたもののなかで低木化にとって決定的なものを選び、その組みあわせを要因として考える必要があると考えます。それは、つぎの五つの組みあわせです。

i　元近くまで進行する先枯れがみられる
ii　先細り現象がみられる
iii　長い自立枝または登攀枝を主幹としない
iv　隔年枝など長大な枝が高い位置に出枝しない
v　一枝といえども、高木になるような長大な枝を出枝しない

低木のくらし

低木はどのような環境に生活しているか。その環境との間にどのような関係を結んで生きているのだろうか。その一つの答えとして、低木には森林のなかに生活しているものがいます。枝・葉を森林のなかの低い高さに展開している植物が低木です。森林の一番上のほうに葉を展開している植物が高木です。高木が葉を展開している部分を高木層といっています。シラカシなどはそうした高木層を形成する植物です。ヒサカキは高木にはならず、それよりやや低いところに葉を展開しており、亜高木層の植物

といわれています。低木はそれよりさらに低いところに葉を展開しています。これを低木層といっています。低木層に葉を展開している植物のなかには高木の幼樹や生育が抑えられているものも混じっています。さらにその下に草本層というところがあります。草だけではないのですが、もっとも低い位置に葉を広げている植物です。

もう一つは裸地から始まる植物遷移が高木林に到達する前の、草原からの途中段階の低木林を形成するものです。また環境がきびしく、環境変化によって遷移の進行が中断されるような場所でもみられます。たとえば、河川の畔や中州のようなところに生活している植物たちがそのいい例です。大雨がふって水かさが増して水没したり、植物体が土砂に埋没したり流されたりした場合に裸地化します。しかし、その後ずっとそうした被害を受けることのない場合には遷移が進行していきます。中州など、岸辺に近く水面からの高さが低いところでは、毎年必ずといってよいくらい被害がありますから、背丈の低い植物や一年生の草が生活しています。逆に一番高いところは水没することが稀であるために高木からなる森林が形成されます。低木はちょうど中間あたりを主な生活場所にしています。また地上部が多年であり、しかも背丈が低いことによって地上の悪条件に耐える性質を身につけた低木が、極地方で生活している例もあります。

おわりに

生育は、植物にとって「今を生きる」の、その先にある「つぎを生きる」ための出発にあたります。その場合、樹木にとって「先細り現象」は重大なことです。しかも外的な要因によるのではなく、植物自身の性質から発生したものであり、それは植物の生活にとって必然、あるいは生きかたとして組み込まれたものです。それは、枝に大きさの上で長短の差異が生まれ、しかもそれを育略的と育術的というように生育上の役割を分担するようになった樹木の必然であるわけです。これに対してどのように対応するか、大きく二つに分かれました。ケヤキなどは「先細り現象」がおきた時に、先端近くで先細りによって鈍化した樹高生育を短時間で挽回し、それをこえる樹高生育を実現させるという生育様式を身につけて高木になります。それに対して低木は、二つの生育様式をとることで高木になることを拒否しました。一つは先細りが進行することによって出枝不能となり、生育がとまり地上部が枯死するというものです。もう一つは先細りとともに、大きな枝を出しながらも低木のままでとどまるもので、これはさらに二つに分かれます。一つは大きな枝を低い位置から出すものです。それは地中から出すものもあり、その場合には複幹性の樹形を形成します。もう一つは長い枝を高い位置から出しながらも、樹高を大きく高めるほどの長い茎ではなく、寿命がつきて低木のまま枯死するものです。

こうした樹木の生育は、何年もの出枝の継ぎ足し積み重ねによって成立しますから、生育は構造的になります。通常樹木の形態の構造といえば内部構造を指し、それは細胞を基本要素としてその分化と組織化の両方から成り立っていますが、樹木生育の場合は、一つの枝が要素となり、二本の継ぎ足されたものを単位として進められます。先細りなど樹木の生育を決定づける要となる現象も、こうした生育の構造にかかわることです。生育のしかたを別にすることは、植物の生きかた、からだを別のものにすることですから、そこにも植物の多様性の展開がみられています。

五章　あらたな世界づくり——陸上生活

クロモジ　これからこの五章とつぎの六章で、植物世界の歴史に目を向けたいと考えております。普通、歴史はものごとの始まり、始まりから順に時代を追って記されるものですが、この五章では、まず私たちに近い陸上植物の起原と歴史について概観し、つぎの六章で、さかのぼって植物の起原から水中植物である藻類の歴史をみるというように進めていきます。陸上植物については、その祖先に近いところにいたツノゴケに担当してもらい、藻類とその歴史については、これも植物の始祖に近いところに位置していますミクロキスチスという小型の藍藻類に語ってもらいます。

一、陸上生活の第一歩

雨後の植物、三種

私はツノゴケといいます。現在日本では一七種知られています。コケ植物としてはまったくの少数派ですが、陸上植物の初期進化を明らかにする時によく話題にのぼります。それは陸上植物としては原始的な姿をとどめているからだと思っております。ですから私のことをお話する必要がありますが、その前に、陸上植物にとってどうしても乗り越えなければならない水問題について、一つの調査結果をもとに具体的なことを紹介したいと思います。

コケ植物のギンゴケ、ゼニゴケと種子植物のセイヨウタンポポの体内の水分濃度を天候の変化との関連でみますと（表5－1）、ギンゴケと他の二種類の植物では、体内水分濃度の変化に大きなちがいがあ

表5-1　天候変化と植物体内の含水率の変化　　単位：%

月日	5月																
	9日	10日	11日	12日	13日	14日	15日	16日	17日	18日	19日	20日	21日	22日	23日	24日	25日
ギンゴケ	75	69	66	23	12	58	16	12	-	-	62	-	9	12	67	52	17
ギンゴケの土	28	20	21	14	4	20	17	6	-	-	23	-	5	4	21	18	6
ゼニゴケ	88	92	92	93	89	90	85	90	-	-	88	-	91	92	88	88	89
ゼニゴケの土	32	-	36	27	32	33	25	29	-	-	33	-	32	28	29	31	26
セイヨウタンポポの葉	86	88	83	87	85	89	86	87	-	-	88	-	87	86	88	88	85
天候	雨	曇のち雨	晴のち曇	晴	晴のち曇夜雨	雲時々晴時々小雨	晴	薄雲	雨	雲夜雨	雲のち晴	雲時々晴	晴のち雲	晴時々雲のち雨	雨のち雲	晴	晴

出典）延原肇、1980年

ります。ギンゴケは雨が降ったあと天候が曇ないし晴になると、急激に水分濃度が低下しますが、ゼニゴケとセイヨウタンポポでは、あまり大きな変動がみられません。このちがいは、からだの構造に基因していると、調査した延原さんは言われています。ゼニゴケとセイヨウタンポポの葉は表皮組織で包まれていて、これにより水の出入りを防いでいます。セイヨウタンポポの場合、そこに気孔があり、それが開くと体内の水が蒸散で外へ出ますが、一方水は根から吸収されて補われていますから、水分濃度に大きな変化がないとみることができます。ゼニゴケの葉状体は、表皮組織のところどころに気孔のように開閉しない、あいたままの孔があって、そこから水分が蒸散して失われますが、やはりからだの裏側の地面にふれている側にある仮根が土中の水を吸収して供給しています。それに対して、ギンゴケのからだの表面には水の消失を防ぐ表皮組織のようなものはありません。水を吸収しますが、それは雨の時のことで、降水がなくなれば、その表面から水が失われます。

陸上に生活する植物には、もう一つちがったものがあります。それは、水中生活している藻類の一部のものです。そうしたものでは、古くなったコンクリートの上などでごく普通にみかけることができるほど、陸上生活になじんでいます。これらを整理して、陸上に生活している植物と水との関係の概略をまとめてみますと、つぎのような群になります。

(1)体内の水蒸散を防ぐことができ、水消失が少ないもの
(2)体内に水蒸散を防ぐしくみ、からだの構造がなく水消失がはげしいもの
(2)―1体内水分が少なくなっても耐えて死亡しにくいもの
(2)―2体内水分が少なくなるとすぐに死亡するが、それを補うように再生がはやい
水分消失で死亡するが、陸上生活を継続できるものは、水が欠乏すると胞子のようなものをつくって水欠乏期を耐え、水条件がよくなると短期間で殖えることができます。雨上がりのあとに、水分を多量にふくんだ黒々とした畑の土が緑がかったようにみえることがありますが、それは微小な藻類が繁殖したものです。間もなく土中の表面近くの水が蒸散などで少なくなれば、こうした藻類もたちまち姿を消します。しかし、再び雨が降ったあと暖かくなると現われます。

陸上植物の地球環境基盤の形成と最初の陸上生活

植物が出現したばかりの頃は、陸上植物は存在しませんでした。その一番の原因は、強い紫外線が地

球表面に照射していたからだと考えられています。人間は、海岸などで夏の日照りの強い時に長い時間裸になっていると、肌が赤く腫れ上がり、やがて黒ずんで皮がはがれることがありますが、太陽の強い光を受けて皮膚の表面の細胞が死んだものです。陸上で生きものが生活できるようになったのは、植物が出現してからです。光合成で水を分解して水素を取り出すと、あわせて酸素分子が放出されます。その酸素分子が紫外線を受けてオゾンになり、上空に厚い層を形成して、強い紫外線が地表まで届かなくなりました。海の水面近くや陸上に生きものが生活するようになったのはそれからです。初めは水中生活していた藻類のあるものが水際の岸に打ち上げられ、しばらくは生き残り、しかしすぐに水不足になって死んでしまうというようなことを繰り返すなかで、定着するものが現われたというのが、陸上に生活する植物の最初の出現です。これが植物の陸上化の第一段階です。

陸上植物の祖先型を調べる

陸上化の第二段階は、陸上で生活が定着できるようになったことです。そこで私たちツノゴケ類について少し語りたいと思います。

陸上植物というのは、コケ植物、シダ植物、種子植物を合わせた呼び名です。この三種のうち、種子植物はややおくれて原始的なシダ植物を祖先に出現しましたから、最初の陸上植物がどのようなものであったかは、シダ植物かコケ植物かということになります。しかし、それとは別に、この二種とはちがう、今は絶滅した第三の植物だったということも考えられます。この問題に取り組むには、方法として化石植物のほかに、現生のコケ植物とシダ植物の特徴を参考にしながら追究することが不可欠です。それで、最初にこの二種の植物の特徴を比較するところから始めたいと思います（表5－1）。

表5－2をみてわかることですが、コケ植物とシダ植物の共通点は、つぎの五つです。

(a)胞子は空中散布され、その間は休眠芽の状態
(b)配偶子の接合は配偶体の蔵卵器内で行なわれる
(c)おすの配偶体は水中を遊泳してめすの配偶子に到達する
(d)接合子は配偶体に養われて胞子体ないしその幼体まで生育する
(e)胞子体には水蒸散防止の表皮組織がある

この五つの特徴は、コケ植物とシダ植物に分化する前に身につけたものです。胞子の空中散布、胞子体に水蒸散防止ができるようになったのは、陸に上ってすぐではなく、陸上生活を始めてしばらく経ってから生まれた特徴とみることができます。その他は陸上生活との関係がなくても進化的に備わったものというように判断できます。またおすの配偶子が水中を泳いでめすの配偶子がつくられる蔵卵器に行くというのは、水中生活時代の名残りと考えられます。

表5-2　陸上植物の胞子体と配偶体の比較

		スギゴケ	ゼニゴケ	ツノゴケ	シダ植物
配偶体	体制	茎葉体	葉状体	葉状体	葉状体
	おすの配偶子	水中遊泳	水中遊泳	水中遊泳	水中遊泳
	乾燥に耐える	×	○	○	×
	光合成	する	する	する	する

胞子体				
体制	棒状	笠状	棒状	茎葉体
胞子	空中散布	空中散布	空中散布	空中散布
乾燥に耐える	○	○	○	○
光合成	しない	しない	わずか	する

このようにみますと、陸上植物の起原と初期進化は、つぎのような段階を経て進んできたと理解できます。

(1)不安定ながら陸上生活をおくるものが出現した

(2)陸上生活に適応的な性質・はたらきを身につけて、安定的な生活が可能になった

(3)コケ植物とシダ植物に分化した（あるいは別々に出現した）

つぎに問題になることは、胞子の空中散布と胞子体の水蒸散防止の性質とでは、どちらが先に現われたかということです。私は、空中散布が先で、胞子体の水蒸散防止があとだと思っています。また胞子の出現と空中散布は同時的に現われたのではなく、胞子が先で空中散布はあとというように考えています。胞子には乾燥防止の殻を被っていることと休眠性と空中散布の三つの性質がみられますが、初めの二つの性質が先で空中散布はあとから身につけたと思っています。そう考える根拠は、淡水に生活しているシャジクモの生活のしかたを参考にしています。

シャジクモでは、光合成の中心となっている葉緑素がクロロフィルａとｂであり、光合成の最終産物、最初の一時的な貯蔵物質がデンプンであり、細胞壁の主成分はセルロースとセミセルロース、また水中

を泳ぐものにはからだの突起のように出っ張った先端に二本のべん毛がついていることなどから、陸上植物と共通の祖先から生まれた植物と考えられています。蔵卵器があり、そのなかで雌雄の配偶子が接合をします。その接合子は蔵卵器のなかで養われながら休眠芽となります。親植物である配偶体が死んだあと、乾燥・低温に耐え、生活しやすい環境になった時に、休眠芽は発芽して配偶体になります。多分シャジクモの祖先型の藻類では、他の藻類と同じように休眠芽と配偶体の間に遊走子体と遊走子のある段階があったと思われます。それが退化して休眠芽からすぐに配偶体になるというように進化したとみています。コケ植物・シダ植物では、休眠芽は親植物のからだから離れて空中散布される間の胞子です。空中散布は胞子体のからだが空中に出てから可能になった性質です。その最初の頃は胞子体が水の蒸散防止ができなくても、短い時間ならばからだを空中に出して胞子を散布することは可能だったはずです。

シダ植物やコケ植物の接合子は胞子体になり、休眠芽にはなりません。ここがシャジクモとはちがいます。シャジクモと陸上植物とは共通の祖先から分かれた植物であるといいましたが、ここが分かれ目です。陸上植物の祖先型の植物で、接合子が配偶体に養われながら生育して遊走子体になり、そこでつくられた遊走子が乾燥に耐える殻に包まれ休眠することになれば、それは胞子です。遊走子から胞子への転換、遊走子体から胞子体への転換が進化的におきたとみることができます。これが陸上植物の第一歩です。胞子体にできた休眠芽である胞子が水中を漂い、地表にあるいは水中の土中にたどり着いて留まるというようになった段階が推定できます。それから胞子体がからだを空中にさらして胞子を空中散布する、さらに胞子体に水蒸散防止の性質が身につくというように進化して、コケ植物とシダ植物の共通の性質が生まれたとみています。

二、二つの陸上植物の進化の分岐点

コケ植物とシダ植物への分化

つぎのコケ植物とシダ植物への分化は、表6－1のコケ植物とシダ植物のちがいに目を向ければ、比較的簡単に明らかにすることができます。もっとも基本的なちがいの一つは、コケ植物の栄養体つまり光合成をするからだが配偶体であるのに対して、シダ植物では胞子体であるということです。このような分化がどうしておきたかは難しい問題です。コケ植物の場合は、接合子が配偶体に養われながら胞子体になるという性質を、そのまま受け継いで胞子体の光合成能力が退化したのでしょう。ツノゴケに痕跡的に光合成能力が残っているというのは、退化に向けての途中段階で留まったものであると解釈できます。

それに対してシダ植物の場合、配偶体が光合成能力を残存させながら小さくなる一方で、胞子体の光合成能力が残存したというのは、植物の生きかたとしては本格的な進化であるとみることができます。背丈が高くなることは、胞子体として胞子を空中散布するのに適応的であり、光合成を活発に行なううえで、他の植物の日陰にならないという点でも適応的であるからです。シダ植物の胞子体・栄養体が大型化したのはこの二つの適応性が一致したためとみることができます。またそうであっても、シダ植物では光合成能力が退化しなかった理由は、接合子を養って胞子体にするには多くの栄養物質が必要であるからといえます。コケ植物の配偶体が大型化できなかったのは、おすの配偶子が水中を遊泳して蔵卵器にたどりつくには、配偶体としてはからだが水浸しになる低さが適応的であり、光合成体については高いことが適応的であるというように、相反する適応性が一つのからだに要求されたためです。

これにはもう一つ考えておかなければならないことがあります。それは、コケ植物がシダ植物よりおくれて出現したということです。陸に上った植物に陸上生活するうえで必要な適応性が身についてくると生活が安定して繁茂するようになり、進化を遂げて草原または森林を形成するなど植物が密集して生活するようになりました。そうしたなかでシダ植物が先行して進化しながら優勢になりました。その後にコケ植物が進化し始め、シダ植物の森林の林床に生活する、あるいはシダ植物が生活しないところに生活するというような、現在でいえば樹木と草にあたる関係がシダ植物と初期のコケ植物の間に成立して、配偶体と栄養体の一致という、いわば保守的な進化を進めることによってそれに対応したとみることができます（図5－1）。

コケ植物の生活の基本

コケ植物の生活上の特性はなにかと聞かれて即座に答えるとしますと、ほかの陸上植物が生活できないところで生活しているということになります。深い森林のなかに入って、コケ植物が目立ってよくみられるところは、一つは樹皮や倒木の上、あるいは岩の上です。ただ日陰というだけでなく、シダ植物や種子植物が定着して生活できないところです。弱い光を受けてわずかな栄養物質しかえられませんが、コケ植物は、からだが小さいことから消費量を少なく、収支のバランスがとれて生きていけるのです。

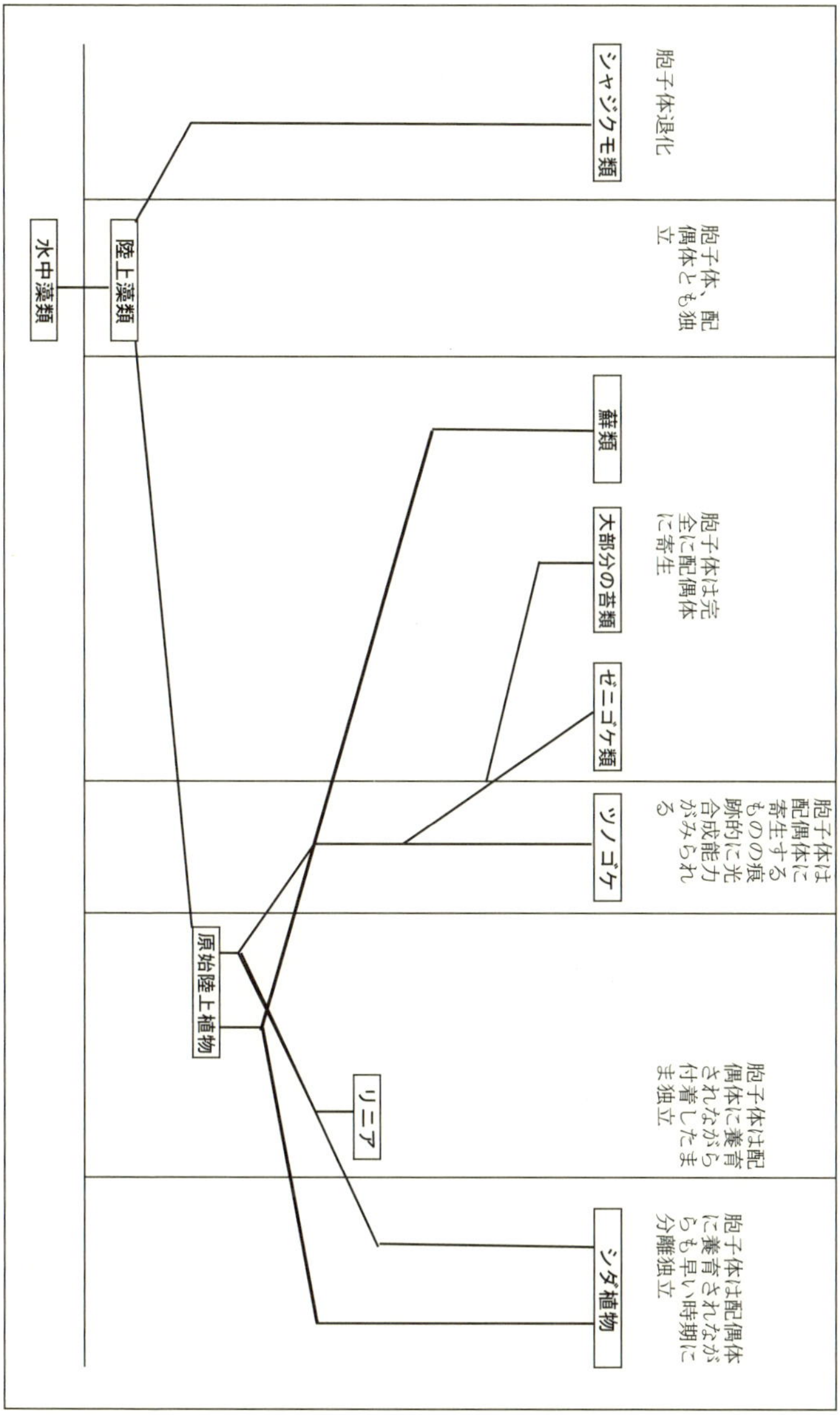
胞子体退化
シャジクモ類
胞子体、配偶体とも独立
陸上藻類
水中藻類
蘚類
胞子体は完全に配偶体に寄生
大部分の苔類
ゼニゴケ類
胞子体は配偶体に寄生するものの痕跡的に光合成能力がみられる
ツノゴケ
原始陸上植物
胞子体は配偶体に養育されながら付着したまま独立
リニア
胞子体は配偶体に養育されながらも早い時期に分離独立
シダ植物

図5-1　陸上植物の進化系統

コケ植物はまた極地帯に多くみられます。南極大陸では、そのもっとも北に位置している南極半島には種子植物が二種類みられますが、それより南に進みますと生息していません。そのようなところでも、夏の雪解けの時季になりますと、コケ植物と藻類、地衣類（藻類と菌類の共生関係にあるもの）がみられます。南極は夏でも〇℃近くですが、強い日射とそれが雪にあたって一層強くなり雪を溶解し、暖める効果を生み出しているようです。降雨量はごく少ないのですが、雪解け水が生きものを潤しているとのことです。こうした場所で、植物が生活することの難しい原因はいろいろありますが、もっとも重大なのは、植物が生息できる期間が短いことです。種子植物のようにからだが大きく複雑なものは、発芽して生育し、花を咲かせて種子をつくって飛散するという、植物としての一生をまっとうするだけの時間がないのです。しかし、コケ植物のように、からだが小さく複雑でないものは、発芽して胞子を散布するまでの一生を完結できますし、からだの一部がちぎれて殖えるということをしているものも多いです。南極に生息しているコケ類のなかには接合をしないものがあるようです。

コケ植物は、都市の石垣や墓石、塀のすきまなどにもみられます。古い駅のプラットホームにもみかけます。こうした場所には種子植物など他の植物が生息していないという点で共通し、体内の水分が失われながらもきびしい乾燥に耐えて生き残ることのできる生活上の特性が必要な環境でもあります。

三、葉の起原

シダ植物が現われて、陸上植物の進化で種子植物とつながることとして、三つのことを上げることが

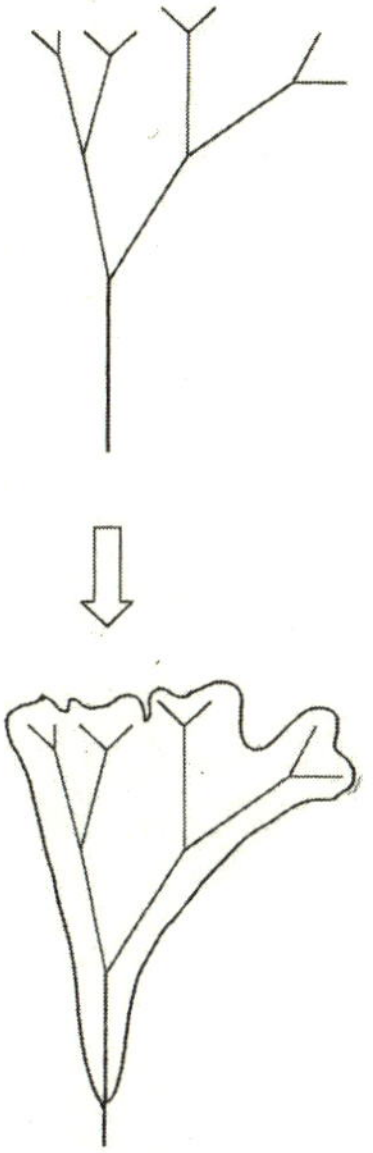

図5-3 テローム説による大葉植物類の葉の起源

分かれた枝の間のすきまをつなぐように

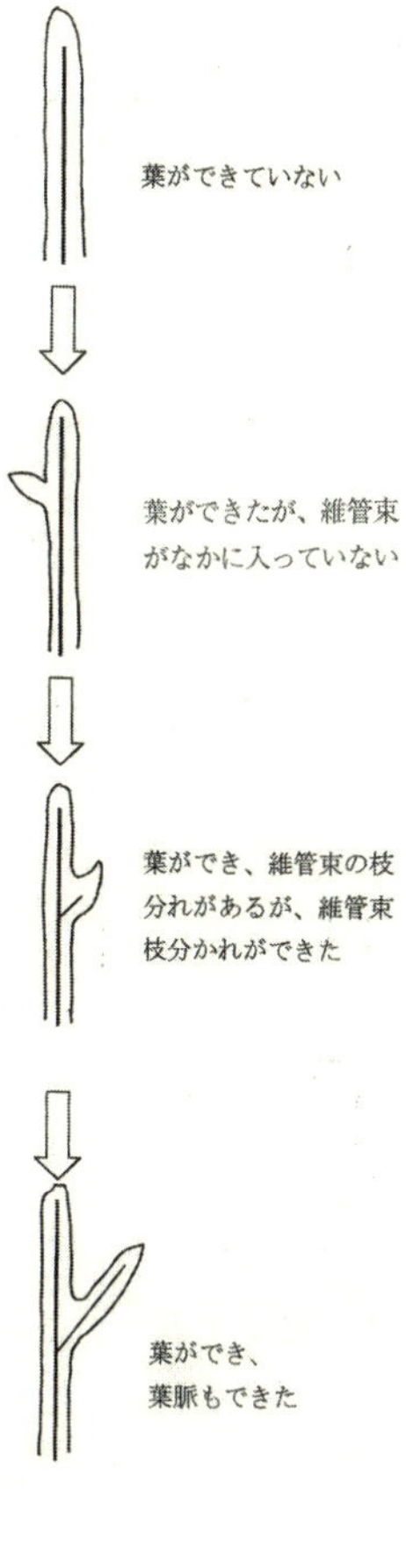

図5-2 小葉類の葉の起源

茎の表面の突起が始まり
やがて維管束（葉脈）が貫くようになる

出典）加藤ほか、1997年など

できます。一つは種子植物にみられる葉がシダ植物になって現われたことです。第二は維管束ができたことです。これによって一〇〇mを超えるような大木にまで成長できる基礎ができました。この大型化が三番目の特徴です。

化石でシダ植物の祖先を、この維管束の有無でたどっていきますと、最初のものはデボン紀の地層から発見されています。リニアという植物で、棒状の断面が丸い細長いかたちをしており、中央に維管束が発見されました。この植物化石は、横走りの部分と直立方向に伸びた部分からできていますが、のちの研究で、横走りのほうは配偶体、そこから直立方向に伸びたものが胞子体であることがわかりました。その表面からは突起のようなものはまったく出ておりませんし、葉のような扁平のものもついていませんでした。陸上植物ははじめは葉と茎の区別のないからだから出発しました。これと同じような形をしたシダ植物を現生のものから探しますと、マツバランという木の幹に着生している多年生の草がありますす。その先端に胞子嚢がついています。現在の他のシダ植物、種子植物と比べてみますと、茎だけのからだということができます。茎の中心にある維管束は、構成している細胞が中央に寄り集まって、維管束としてはもっとも原始的なかたちだといわれています（図5－2、5－3）。

プシロフィトンというリニアに近い植物は茎の表面に葉のような突起が出ておりますが、現在の葉のように、維管束は葉のなかまで達しておりません。茎の維管束は、リニア同様中心にあるだけです。ところが、同じように棒状の茎に葉が刺状に出ているヒカゲノカズラという現生のシダ植物は、その突起状の葉のなかまで維管束が伸びています。絶滅して化石で発見されているアステロキシロンという植物は、鱗片状の葉のようなものが出ていて、茎の維管束は枝分かれして、その枝にあたるものがその突起状の葉に向かっていますが、葉のなかまで葉脈として伸びてはいません。ちょうどプシロフィトンとヒカゲノカズラの中間的な位置にあります。

葉のできかたはこれだけではありません。もう一つの進化過程を経て形成されたものがあります。茎の先が二又に分枝して、その先の部分が平たく広がって両方が癒着して一つの平たいものになったのがもう一つの葉です（図5－3）。つまりヒカゲノカズラなどの葉は、枝の表面の突起が起源であるのに対して、こちらのほうは枝そのものが起源になっています。ヒカゲノカズラの葉のような起源をもつシダ植物を小葉シダ植物、枝そのものが葉に変わった葉をもつシダ植物を大葉シダ植物といっています。

四、種子・花とその起原

種子とは

種子植物の種子とは何か、種子にはいくつかの特性がみられます。その一つは休眠することです。冬や乾季に休眠して寒さや乾燥に耐える、そうした性質があります。第二の特性は、これは胞子と共通しているのですが、散布体であることです。親元を離れる、さまざまなところに生活場所を求め生活域を拡大する役割を果たします。種子にもいろいろなものがありますが、風に吹かれて飛ばされたり動物に運ばれたりして遠くに行く性質があるものはまずそういう植物です（図5－4）。なかには、ドングリのように、森林のなかで高い木の枝先にできて、遠くへ飛ばされることなく、樹冠の下に落ちるだけのも

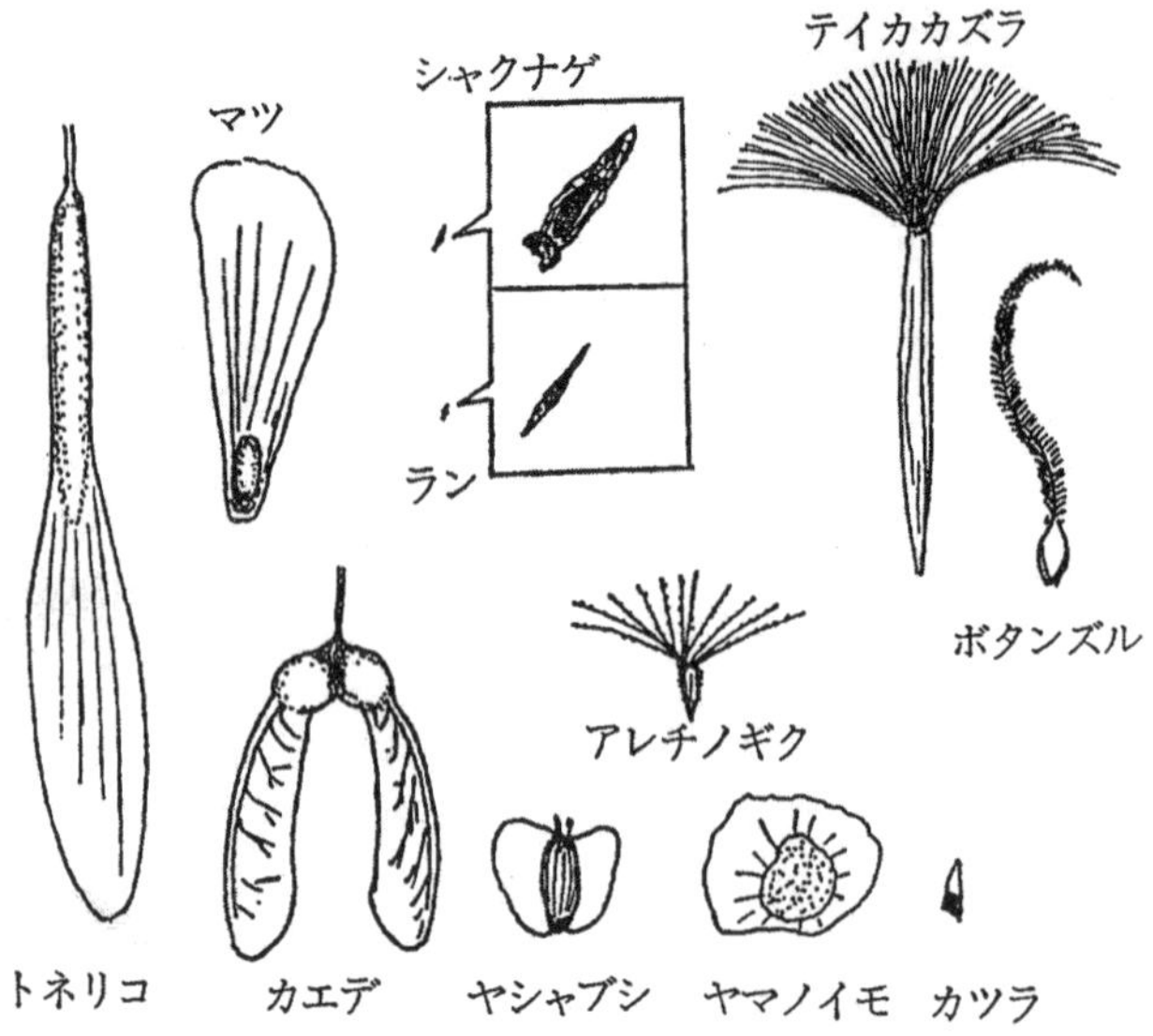

図 5-4　風散布種子、果実の外形

出典）田川日出夫、1981 年

のがありますが、そうした種子をつくる植物にとっては、いつかは子どもにとって生活しやすい環境に変わるということがなければ、種子をつくることは意味がないことになります。

しかし、種子には胞子とはちがう特性があります。それははるかに大きく、幼植物になっていることです。もう一つは発芽後に使う栄養物質が蓄えられていることです。親のからだの基本となるところはできあがっており、発芽すると蓄えた栄養物質を使いながら生育していきますから、かなりの高さまで伸びていきます。発芽後の生存率が胞子よりはるかに高いということができます。

最後にもう一つ、これは雌雄性に関係することですが、種子は接合子が少し発育したものです。胞子は分裂によって無性生殖でつくられるものです。

生活史の比較から進化を考える

シダ植物からどのように変化して種子植物になったかを明らかにするうえで、大事な事実があります。それは種子植物のなかのソテツとイチョウで精子が発見されていることです。この事実はシダ植物から種子植物への進化の上のつながりを示唆しています。しかし、この精子は、シダ植物の精子のように、配偶体から離れて水中を泳ぐということをしません。花粉のなかにできて、花粉が生育して細長い花粉管というものになり、そのなかを泳ぐだけです。ですからめすの配偶子である卵細胞にまでたどりつくのは、この精子が自力で泳いで実現できるのではありません。花粉が空中を飛んだり動物に運ばれたりすることによって実現されます。めしべの先端に花粉が付着したあとは、花粉管がめしべのなかを伸長していくことによって卵細胞まで進むことになります。

シダ植物から種子植物への進化がどのように進んだかを紹介しましょう。それにはシダ植物と種子植物の生活史を比較することから手がかりを得ることにしたいと思います（図5－5）。まずわかっているちがい、似ているところを確認することにします。生活史のなかで、配偶子から始まって接合し、できた接合子とそれが育ったものまでは対比がはっきりできます。シダ植物の胞子体は、接合子が発芽し生育した結果できるものです。種子植物では接合子からできるのは種子です。ですから、種子、種子が発芽し生育してできる普通のからだが胞子体に相当します。しかし、普通のからだを胞子体といっても、胞子をつくることをしません。ただ胞子と似たものとして花粉があります。普通のからだには花が咲いて、おしべの先の花粉ふくろに花粉ができて、それが空中を飛びます。しかし、めしべのほうはそうした胞子に相当する、花粉に似た空中を飛ぶ小さなものはできません。

進化のあとをたどるうえではっきりさせる必要のある問題はつぎの四つです。

(a)花粉は何が変化したものか

(b)胞子体はどうなったか

(c)種子植物の配偶体は、普通にみるからだとみてよいのか

(d)胞子はどうなったか

問題となるところは、シダ植物の胞子体から造精器までと、花（めしべ・おしべ）、花粉・胚珠のところがどう対応しているかということになります。一番気になるところは、イチョウ・ソテツで精子が泳ぐ花粉管というのは、シダ植物でいえば何かということです。このことを解き明かすための手がかりになるものとして、核相《かくそう》の交代というのがあります。細胞内の核にふくまれている遺伝子の量は、接合で二倍となります。ということは、別の場面で、遺伝子の量がもとに戻る現象があります。生物体を形成するもとになっている遺伝子の一組をゲノムといっていますが、接合でゲノムが二組になり、別の時期にもとの一組に戻るというようにいい換えることができます。ゲノムが一組の場合を単相、接合で二組になったのを複相といいます。複相から単相にもどる細胞分裂を減数分裂と呼んでいます。シダ植物では、胞子体の胞子嚢のなかで胞子ができる時に減数分裂がおきます。シダ植物では、胞子は単相、胞子体は複相ということになります。接合前の配偶子だけでなく、配偶体も蔵卵器・造精器も単相です。種子植物の場合は、接合する前の配偶子は単相、接合したあとの接合子、普通のからだは複相です。

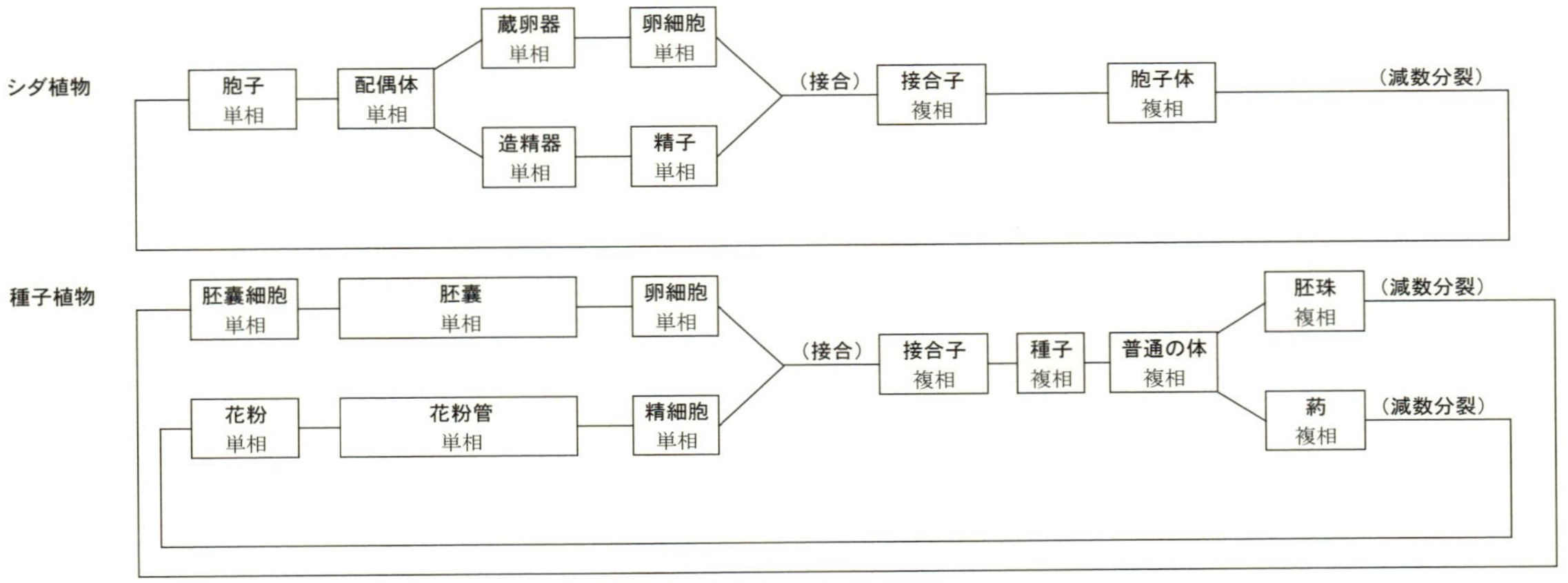

図 5-5　シダ植物と種子植物の生活史

1. ゲノムは接合で2倍（複相）になり、減数分裂でもとの単相に戻る。
2. 光合成を行なって栄養物質を合成するのは胞子体
3. 栄養体は茎葉体

では、花粉はどうでしょうか。花粉ができる時に減数分裂がみられますから、花粉は単相、花・めしべ・おしべは複相です。そうしますと、種子植物の花粉ができ、それが変化して内部にできたおすの配偶子までがシダ植物の胞子から配偶体、造精器に相当します。めしべでは、胚珠のなかでの最初の分裂が減数分裂で、それから卵細胞までが単相ですから、これがシダ植物の胞子から配偶体、蔵卵器、卵細胞までに相当します。花粉が空中を飛ぶということは、シダ植物の胞子、配偶体、造精器が未分化または退化して一つになって空中を飛ぶことになります。接合にあたっておすの配偶子が水中を泳ぐことを避けながら、めすの配偶子と遭遇するという陸上生活の残された問題を見事に解決しているとみえるのではないでしょうか。シダ植物の段階で、すでに配偶体が退化していく方向性が出ていましたが、その延長線としてこうした変化があった、とみることができます。

種子形成と花

残された問題として、種子がどのように花からできるのかということについて述べておきたいと思います。まずめしべの構造について説明します。めしべはもとのほうがふくろのように膨らんでいて、先が細長く伸びて先が少し開いたかたちになっています。もとのふくらんだところを子房《しぼう》と言っています。英語ではovaryといいますが、この語は動物では卵巣と訳されています。しかし子房は卵巣ではありません。卵巣と子宮が合わさったものです。卵細胞をつくるだけでなく、ここで接合が行なわれ、ここで接合子が育って種子になります。

めしべは、心皮《しんぴ》と呼ばれている葉をもとに進化的につくられたもので、その一部に胚珠《はいしゅ》というものが

図5-6　胚珠

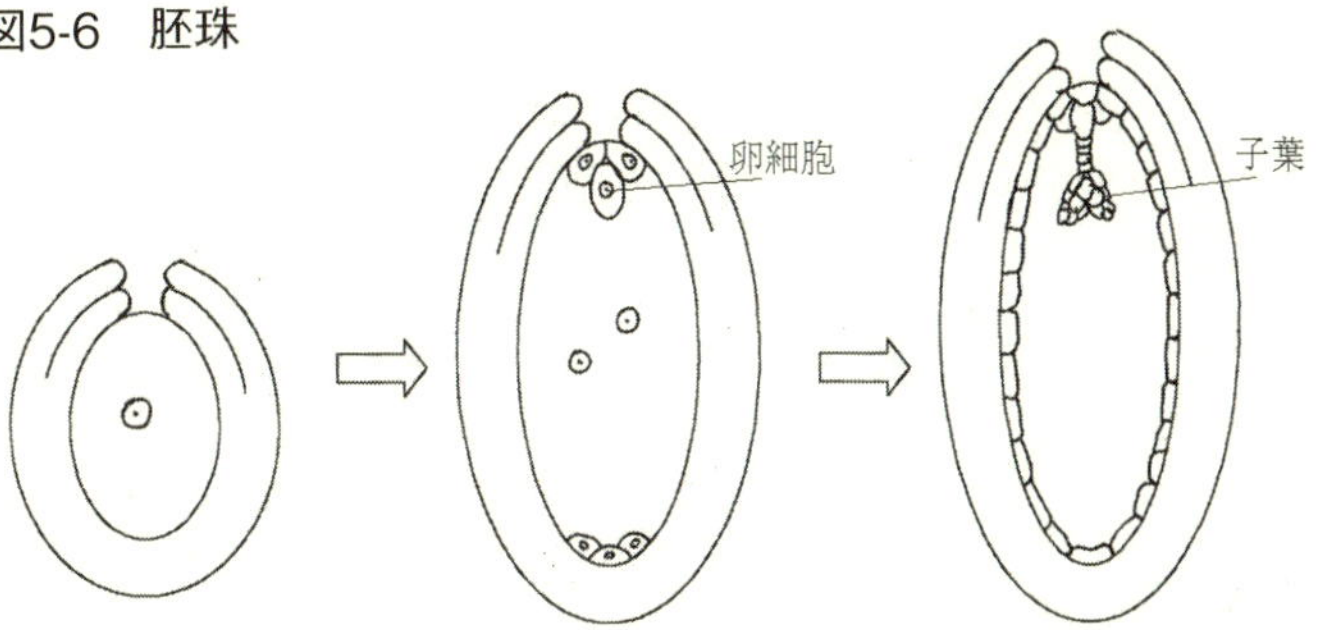

接合子が生育を始めたところ

付いています（図5－6）。このなかに卵細胞ができます。胚珠の内部はまわりの珠皮と内部の二重構造になっていて、内部をつくっている細胞の一つが卵細胞です。卵細胞がおすの配偶子と接合しますと、珠皮は種子のまわり種皮に変化します。接合子が将来の子どもになります。

鳥の卵でいえば、内部の卵黄と胚が子どものからだ、それが輸卵管のなかを通り抜けてくる時分泌される硬い殻と薄皮、卵白は種皮に相当するとみることができます。

しかし、これだけで種子ができあがったわけではありません。つぎの変化があります。接合子は大きくなりながら分裂を始めます。縦分裂と言って分裂のたびにからだ全体は縦長になっていきます。そうしたことが続くなかで、先端の部分の細胞分裂が縦だけでなく、横に分裂もするようになり、広がったかたちになります。これはナズナという畑雑草の種子の場合ですが、その広がった先端部分は三つの突起に分かれ、両脇の二つが子葉になり、中央が幼芽となります。また広がった部分のもとのほうは胚軸、下のほうが幼根となります。からだがこのようなかたちになった時に種子は完成し休眠します。

種子の内部にはもう一つ大事なものがあります。それは胚乳と呼ばれるものです。これは、栄養物質が貯えられるところで、種子が休眠からさめて、胚が生育を始める時に利用されます。ただし、植物の種類によっては、胚乳がなく、栄養物質の貯蔵を子葉がかわりに行なうということが、マメ科の植物、ドングリをつくるブナ科の植物などでみられます。

五、植物の水生活

植物の水経済

植物は、一体どれくらいの量の水をとり入れ、利用し排出して生活しているのでしょうか。アフリカや東南アジアのある地域の熱帯多雨林では、一年間に三九〇〇㎜の雨が降りますが、そのうち五〇―七〇％の水が地中にしみ込み、植物たちはそれを吸収して利用し蒸散して空中に戻しています。残りの水は、森林の草木のからだの表面に降ったもので、蒸発して空中に直接戻ります。土まで達してしみ込んだもののうち植物が利用しなかった分は川などを通じて湖や海に流れて蒸散し、大気中に戻っているようです。熱帯多雨林は一年間に一九五〇㎜―二七三〇㎜の水を利用していることになります。北アメリカのある山地林の場合は、雨となって降った一三〇〇㎜のうち三八％が蒸散して戻り、残りの六二％が植物体の体内を通過しないで、地表での蒸散や河川、湖沼、海での蒸散によって大気中に戻るようです。利用している水の量は四九四㎜ということになります。

草原の場合はどうか、ヨーロッパ中部のある牧草地では、一年間で七〇〇㎜の雨水が降りますが、その六二％の四三四㎜を利用しているようです。北アメリカの降水量一八〇㎜のツンドラ地帯は植物の量があまり多くありませんが、その五五％の九九㎜を利用しています。年間降水量が五〇㎜の亜熱帯の乾燥砂漠に生活している植物は、その全部を吸収しても足りないようですから、二年分の水を貯めておいて利用していることになります。

西ヨーロッパの落葉のオーク林で調べられたことですが、森林に雨が降りますと、その七八％が樹木や草のからだを伝わって地面に達します。そのうちの四％は樹木の幹を伝わって流れて達するようです。残りは樹冠から水滴となってポタポタ落ちるようです。この地域は年間九六六㎜の雨が降るそうですが、五二・五％が直接大気に戻り、残りの四七％は排水されて川、海を通じて他所に行き、一部は植物体に残るというように、水が循環しています。ところが冬の葉が落ちている時には、これとは事情が異なり、ほとんどが枝先から落ちたり、幹を伝わって流れたりして地表に達しているようです。植物の生えていない裸地は、雨水が地面に達して蒸発し、土中に浸み込むということになります。

体内・細胞内の水の状態

これまで簡単に紹介しましたことは、植物と環境との関係における水経済の概観でしたが、これをふくめて、植物の水経済は三つの階層に目を向けてとらえる必要があります。ほかの二つのうちの一つは植物体内の水経済、三番目は細胞のなかでの水経済です。植物体内の水経済というのは、植物体がどのように水をとり入れ、からだの各部分におくるかということと、それぞれのところで利用したあとで蒸散して排水するということです。その各部分という水を実際に使うところは、植物体を形成している細胞ですから、細胞内の水についても目を向けねばなりません。植物体内の水経済というのは、結局は細胞にどのように水を供給するかということになります。水の供給に直接かかわっている細胞集団は、自体をふくめて植物体を形成している細胞全体に対して、その役目を果たしているという関係にあるわけです。

そこで、つぎのこととして細胞の水経済というものを考えてみたいと思います。植物細胞はまわりを二重の仕切りによって囲まれています。一番外側は細胞壁と呼ばれるセルロースやリグニンなどでできた、文字どおり壁で、ところどころに孔があいていますから、水は障害なく入り障害なく出ます。その内側に細胞膜があります。これが水の吸収・排出にとって重要な役割を果たしています。また細胞内部には液胞という水貯蔵器官がありますから、これも細胞の水経済の上で大事な役割を果たしているとみることができます。

もう一つ、細胞のなかの水がどういう状態で存在しているかということも、重要なこととして知っておく必要があります。細胞内部だけでなく、植物体の内部にある水は三つの状態で存在しています。一つは輸送水です。植物体の通導器官のなかを移動しているものです。

第二は貯蔵水です。細胞内でいえば液胞内にある水です。からだ全体でいえば、水貯蔵器官あるいは組織をもっているものがありますから、そのなかの水です。もう一つは水和水と呼ばれているものです。他の物質あるいは細胞器官と結合していたり吸着したりしている水です。これは、それが手元にあってもすぐに使える水ではありません。水は特定の物質、たとえば繊維質の物質に吸着する性質があります。

また水はさまざまな物質が溶けて水溶液の状態にありますが、特定の物質と結合して、その物質の一部として存在しているものがあります。

第三には、水に溶ける物質のうち塩類は、電気を帯びたイオンに分かれます。水分子はイオンに分かれることはなく電気的に中性といわれていますが、水分子を形成している酸素原子はマイナスの電気を帯び、水素原子はプラスの電気を帯びるというように電気的に両極性の物質です。ナトリウムイオンのようなプラスイオンの近くにある水分子は酸素原子のほうで電気的に吸着し、塩素イオンのようなマイナスイオンの近くにある水分子は水素原子のほうで電気的に吸着します。このため塩類の水溶液には、二つのイオンを核としてまわりを水分子が囲む大きなかたまりができています。この三通りの水和水は、永続的に結合ないし吸着状態にあるわけではなく、その時々で離れることがありますが、すぐに別の物質と結合したり、離れたあとにすぐに別の水分子が入り込んで結合・吸着したりするということがみられています。こうしたことから、細胞内、体内には常に直接利用できない水があることになります。

細胞の水の吸収・排出

細胞が水を吸収する場合に、大事なことがいくつかあります。その第一は細胞の外も内も、水は純水のかたちで存在せず、ほかの物質が溶けて水溶液の状態にあるということです。濃度の低いほうから高いほうへ水が透過されます。そうしたしくみをもっているのが細胞膜です。簡単な調理で、即席漬けというのがあります。キュウリやキャベツに食塩を混ぜて簡単にもんでおきますと、そうした野菜のなかの水が外に出て、柔らかくなります。植物体の外側の塩分濃度が細胞内部の濃度よりも高いので、内部にあった水が外に出るのです。津波や台風の時の大波が水田や畑に押し寄せてきた時に、作物は海水をかぶって死んでしまいます。海水の塩分濃度のほうが高いことが関係しています。植物は、そのからだの表面が水にふれていれば、水を吸収できるとみるのは誤りです。植物体内の、また細胞内の水溶液の塩濃度よりも低い濃度の水溶液に包まれていることが不可欠なことです。

細胞の水の吸収には、もう一つ目を向けておかなければならないことがあります。それは、植物細胞の外側を包んでいる細胞壁です。これが水の吸収の妨げになっていることです。細胞膜が水を吸収しますと、細胞膜に包まれた内部が膨張します。そして細胞壁を強く押すようになります。この圧力を膨圧といっています。それに対抗して細胞壁は圧力をかけて細胞の膨張を妨げます。壁圧といっています。この壁圧がかかってきますと、水吸収が抑制されます。動物の細胞には、細胞壁がありませんから、壁圧は発生しません。膨圧が増大すると細胞膜は破裂して細胞は死んでしまいます。植物細胞の細胞壁は水の吸収を妨げるようにみえますが、細胞の破裂を防ぎ、細胞に緊張を与えることになります。これによって草のような植物ではしおれることがないのです。しおれは水不足の状態です。

植物体の水問題

植物体の水問題とは、体外からの水吸収、体内での水の運搬、体外への水排出の三つです。

体外からの水吸収は、細胞の水吸収でふれたことと同じ原理で進められます。種子植物は、前に述べましたように、体表を被っている表皮細胞のほとんどがクチクラという水を入れない物質に被われているので、水の吸収も排出もできません。葉の表面から根の表面までほとんどが、このクチクラを表面に分泌している表皮細胞に被われています。根の先端の表皮細胞の一部だけにクチクラがなく、そこから水を吸収します。

吸収された水は運搬されますが、運搬は短距離運搬と長距離運搬の二つの部分に分けられます。短距離運搬は根の表面で吸収された水を導管まで運ぶはたらきで、根から茎へ、茎から葉へという長距離運搬は根・茎・葉の導管が担当しています。細長い管状をした細胞が連結して長い管になっています。それが一〇m、二〇mもの先端に向けて、茎のなかを貫き、葉柄のところで枝分かれして葉脈へとつながります。葉脈は網目のように葉全体に分布し、葉を形成している各細胞に水を渡します。

根の表皮細胞から中心の導管までの短距離運搬は、水溶液の濃度のちがいと、根の中央の導管などを取り巻いている内皮という細胞の列が特別にエネルギーをつかって水を中央に向けて押しているという考えかたが有力ですが、確定したものではありません。導管内の水の長距離運搬については、水分子の凝集や葉の気孔からの蒸散が重要な役割を果たしているという考えかたが有力ですが、これだけでは大気圧をはるかにこえる圧力で一〇〇m近い樹木の先端まで水を運び上げる原動力にはなっていません。

六、砂漠、高温・乾燥地帯の光合成

砂漠とサボテン

砂漠というとすぐに思い出すのはサボテンでしょう。水不足に耐えて生き延びる、そういう姿がサボテンから感じられます。雨が降って地中に雨水がしみこむとすばやく水を吸収して体内に貯蔵し、雨季が終われば、体内の水の消失をできるだけ少なくし、つぎの雨季まで耐えるというのがサボテンの生活のしかたの基本です。

アメリカのホイッタカーという植物生態学者は、地球上の植物世界をいくつかに分類して、それぞれの成り立ちをそれぞれの場所の気温と降水量から割り出しています。それによりますと、年間降水量が五〇㎜未満、年平均気温が五℃以上のところに砂漠が成立しているとみています。年平均気温がそれよりも低い地域は、極地、高山地帯のツンドラとしていますし、同じ年平均気温の範囲で年間降水量が多い地域は低木林の混じる草原としております。

アフリカのサハラ砂漠などでは一年間に降る雨の量が非常に少ないことがわかりますが、それは長い期間かけて少しずつ降って、その総計が少ないというのではなく、降る時期がごく限られた短期間であることが原因しています。これも砂漠の天候の一つの特徴であり、植物にとっての環境の特徴です。サボテンの吸水もその短い期間でためられるだけためるということをするわけです。乾燥した時期がつづくと、体内の水が失われてサボテンのからだはしぼんで、しわだらけになります。雨季になって水の吸収を始めると、それがたちまちふくらんでいくそうです。

どのようにして短期間で水を吸収するか、その秘密は根にあるようです。サボテンの根は、地中の浅いところでできるだけまわりに広く展開します。短期間しか雨は降りませんから、地中深くしみこむことはありません。地中の浅いところにしみこんだものを、わずかな日数で根を広げて吸収し、雨季が終えれば根は枯れてしまうということを繰り返しています。

水の消失を少なくするために、サボテンのなかまは葉が針のように変形して表面積を小さくしていることがあげられます。針状になった葉は光合成をしません。光合成は茎が行ないます。貯水組織も発達しています。サボテンはもちろん木です。一度成長してできたからだを乾季に失うことなく、つぎの雨季になった時に、その残ったからだに芽が開き新しいからだをつけ加えていきます。

砂漠の一瞬のお花畑

砂漠に生活する植物はサボテンのような植物だけではありません。ある時季になりますと、砂漠一面がお花畑になることがあります。それは砂漠での植物の一つの生きかたの現われです。雨が降った時とそのあと少しの日数の期間だけ生きて、そのあとは種子などのかたちで休眠してつぎの雨季を待つという生活のしかたをする植物です。短命の植物です。

お花畑ができるというのはそのとおりで、雨が降ると間もなく地中にあった種子などが発芽し、葉を広げます。

普通の環境のところの植物の場合、この後茎を伸ばして背丈を高くしてそこに葉をたくさん展開するという生育のしかたをしますが、砂漠のこれらの植物はちがいます。背丈が低いまま葉を広げ、そのあとすぐに花茎を短く伸ばして花を咲かせ、実をつくり飛散させるということをします。サクラソウのなかまなどがその例です。土中にふくまれている水では長い年月生活する植物は生存できません。植物の間で光をめぐる争いはおこらず、局所的にはおこったとしても激烈ではなく、背丈を高くするよりも短い期間で開花・結実まで一生を完結するほうに焦点をあてて生育している植物です。実が熟す頃になりますと、地中の水は少なくなり、植物にとっての砂漠らしい乾燥の悪条件の時季へと転換します。茎を伸ばしたくさんの葉を展開するというような長い日数を必要とする生育のしかたをする植物は砂漠では生きられないのです。

もう一つの砂漠植物

砂漠にはもう一つ、乾季・雨季に左右されず一年中緑の葉を広げている植物がいます。アメリカ大陸の砂漠にみられるメスキートがその例です。水消失を防ぐ特別なからだをしているわけでもなく、貯水するからだをしているわけでもないのに、潤沢な水がふくまれている普通の土地の樹木のように葉を広げています。砂漠で生活していても水不足にならないからです。それは、根が地中深く、個体によっては三〇ｍも深いところまで根を伸ばし、地中深くにある地下水のところまで達し、水をいつも吸収できるようになっているからです。

メスキートの場合、まず雨季がきて雨が降り出すと、種子が発芽して葉を広げ、光合成を始めて合成された生体原物質は成長に利用されます。そして水を吸収するために根を水平方向に広げます。もう一つ、垂直に地中に伸びる根を出します。しかしこの根は、水のない土中を伸びるのですから、給水のはたらきはしません。雨季が終わり乾季にもどると、水平に伸びた根も地上の葉も枯れて、地中に向かって伸びた根と翌年の雨季にあらたな成長をするための茎がわずかに残ります。

翌年雨季になると、芽が開いて葉を広げ、同じことを繰り返します。前の年とちがうのは、前年に伸びた地中に向かう根の先端がさらに深く伸びることです。こうしたことを何十年か繰り返していくうちに、地中に垂直に伸びた根は地下水に達し、豊富な水を吸収できるようになります。そうなれば、メスキートにとって水不足の問題は解消されます。地上部を大きく成長させます。茎をたくさん枝分かれさせて多くの葉を広く展開するようになります。

二酸化炭素を吸収するが水の消失を減らす方法

植物が光合成するには、からだの表面にある気孔を開いて二酸化炭素を吸収します。しかし、この気孔を開くということは体内の水が外に逃げ出すもとにもなっています。また高温の空気をとり入れることになります。それは植物にとっては好ましいことではありません。砂漠のような乾燥地帯に生息している植物には、光合成に使う二酸化炭素は吸収するけれども、水は失わないということを実現させているものがいます。それは葉の内部構造だけでなく光合成における物質変化にも特徴がみられます。

その特徴とは、夜気孔を開いて二酸化炭素を吸収して、昼になってその二酸化炭素を使って、強い光を受けて光合成するということです。サボテン、ベンケイソウ、パイナップルなどの植物にみられます。これらの植物は、日中光合成でつくったグリセルアルデヒド燐酸から水素をとり出し、燐酸を結合させながら、グリセルアルデヒド二燐酸にします（図5－7）。

つぎにこの物質をグリセリン酸燐酸にしたのち、フォスフォエノールピルビン酸という物質に変え、それに夜とり入れた二酸化炭素を結合させてオキザロ酢酸という物質に変えます。そしてこのオキザロ酢酸に水素を結合させ、リンゴ酸という物質にします。それを光合成細胞のなかの液胞という、液体がたくさん入っている袋のなかに入れて貯蔵します。リンゴ酸は名前のとおり酸ですから、こうした植物

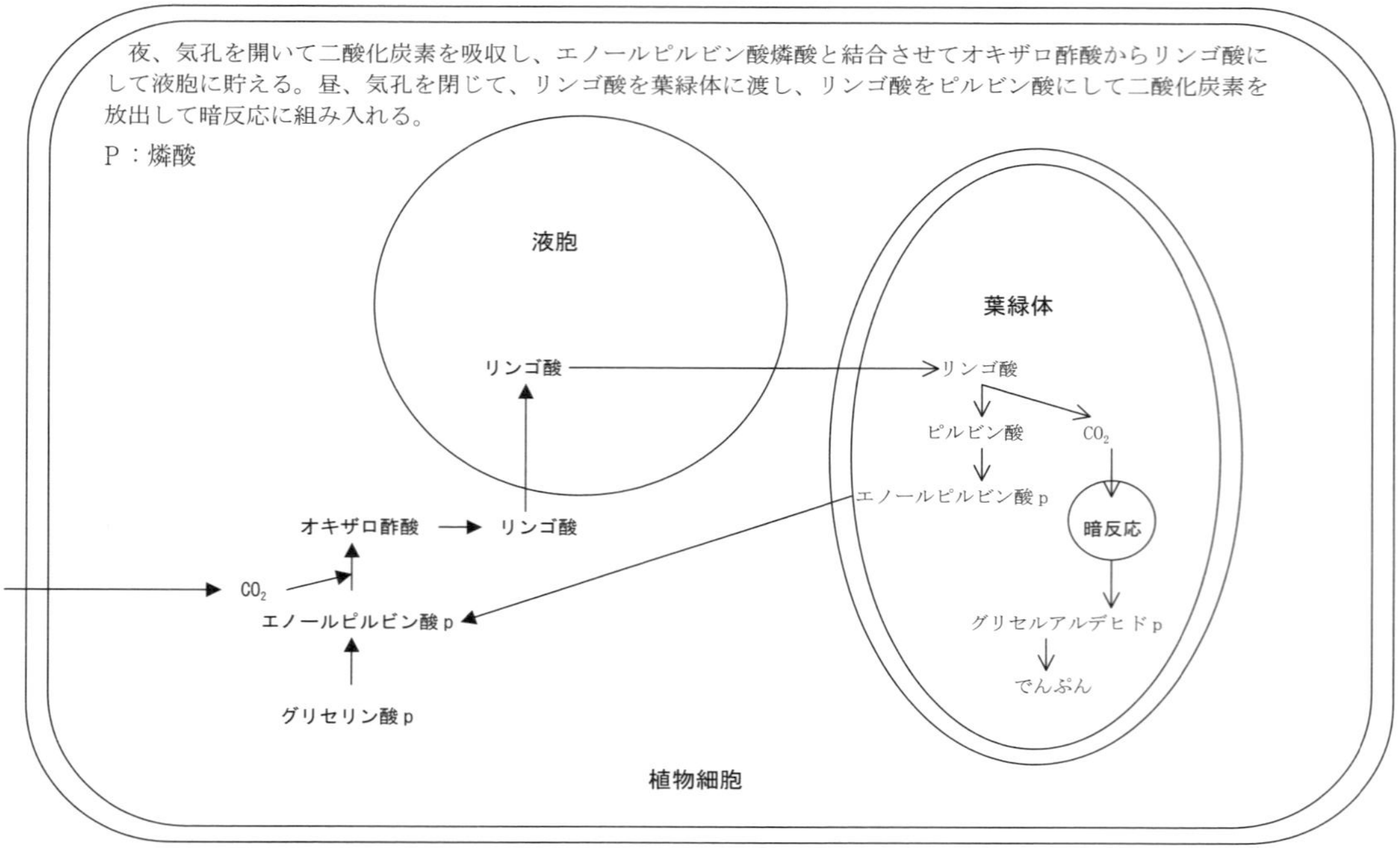
夜、気孔を開いて二酸化炭素を吸収し、エノールピルビン酸燐酸と結合させてオキザロ酢酸からリンゴ酸にして液胞に貯える。昼、気孔を閉じて、リンゴ酸を葉緑体に渡し、リンゴ酸をピルビン酸にして二酸化炭素を放出して暗反応に組み入れる。
P：燐酸
液胞
リンゴ酸
葉緑体
リンゴ酸
ピルビン酸
CO2
エノールピルビン酸 p
暗反応
オキザロ酢酸
リンゴ酸
CO2
エノールピルビン酸 p
グリセルアルデヒド p
でんぷん
グリセリン酸 p
植物細胞

図 5-7　CAM 植物の CO_2 蓄積と光合成

の葉を噛むと酸っぱい味がします。昼になって光を受けるようになると、気孔を閉じ水の蒸散による排出を止めます。気孔からの二酸化炭素の吸収はできませんが、液胞に貯えたリンゴ酸をとり出し、そこから二酸化炭素を切り離して葉緑体に送ります。

トウモロコシやサトウキビのような乾燥した高温の地域で生活する植物にも、別のかたちでの水消失を減少させている植物がいます。葉の内部の二酸化炭素の濃度を、葉の外よりはるかに低い濃度にして、二酸化炭素の流入を活発にするしくみが葉の内部にあるのです。それは、葉内の構造と光合成に関係した物質変化に特色があります。普通の葉の構造は図3－1のようになっています。葉の表面全体は水も空気も通さない表皮細胞が被っていますが、その一部には気孔があって、空気の出入ができるようになっています。葉の内部に入った二酸化炭素は光合成をする緑色細胞に取り込まれます。ところが、高温・乾燥地帯に生活しているトウモロコシなどの植物の葉の緑色細胞には、ほかの植物にもみられる緑色細胞（葉肉細胞）と、葉脈を取り囲むように配置されている緑色細胞（維管束鞘細胞）の二種あります。実際に光合成を行なうのは維管束鞘細胞のほうで、この細胞と気孔との間には葉肉細胞が位置しています。

気孔から入った二酸化炭素は、葉内部のすきまを通って葉肉細胞に吸収され、サボテンなどの場合と同じようにリンゴ酸になります。リンゴ酸は維管束鞘細胞に渡され、ピルビン酸になる時に二酸化炭素が離れて、光合成の暗反応の物質変化のなかに取り込まれます。この時エネルギーをつかって無理に渡して、維管束鞘細胞内の二酸化炭素を濃縮し、そのはたらきによって葉肉細胞の二酸化炭素の濃度を著しく低下させます。こうして葉の外の二酸化炭素濃度との間に大きな較差を生み出し、二酸化炭素の葉内への移動を活発にすることに役立っています。

おわりに

水中植物からコケ植物、シダ植物へ、さらに種子植物へというように、つぎつぎに新しい植物が現われ、しかも新たに生まれてきたものは、それ以前の植物とはちがって、からだのはたらきやつくりが進んでおり、陸上生活についてより適応的になっています。そうした変化を、人は単なる変化ではなく、「進化」という字をあてて、より進んだものが現われるととらえるのは無理のないことです。進化の語源の英語の意味も、前にあった生物から発展して新しい生物が生まれる過程のようです。しかし、新しい生物が生まれてきても、前からいた生物の中には絶滅するものがいましたが、残っているものもいます。そして両方が共存しています。進化は新しい生きかたをする生物が生まれ、多様性が拡大することでもあります。

大きな進化と小さな進化という言い方がありますが、大きな進化とは、からだも生活のしかたも、今までいた生物とは大きくことなるという意味で、その生まれたものがさまざまに細かく分かれて、大きな生物群をつくるという意味です。それは決して種の数を多くするということだけでなく、生物世界全体を大きく変える役目を果したという意味でもあります。昔から「適応放散」という言葉があるようですが、進化の特徴をよく表わしていると思います。陸上への進出と定着、生活範囲の拡大というのは、そうした植物世界の適応放散にとって重要な役割を果したとみたいものです。

六章　植物世界の形成

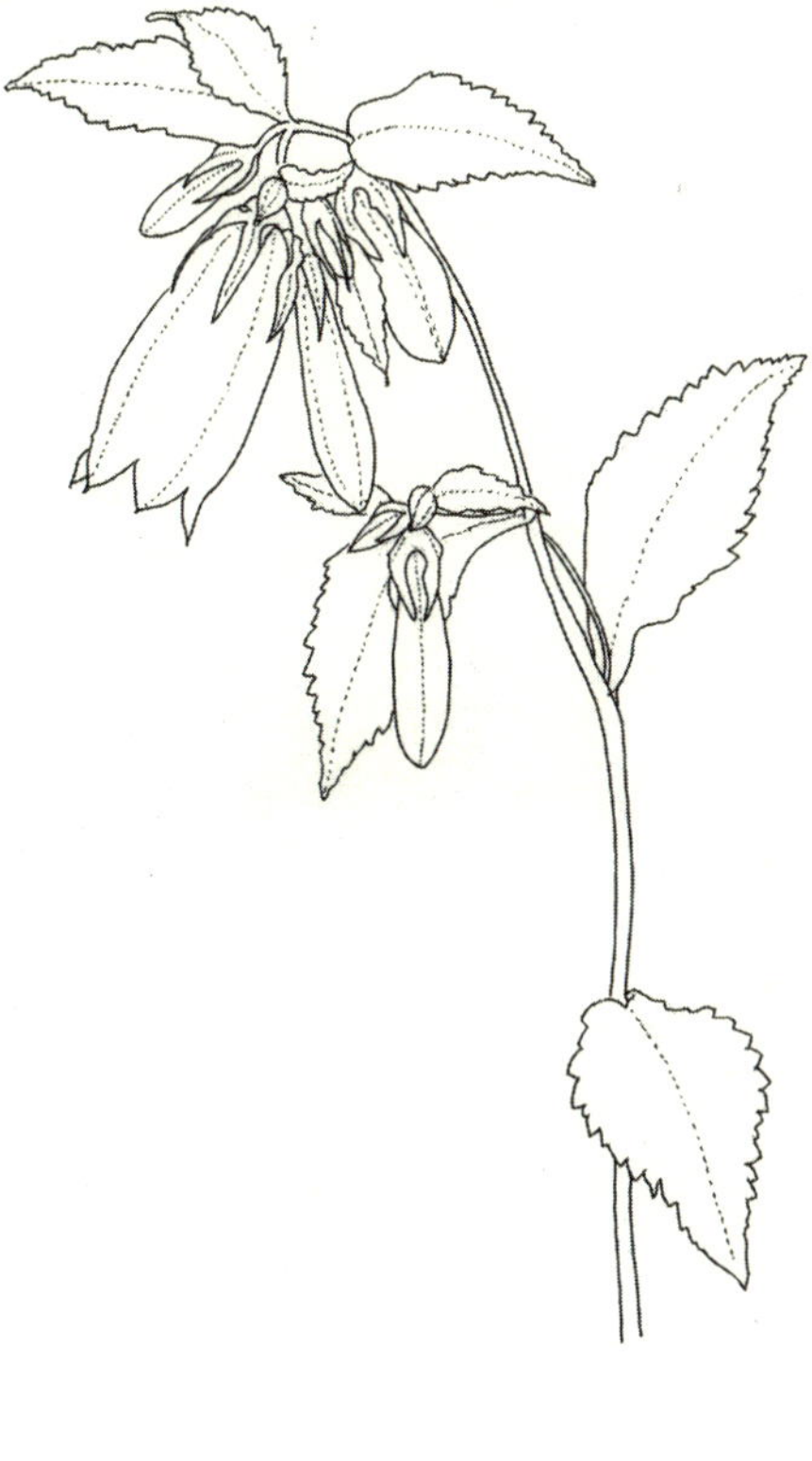

クロモジ　これから植物世界の出現とその最初の発展について語ってもらうことにします。語り手はミクロキスチスです。これは藻類世界とその歴史です。陸上植物はその藻類から生まれましたから、陸上植物の祖先の歴史でもあります。藻類という植物は、私のような陸上生活をしているものからみますと、同じ光合成を軸に生活を営む植物でありながら、あまりのちがいに驚きます。外形をみていますと、褐藻類のように、なんとなく近い感じをもてるものもいますが、多くはからだが単純にみえて、この植物たちは私たちより原始的な植物だという判断を下しがちです。しかし、よく調べてみますとそうではなく、進化してきた方向が別であるために生じたちがいであって、からだの基本形態はちがうものが多いものの、私たちと同じなかまでありながら、ちがった多様さと複雑さが入り混じった世界ではないかと感じております。

一、藻類のくらし

ミクロキスチスといいます。藻類のなかでもっとも原始的で、それゆえ藻類、ひいては植物全体の始祖にもっとも近い位置にいる生きものです。それゆえ私がこの章の語り手として選ばれたのではないかと思います。

海や沼、川、水溜りなど水中に生活している植物には、そのたどって来た歴史とからだの構造からみて二つの群があります。一つは、水中生活していたものが陸に上がって生活するようになり、陸上生活に対応したからだと生きかたを身につけたあとに、再び水中生活に戻った群です。コケ植物のなかのものはミズゴケ、シダ植物と種子植物のなかのものは水草と呼ばれています。これらのものとは別に、最初に水中で誕生し、現在もなおそのまま水中生活を続けているものがいます。藻類といっています。藻類とその歴史について紹介することにします。ただし藻類のなかには陸上に生活しているものもいますが、そのことについては前章でふれました。

藻類は、からだと生活のしかたからみますと、浮遊・遊泳生活と固着生活とに分けられます。浮遊生活というのは、遊泳しないで水中に浮かんでいる生活です。遊泳生活は、べん毛などを動かして運動する生活のことです。

こうした生活のしかたをしている藻類はほとんど非細胞（単細胞）性のものかその群体です。固着生活というのは、何かに自分のからだを固定して動かない生活です。褐藻類のコンブやワカメ、紅色植物のアサクサノリなどは身近な例になります。もっと単純なからだで、糸状あるいは枝状のからだをしているものも固着生活です。非細胞性の藻類にも固着生活をしているものがいます。多くは海底の岩などに固着していますが、ほかの生きものに付着しているものもいます。

固着藻類は、磯のような海底が岩盤でできていて波の荒いところと、干潟のような底が砂地で波のおだやかなところでは、からだが大きくちがうものが生活しています。干潟に生活している藻類は、緑藻類のアオサのように、葉状のからだが布のようにうすく、砂のなかの石などに付着している仮根は小さいものです。

一方、磯の岩についている藻類は、同じ葉状であっても厚手でしっかりしたからだをしており、岩に固着している仮根も丈夫なものです。ホンダワラやマクロキスチスのような大型のもののなかには、茎葉体になっているものもあります。

二、生物世界の起原

原始生物世界から真生物世界へ

植物の起原について述べる前に、生きもの世界の起原について簡単にふれておきたいと思います。生きもの世界へ向けての進化は化学進化の一つでして、地球が誕生してからさまざまな物質ができて、これらが現在の地球を構成している物質群に向けて変化してきました。この物質の変化が地球上の化学進化です。生物進化はそうした物質変化の一コマとしてみられました。地球上の物質進化の途中で二つすじに分かれて、その片方が生物進化です。生物進化が始まるまでの前段は生物体を構成しているアミノ酸とか糖質とか脂質などができてきた段階です。

生きもの世界の誕生には二つの大きな節目があります。最初の段階は原始生物世界の形成です。それを基盤にして第二段階の真生物世界が生まれました。この二つの世界の共通点は、生まれたものの持続が実現できたということです。ちがいは、自己同一性が不完全か確立したかです。原始生物世界は不完全であり、真生物世界になって確立しました。原始生物世界は、それを構成している個々が変わりながら持続していた世界であり、真生物世界は構成している個々が大きく変わることなく持続できるようになったものです。しかし、今もなお進化が進行していますように、ある時になりますと、自己同一性が保たれなくなって絶滅するものがいます。真生物世界の構成員にはからだのしくみとして変わることなく持続が確立できるようになりましたが、それをこえる環境変動による強い影響を受けたり、自己変化がおきて変わるということがあります。原始生物世界を構成している個々を原生体ということにします。

原始生物世界を構成している原生体は、その意味で現在の生きもの世界をつくっている個体とちがいますから、原生体とよんで区別します。最初の真生物世界の構成員は今みられる生きもの世界を構成し

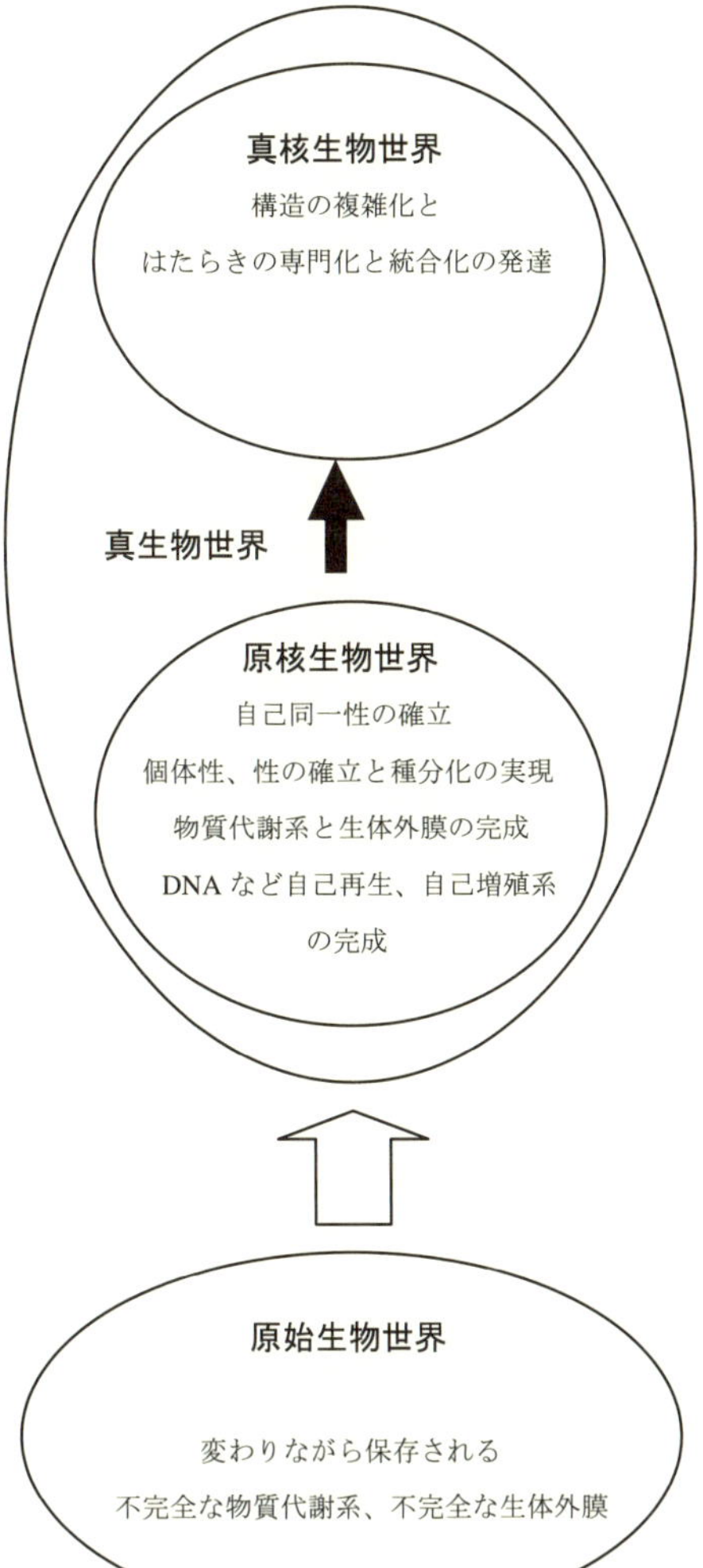

図 6-1　原始生物世界から真生物世界への進化

ている個体と基本的に同じですから個体と呼ぶことにします。原生体は、現在の原核生物の個体ではありません。原核生物世界は真生物世界です（図6－1）。

原生体の持続の基礎となっているからだのしくみとは何か、それは生体外膜によって包まれていることと、物質代謝が進められるようになったことです。構成している主要な物質からいいますと、燐脂質を中核とする膜物質とポリペプチド、リボヌクレオチド二燐酸の出現が上げられます。これに糖質が加わります。生体外膜とは、これによって外界と内部を区切り、外と内との間の物質の出入りを不完全ながら選択的に調整可能になった段階のものをいいます。化学的には現在、細胞のまわりの細胞膜と基本的に共通しています。生体外膜は外から必要な物質をとり入れ、不必要な物質あるいは有害な物質を排出するか外からとり入れないことが理想的です。生きものの出現の第一歩は、この生体外膜に囲まれた内部が外部とはちがうということです。生物体のもっとも基本的な性質、つまり本質は、まわりをほかの物質群に取り囲まれながら、それとはちがう自分を自分で維持保存するというところにあります。生体外膜による仕切りがあっても、内部と外部が同じであれば、それは単にふくろ状の膜物質が水中に漂っているにすぎません。

生体外膜は内部を守るというはたらきもありましたが、十分ではありませんでした。外から来た物質と結合することで、それまでもっていた生体外膜としてのはたらきに異変がおきて、選択的出し入れに変調をきたして原生体の死につながるということもありました。また外からきた物質によって破壊されるということもありました。そうしたことのなかで、外から来た物質との結合によって生体外膜としてのはたらきを強めるということもありました。生体外膜は、つぎに説明します物質代謝を調節する役目も果たしました。物質代謝の一コマである物質変化が進んで、ある特定の物質が増えて、変化する前の物質が少なくなると、その物質変化は進まなくなります。その時変化によって発生した物質を生体外膜が体外に排出すれば、その物質変化は再び進められます。

物質代謝は、単なる物質変化ではありません。同化と異化の組みあわさったものです。同化は合成とはちがいます。生体物質をつくる物質変化です。異化は生体物質を別の物質に変化させる物質変化です。物質代謝が進められるようになりますと、生体物質とはちがう物質が体外にあっても、それをとり入れて体内で物質代謝によって生体物質にすることが可能になります。異化の中心はエネルギー発生にありました。生体物質を分解してエネルギーをとり出し、それを利用して同化を進めるようになりました。この時ヌクレオチド二燐酸が重要な役割を果たしました。とくにATPの出現は画期的なことです。また物質代謝においてポリペプチドの誕生も重要な役割を果たしていました。現在みられる酵素ほどではありませんが、同化と異化にかかわる物質変化の方向づけをしたり、変化しにくい反応を進める役割を果たしました。ポリペプチドには強弱はいろいろですが他の物質と結合する性質がありました。その結合と離反の過程で、触媒的なはたらきを強化していったと考えることができます。

原始生物世界の段階では、もう一つ原生体どうしの合体が普通のこととしてありました。普通のことととしてみられたということは、二つの意味があります。一つは相手かまわず合体するという意味です。もう一つは現在有性生殖でみられるような、特別の時期に限ることなく、他の原生体が近付いてきて接触すればいつでも合体するというものです。

もちろん、たがいに接触したものが反発して離れる場合もありました。また合体して一つになる場合もありました（図6－3）。一方が他方をのみ込むというかたちで合体が起こりましたが、なかに入ったものをのみ込んだほうが分解して栄養物質に利用した場合もありますし、のみ込まれたほうがまわりを分解して栄養物質として利用することもありました。これらの場合には合体しても一方は残りますが、合体したものが融合する場合には、それまでの二つとは異なる原生体ができることになります。さらに合体した二つが大きく変化することなく共存するということもありました。共生という状態です。これも合体以前のものとはちがうものが誕生したことになります。

性の始まり、種分化は個体の確立を基礎に同時的に

こうした物質代謝や生体外膜の発達が進んで、原生体がだんだん自己維持という点で発達してくるなかで、デオキシリボ核酸（ＤＮＡ）が創り出されたことは重要な意味をもちました。それは、変わりながら原生体を持続していた段階から、自己同一性を確立しながら持続する個体への進化の、重要な基礎となりました。タンパク質を合成する情報を保存し、また適宜その情報を他の物質に転写させて、タンパク質合成を調節的に進める役割を果たすものとなりました。

タンパク質は、四章でふれましたように、酵素の主成分として物質代謝を形成している個々の物質変化に対して触媒的にはたらいておりますし、ほかの物質と結合して物質変化の補助的な役割も果たしています。生体外膜の主成分である燐脂質と結合して、生体外膜としてのはたらきを向上させてもいます。生物体を構成している生体物質は、まずタンパク質が合成され、それをもとに種々の物質がつくられるようになっています。タンパク質だけは、ＤＮＡのもっている情報に基づいて以前から生体内に存

在しているものと同じものができるように調整されます。タンパク質ができるとそれをもとに他の物質も前からある物質とちがいのないものがつくられ、その総和として生物体が変わることなく同じものが持続するように調整されています。生体外膜と物質代謝のはたらきの強化と向上に加えてＤＮＡの出現が、自己同一性維持の強化のもっとも重要な基盤になりました。

もう一つ、他の生物体との合体にも変化が現われました。その変化には二つあります。一つは合体が特定の場合にしか行なわれなくなったことです。第二は特定の相手とだけ合体融合し、他の生物体とは合体しなくなったことです。

特定の生物体以外のものと接触してとり入れても、体内で変化させて生体物質の材料物質にする消化か、接触しても離反するという生体外膜のはたらきが強化されました。合体融合する特定の生物体とは、自分と大きくちがわないもので、合体融合しても自分が大きく変化するような相手ではありません。また合体融合の意味が十分発揮されない、自分と非常に近いものとの合体も避けるようになりました。これが有性生殖の「性」の始まりです。

たがいに合体融合する生物体は、細かいところではちがいがありながら、基本的に同じからだをしており、同じ生活のしかたをしていました。そうしたものを一つの群とみますと、たがいに異なる群が、原始生物世界から真生物世界の転換の時にいくつも生まれました。この群が種です。これ以後生物体は種を形成する個体となりました。これが種分化の始まりです。性の始まり、種分化は個体の確立（生物体の自己同一性の確立ともいえます）を基礎に同時的に進みました。この時が真生物世界の誕生であり、現在の原核生物の祖先にあたります。

最初の自給栄養生物

最初の生物は他給栄養生物でした。生物体の出現の前段の化学進化でつくられた種々の有機物は、生物にとっての栄養物質でした。原生体の段階からとり入れ、物質代謝の同化と異化に利用していました。光合成のような複雑な物質変化はずっとあとで出現しました。ですから、海のなかにあった栄養物質は減少し、生物世界を形成していた生物体は、ある時になりますと栄養物質不足の危機に陥りました。それを救ったのは、自給栄養生物です。はじめは光合成ではなく、化学合成というはたらきです。これはさまざまな物質を酸化し、発生したエネルギーを利用して、とり入れた二酸化炭素を他の物質と結合させながら有機物を合成するはたらきです。そうした生物は今でもみられます。

これとは別に、三章で紹介しました光合成を行なう細菌が出現しました。バクテリオクロロフィルと呼ばれる光合成色素を中心にして明反応が生まれました。この時中心となっている光合成色素などの複合物質群は、種類によって異なります。また水素をとり出す水素供給物質もちがいます。紅色硫黄細菌という光合成細菌が使う水素供給物質は硫化水素ですが、紅色硫黄細菌という光合成細菌の場合はコハク酸やリンゴ酸のような有機物が使われます。暗反応も種類によってちがいます。紅色硫黄細菌も紅色非硫黄細菌も、緑色植物と同じカルビン・ベンソン回路ですが、緑色硫黄細菌という光合成細菌の場合はTCA回路の逆向きです。TCA回路で水素が結合され二酸化炭素が結合されます。どちらにしても、明反応でできた水素がグリセリン酸のような物質に結合して還元し、グリセルアルデヒドのような糖質を合成することになります。

こうした光合成細菌の光合成と私たち藍藻類の光合成とのちがいは、前半の明反応を進める複合物質群にあります。簡単にいえば藍藻類は、光合成細菌の一種類しかない明反応系の物質群が光化学反応系ⅠとⅡとよばれる二種類の結合から成り立っていることで、それによって光合成細菌では不可能な水の分解が実現できるようになりました。これらの光合成細菌と藍藻類とは進化的につながりのあるもので、これらの細菌を祖先にして藍藻類が生まれたと考えられているようですが、その進化過程ははっきりわかっていません。

三、原核植物から真核植物へ

藍藻類は植物

私たちのなかまは藍藻類とよばれています。からだの色が青緑だからです。植物の緑の体色のもとになっているクロロフィルａのほかに、フィコビリンという青色の色素が体内にあるからです。

私は、夏になるとよく話題になります。人間のみなさんだけでなく、魚やエビ類など動物に嫌がられるアオコの原因です。というよりアオコの本体です。池や沼の水のなかで青緑の粉を撒き散らしたように、私たちが大繁殖して広がっている様子をアオコといっています。私たちはミクロキスチンという毒素を合成します。水とともにこれを飲み込んだ動物は死ぬことがあります。この毒素は肝臓に重大な障害を与えるといわれています。しかし私たちが繁殖する原因は私にあるのではなく、人間のみなさんにあるのです。湖や沼に、一般家庭から出された生活排水や工場の産業排水のなかに、大量の窒素化合物や燐化合物がふくまれていますと、それらは藻類にとっては大事な塩類で、それを取り込んで大繁殖します。そのアオコを形成している主なものが、私たちミクロキスチスなど藍藻類です。ナベナ類もそうです。もし水道水の水源地となっている池や湖でアオコが大発生した場合には、市民にとって重大な問題となります。大事な飲み水に毒素が混じったことになるからです。

私は、今嘆きといってもよいほどの、くやしさのなかに身をおいています。それは、自分のことを「植物です」といいましたが、あなたたち人間によって、植物のなかまからはずされていることです。シアノバクテリアという別名をつけてバクテリアのなかまに入れられています。長いこと植物の一つとしてみられていましたが、今から二〇年以上前に、みなさんの生きものに対する見かたが変わって、私以外の藻類も、微小なものは植物ではなくなりました。原生生物という群に入れられました。その生物群にはゾウリムシやアメーバ、あるいは微小な菌類も入っています。

私自身は、植物として認められているほかの生きものと強いつながりをもっていて、まぎれもなく植物であると思っているのですが、そうではなくなったのです。どうしてそのように考えかたが変えられたのか、強い疑問のなかにおります。同じものでありながら、生きもの世界全体のなかでの私たちのなかまの位置づけがちがうのです。しかし、一部の専門家と生物学者は、藍藻類と呼んで、植物の一員であると考えております。このようなおかしなことがみられる理由は、私たちが植物としての特徴をもちながら、ほかの植物とはちがったバクテリアと共通する原核生物だからです（図6－2）。

真核生物の核は、タンパク質合成の情報の保存と転写にかかわっている物質群が核膜という膜に包ま

図6-2　原核生物と真核細胞の構造

a：藍藻

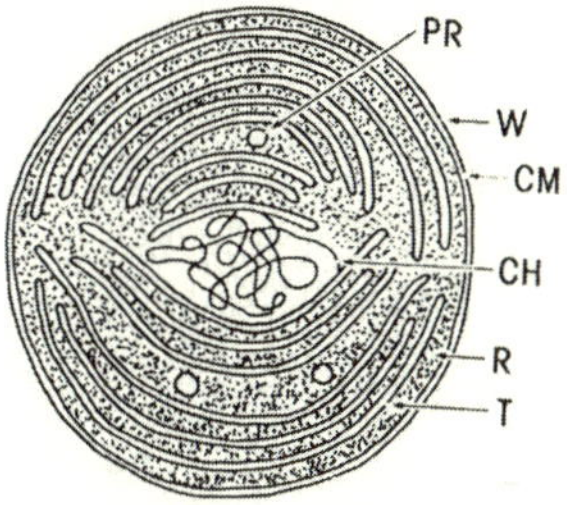

PR：貯蔵物質、W：細胞壁、CM：細胞膜、CH：クロマチン、
R：リボソーム、T：チラコイド

出典）丸山晃、丸山雪江、1997年

b：真核植物

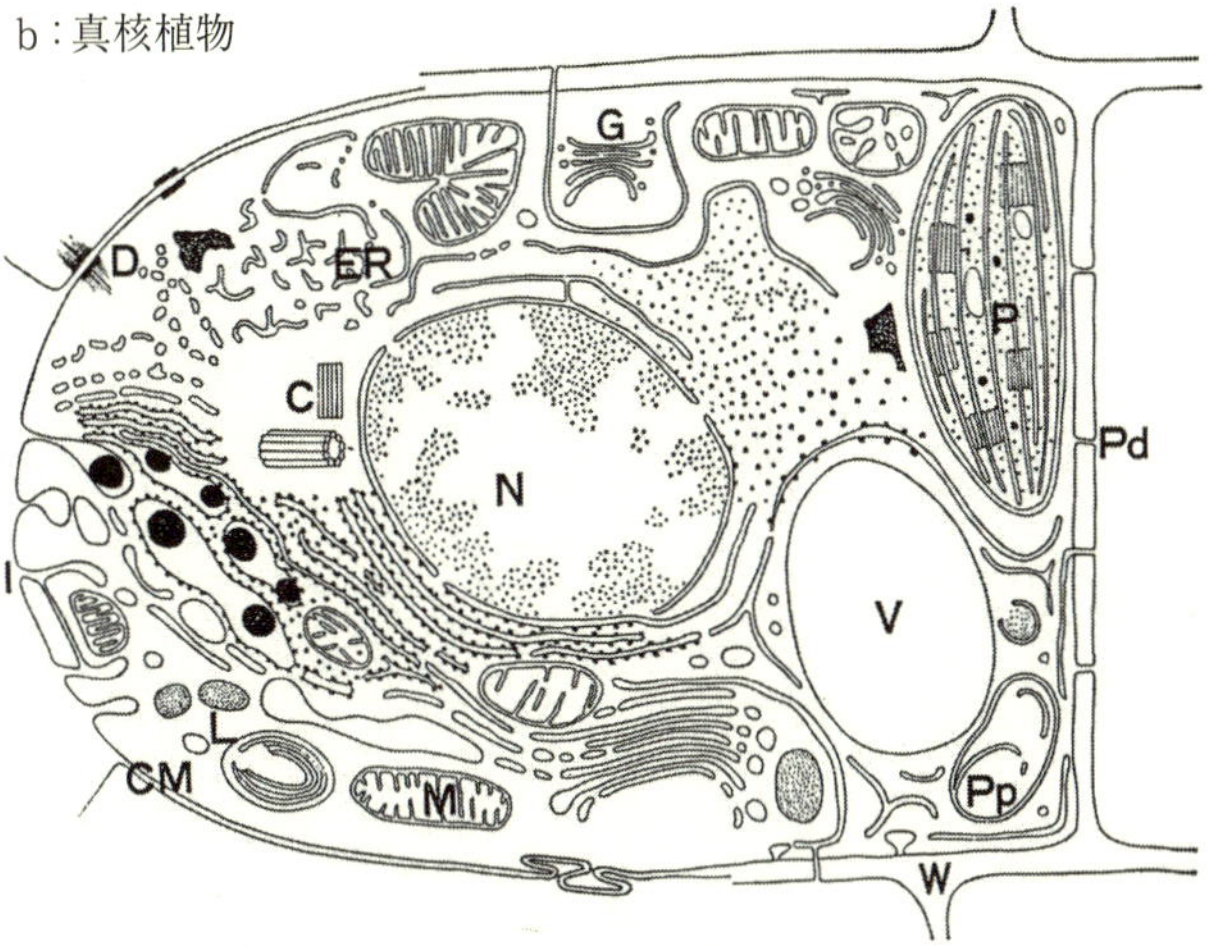

CM：細胞膜、D：デスモゾーム、ER：膜胞体、G：ゴルジ装置、
I：細胞表層の陥入、M：ミトコンドリア、N：核、V：液胞、
P：葉緑体、Pd：原形質連絡、Pp：プロプラスチド、W：細胞壁

出典）佐藤七郎、1975年

れたものです。また真核生物は、分裂して増殖する場合には核内の遺伝物質が染色体にまとめられ、分裂してできる二つのものにきちんと過不足なく渡されます。原核生物の場合、まわりを包む核膜がありません。また分裂して増殖する時に染色体にまとまることはありません。そのことが生きものとして大きくちがう点です。ちがいはもっとたくさんあります。たとえば、光合成する葉緑体は、真核植物にはありますが、私たち藍藻類にはありません。チラコイドなど光合成を進めている物質のすべてが膜に包まれていません。生体外膜のしわのなかにあります。

植物時代とは

歴史には節目があります。ある時今までとはちょっとちがったものや人や現象が現われて、それから世界が大きく変わったという時期のことです。鉄器が発明されて流布され始めた時などはそういう時です。植物の歴史にもそうした節目があります。陸上植物の出現などはその例です。今まで植物が住んでいなかった陸地に、それまでとはちがった植物が進出して陸地を被い尽くすほどに発展しました。

その節目に注目して生物の歴史をみますと、植物以前と植物時代という節目が認められます。しかし、この区分そのものには問題はないのですが、何をもって区分けするかというと、人間のみなさんのみかたに混乱があります。多くの研究者は細胞性（多細胞）光合成生物の出現の時を基準にしていますが、私たちは、私たち藍藻類が出現した時にしています。

なぜ藍藻類を植物とするか、その根拠はつぎのようなことです。まず、私たちの体内には光合成色素のクロロフィルａがあります。これは私たちから種子植物のフタバガキや大型藻類であるジャイアント

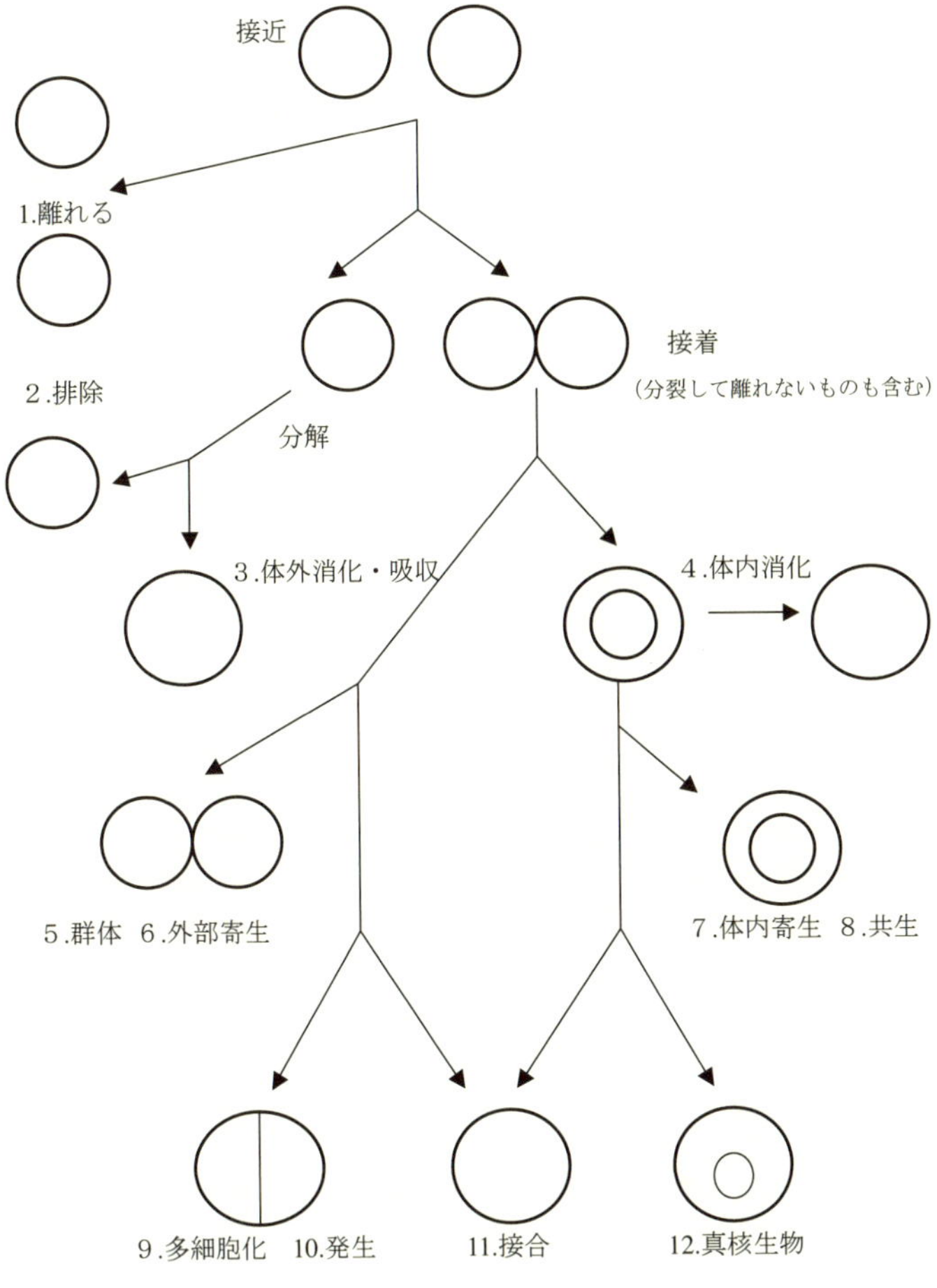

図 6-3　二つの生物体・細胞の接近・密着・接合・融合の例

出典）岩田好宏、2006 年を改変

ケルプにいたるまで共通した特徴です。しかし、真核植物にみられる核も染色体も、ミトコンドリアも葉緑体もありません。また私たちは種子植物などと共通してチラコイドをもっていますが、これも陸上植物、他の藻類と共通してみられる構造物です。私たちは、光合成にあたって必要な水素を水を供給物質として利用しています。これも陸上植物、大型藻類と共通しています。

このようにふくまれている個々の物質のちがいのあるなしを区分の基準にしていたら、人によってどちらを重視するかが異なり、その結果、植物とその他の区分のしかたもちがってきます。それは、生物の歴史のなかのつながりをどこかで断ち切って区分けする、そのことの矛盾です。問題は、段階も系統も、歴史の重要な側面です。どちらも軽視してはならないと思います。それは歴史的事実として認められることです。しかしそれを知識としてもつ時に、別々の視点から二つの面に分けて、どちらにしても片方を重視すれば歴史をきちんととらえることができなくなります。また、つながりを断ち切って、歴史を段階的にみようとする時に何を重視するかについても、原核と真核に分ける考えかたには大事なことが落ちています。それは、いつどのような変化が契機になって生物世界が大きく変わったか、あるいは発展したかという視点から考えるべきであるということと、それを生物世界全体に目を向けながら、どこに大変革があったかということの二つをのぞいてはないのではないかと思うのです。私、ミクロキスチスが自分の現われた時が植物の始まりと考えますのは、つぎのような理由からです。

(1)光合成の際の水素の供給物質を水にしていることです。私たち以前の光合成生物は、硫化水素のような、この地球上の限られた地域にしかない物質を水素供給物質として利用していました。しかし、私たち藍藻類が利用している水は地球上のいたるところにあります。ですから、私たちの出現によって、光合成生物の生息できる地域が地球上全体に広がりました。

(2)その水を利用するようになったことが予期しない重要な結果を生み出しました。酸素分子の発生です。この物質は他の物質を酸化する性質が強いので、酸化にともなって大量のエネルギーを発生させることができる生物が現われたことを意味します。これは現在の生物世界をつくり出す重要な基礎となったといえるでしょう。現在みなさんがみることのできる生物のほとんどは酸素呼吸生物です。その酸素呼吸生物を生み出す基盤をつくったのは私たちといってもよいと思います

(3)オゾン層の形成も、私たちのしたことの大事なことの一つです。強い紫外線が酸素分子に照射されると分解し、それが結合して、同じ酸素原子からできている物質ですが、オゾンが発生しました。オゾンは厚い層となって上空を被い、そのことによって強い紫外線をさえぎることになり、そのことが海の表層や陸に生きものが進出する条件をつくり出しました。

原核から真核への契機になった生物体融合

真核生物は原核生物の合体によって生まれたと考えられています。その根拠の一つは、陸上植物の葉緑体と私たちミクロキスチスのからだがよく似ていることです。ふくまれている葉緑素にちがいはありますが、私たちが他の生物体内に入り、私たちの体内にあったもののいくつかがなくなれば、葉緑体とほぼ同じになるといってもよいほどによく似ています。葉緑体のなかには少ないのですが、DNAがあります。すでに申し上げていることですが、私たち藍藻類にもチラコイドはあります。光化学反応系も電子伝達系も、チラコイド膜のなかに埋め込まれています。真核植物の細胞内の葉緑体も、その内部に

ある光化学反応系も電子伝達系も、チラコイド膜のなかに埋め込まれています。カルビン・ベンソン回路の反応は、私たち藍藻類では、チラコイドの外にあります。真核植物では、カルビン・ベンソン回路も葉緑体膜によってほかの反応系と区分されています。つまり真核植物の葉緑体膜は、私たち藍藻類の生体外膜と同じものになります。真核植物の葉緑体は、ある原核生物の体内にほかの原核生物と藍藻類が入り込んで、変化してできたと考えることができます。

合体の過程

合体は、片方の生物体がもう一方の生物体のなかにのみ込まれたというかたちでおこりました。しかし、合体だけでは真核生物になるわけではありません。すでに述べましたが、相手にのみ込まれた生物のなかには、そのまま消化されて死んでしまうものもあります。また消化されずに、たとえば毒物を出して、のみ込んだものにはきもどさせるとか、その毒によってのみ込んだものを殺したり弱らせたりして抜け出すというものもいます。またのみ込んだほうの生物も、のみ込まれたものによって消化されて死ぬものもいます。こうしたことは、生物世界では普通のこととしてみられることですが、これでは、二つの生物の合体は一時的なことで、原核生物から真核生物への進化の第一段階に過ぎません。

ところが、相手を消化することも、消化されることもなく、「のみ込み—のみ込まれる」状態のままに双方が生存できる状態が発生したら、それは生物の生きかたとしてあらたな生物の出現ということになります（図6－3）。共生という状態です。これは現在でもみられることです。のちに紹介しますハテナという藻類はそれに近い植物です。これは真核生物への進化の第二段階です。このような状態からもう一段変化がおきて、入り込んだものと入り込まれたものが一緒になって一つの生物体になることが、真核生物への進化です。双方が一つとして生きていく上で必要なはたらきが同じものであれば、どちらかが消えて一個体化が起ったと考えられます。しかし、ただ一個体になっただけでは、真核生物の個体というわけにはいきません。たとえば原核植物がほかの原核生物の体内に入り込んで、まわりの生体外膜が溶けてなくなれば、葉緑体膜はできず、葉緑体にはなりません。原核植物と変わらないものになります。これは、現在でも接合・受精というかたちで普通にみられることです。

基本的なことをいいますと、入ったほうの生物の生体外膜が消えないで、生体内膜にかわるところが大事なことでした。生体内膜として残りながら、二種類の異なる個体が一つの個体になるという変化が真核生物になる重要な条件になったとみることができます。生体内膜には、そこにさまざまなはたらきをする物質が順序よく並んで埋め込まれています。そのことによって一連の複雑な物質変化が秩序よく進行できます。また膜に囲まれた内部には、同じはたらきをする物質がふくまれていて、ほかのはたらきをする物質と混ざることがありません。そのことによってはたらきが能率的に進行します。これが複雑なはたらきを専門的に進めていく基盤構造となりました。反応物質がたくさんあるということは、複雑なはたらきを進める条件ですが、そうした多種の物質が混在しているようでは、複雑なはたらきが効率よく、また生きものが生きるということを軸に統一されて進められることにはなりません。

真核生物への進化の進行順序

つぎに、こうした真核生物への進化の進行について細かく紹介しますと、最初にミトコンドリアができました。その前身である酸素呼吸をする原核生物が、ほかの原核生物のなかにのみ込まれて入り込み、その酸素呼吸に関係した部分と核酸などの一部を残し、他の部分は退化してなくなりました。これがミトコンドリアです。藍藻類よりミトコンドリアの前身の原核生物が先に合体したとみられている理由は、真核生物のうちのごく一部のものを除いて、ほとんどが、その体内にミトコンドリアをふくみ、酸素呼吸をしているからです。一部ミトコンドリアがなく酸素呼吸をしない真核生物が存在するのですが、それらは酸素がほとんど存在しないところに移住して無酸素呼吸をすることによってミトコンドリアが退化したと考えられています。

核についても同様にいえます。原核生物時代は、DNAなどタンパク質合成の情報の保存と転写に関係した物質は生体外膜のしわの部分に包まれていました。ほかの物質と隔離されていません。それに対して、核膜に包まれて他の反応の物質と隔離されているという特徴は、すべての真核生物に共通してみられます。これが核ですから、核ができたのは葉緑体の出現の時期よりもっとはやい時期と考えられています。ただし、どのようにして核膜ができたかは二つの説があります。一つは、葉緑体やミトコンドリアの起原と同じ、原核生物の合体によるという考えかたです。もう一つは、DNAなどを包んでいた生体外膜の一部がふくろのようになって生体外膜から分離したという考えかたです。どちらかといえば、後者の説が有力です。

のみ込んだ生物とのみ込まれた生物

原核植物から真核植物の進化をみますと、原核植物は入り込んだほうの生物です。なぜのみ込むほうにはならなかったのか、またのみ込むのは、原核植物以外ならばどれでもできたのかという疑問が出てきます。この疑問に答えるヒントが、原核生物の栄養摂取のしかたにあります。栄養摂取の方法については、前にふれましたが、それを整理しますと、つぎのようになります。

(1)化学合成または光合成によって自分で栄養物質を合成できる
(2)自分で合成できない
(2)―1水に溶けている物質をそのまま吸収する
(2)―2そのまま吸収できないので、消化して吸収する　↓体外消化（菌類、細菌類などの寄生）
(2)―2a相手の表面に取り付いて消化して吸収する
(2)―2b体内に相手をのみ込んで、消化して吸収する　↓体内消化（現在は動物、食虫植物などでみられます）
(2)―2c相手のなかに入り込んで、消化して吸収する　↓体外消化（菌類、細菌類などの寄生）

このなかで、のみ込むほうであった可能性のあるものは、自分の体内に相手をのみ込んで、体内で消化して吸収する栄養摂取のしかたをしているもの（(2)―2a）です。他の原核生物はのみ込まれるほうになる可能性はありますが、のみ込むほうの生物になることは不可能でないとしても難しいと考えられます。

そこで問題になりますのは、現在みられる生物のなかで、どれが(2)―2bで、どれが他のものであるかということです。このなかで植物は、1の「自分で栄養物質を合成できる」生物ですから、のみ込まれるほうの生物です。動物は(2)―2bの生物ですが、問題があります。それは原核生物時代に動物がいたかどうかということです。運動する・しないは別として、ほかの生物をのみ込むというのは、動物と同じように捕食です。この原核生物を動物とみてよいかどうかは難しいところですが、動物類似原核生物といってもよいような印象をもちます。

そこで注目されたのは、最近関心が集められている三つのドメインという考えかたです。古細菌と真正細菌と真核生物の三つをいいます。生物としての基本的な性質において大きなちがいがあるというのです。この三つの生物のうち古細菌と真正細菌は原核生物です。この二つの生物の間で合体があって、もう一つのドメインである真核生物が生まれたと考えられています。どちらがのみ込んだかは、この二つの原核生物の生体外膜を構成している物質のことがわかればいいわけです。生体膜は、燐脂質が中心となってなりたっていますが、脂肪酸などの要素となる物質とその結合のしかたにちがいがあります。古細菌はエーテル結合、真正細菌と真核生物はエステル結合をしています。また結合している脂肪酸にもちがいがあって、真核生物にはステロールがみられます。このような生体外膜のちがいは、言うまでもないことですが、のみ込んだほうの生体外膜のちがいになります。ステロールが結合したリン脂質は不安定なところがありますが、柔軟性があります。こう考えますと、のみ込んだほうは、ステロールをふくむエステル結合の真正細菌であったと推定することができます。柔軟性のある生体外膜であれば、のみ込むのに適しているとみることができます。しかし、そうした真正細菌は現在みられません。そうだとしますと、真核生物を造り出した原核生物は今は絶滅してしまったということになります。その絶滅の原因も、生体外膜のエステル結合であること、ステロールをふくんでいるので不安定であったことではないかと想像できます。

四、藻類世界の形成

最初の真核生物が現われた時代

真核生物が現われたのは、海中に溶けている酸素分子の濃度が、圧力で換算して現在の空気中の酸素分子の含有率（二一％）の約一〇〇分の一より高くなった時以降であると考えられています。海中の酸素分子濃度がこれくらいになりますと、酸素呼吸が可能になります。それは、今から一〇億年―一五億年前のことといわれています（図6－4）。真核生物は、すでに述べましたが、すべてミトコンドリアがあって酸素呼吸をするからです。酵母という非細胞性の菌類は、生活環境の酸素濃度が一〇〇分の一以上になると酸素呼吸をしますが、以下になりますと無酸素呼吸をします。生物世界の進化についても、酸素呼吸生物が出現した時期をこうした酸素分子濃度から推定しているわけです。この時期からあとになって、酸素呼吸原核生物が出現し、それがほかの原核生物にのみ込まれて、その体内で変化してできたのがミトコンドリアです。この後、ミトコンドリアをふくむ真核の生物に藍藻類がはいり込み、真核植物が出現したとみることができます。

真核植物の起原を考える上で、もう一つはっきりさせておかなければならないことは、オゾン層が形成された時期です。オゾン層が形成される以前は、生物にとって有害な紫外線が海に照射し、海表面近くの浅いところではふつう生物は生存できなかったはずです。一方植物としては、強い光を受けて光合成が進行することが、栄養物質獲得の上で重要な条件になっています。しかし強い光が射し込んでくる浅いところではふつう生息できないので、生活できる植物が特別なものに限定されます。海の水は光を受けますと、紫外線、赤や青の光線を吸収します。そのため深いところでは緑色の光線のみ吸収されずに射し込んできます。こうしたことが関係して、オゾン層が形成される以前の植物は、海のやや深いところに生息していて、緑色の光線も吸収して光合成に利用するものでした。藍藻類のチラコイドの膜の表面に付着しているフィコビリンはそうした光合成色素です。

藍藻類のチラコイドにある光合成色素も、ほかの植物の葉緑体と同じように、はたらきの上でおよそ二つのタイプに分けられます。一つは、光のエネルギーを受けて光化学反応する色素で、その中心になっているのはクロロフィルａです。水を分解して水素と酸素にするはたらきをします。これに対して、フィコビリンは光を吸収して集め、クロロフィルａなど光化学反応を進める色素に渡すはたらきをしています。海中の「深い・浅い」のちがいは、植物全体の立場からしますと三つに区分されます。一つは光合成のできない暗闇の世界が深海で、それより明るい海が浅海ということになります。浅海は、紫外線、赤や青の光線が吸収され、光合成に利用できる光線が緑色のものの深さのところと、それより浅い、紫外線、赤や青の光線が十分吸収されない表層に近い部分の二つに分けられます。植物の初期進化のあとを整理しますと、図６－４のようになります。

緑藻類にみられるクロロフィルｂという色素は、チラコイドの膜に埋め込まれた葉緑素で、赤や青の光線を吸収して集め、クロロフィルａなどの光化学反応をする物質に伝えるはたらきをします。オゾン層が形成されて、生物にとって有害な太陽からの紫外線が吸収され、地表にとどく紫外線が弱くなり、

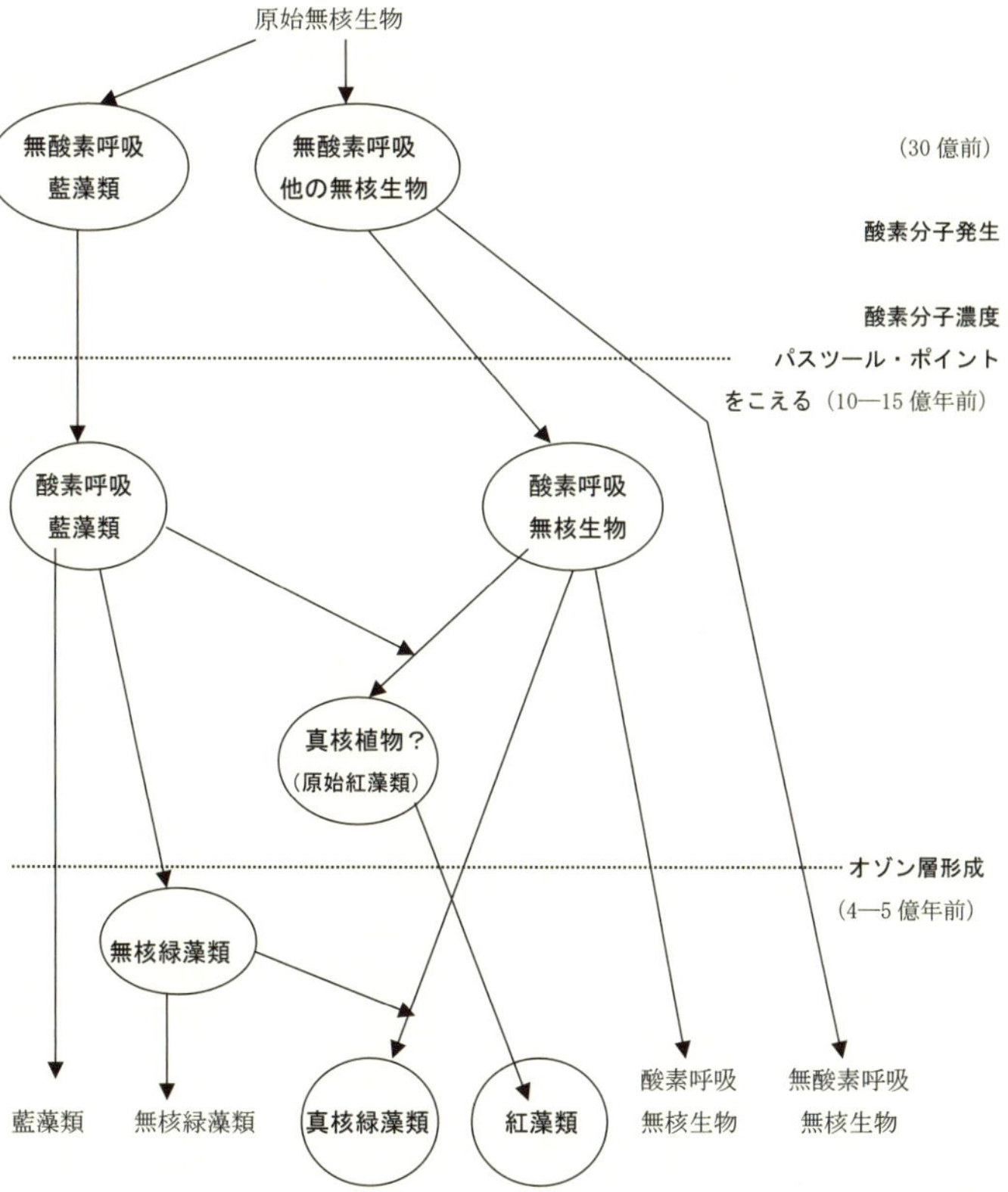
原始無核生物
無酸素呼吸
藍藻類
無酸素呼吸
他の無核生物
(30 億前)
酸素分子発生
酸素分子濃度
パスツール・ポイント
をこえる (10—15 億年前)
酸素呼吸
藍藻類
酸素呼吸
無核生物
真核植物?
(原始紅藻類)
オゾン層形成
(4—5 億年前)
無核緑藻類
藍藻類
無核緑藻類
真核緑藻類
紅藻類
酸素呼吸
無核生物
無酸素呼吸
無核生物

図 6-4　藻類の初期進化

海表層や陸上でも生物が生活できる可能性がでてきました。海表層では海の水が光を十分に吸収しないので、赤色や青色の光線が射し込んできて、クロロフィルbはその光を吸収します。

真核植物の出現は二度の合体による

最初に出現した真核植物は、紅藻類と考えられています。アサクサノリ、テングサなどです。生きている時は紅色をしています。この紅藻類は、光合成色素としてクロロフィルaのほかフィコビリンをもっています。このことから、紅藻類は藍藻類を直接の祖先にした植物であることが予想できますし、緑色の光線が吸収されずに透過するやや深い海中でも生活できるという点で共通しており、オゾン層形成以前に出現できたと考えられます。

海の表層で赤や青の色の光を利用して光合成を行なう藻類が出現するのは、オゾン層が形成されて、地表に射しこむ紫外線が弱くなってからです。そうした藻類の一つとして緑藻類がいます。それは、原核植物のなかにクロロフィルaのほかにbをもった原核の緑藻類を祖先にしたとみることができます。（図6－4）。現在、藻類としての基本的なちがいと、進化のなかでの生まれかたのちがいから、真核藻類は、九つのグループに分類されています。フィコビリンのような光合成において光を吸収して集める役割を果たす色素のちがいはその分類の大事な基準になっています。

藻類のなかには、二度合体・融合をしているものがいます。つまり真核植物になったものが、その後もう一度合体して新しい藻類になっているものがいます。こういう植物は、葉緑体のまわりの膜の数が緑藻類や紅藻類のものの二倍になっています。合体したあと生体外膜と葉緑体以外はほとんど退化

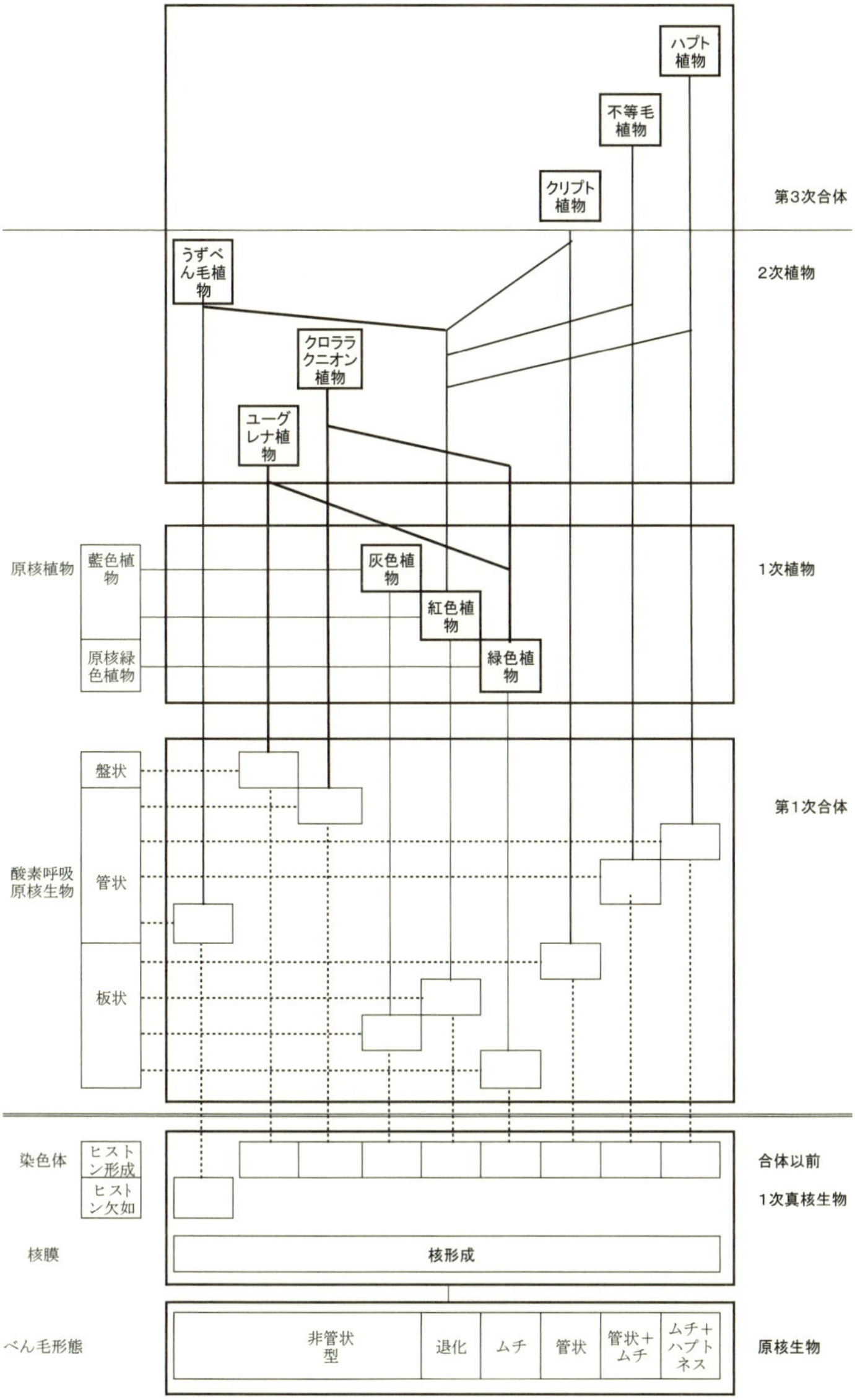
ハプト植物
不等毛植物
クリプト植物
第3次合体
うずべん毛植物
2次植物
クロララクニオン植物
ユーグレナ植物
原核植物
藍色植物
原核緑色植物
灰色植物
紅色植物
緑色植物
1次植物
盤状
管状
板状
酸素呼吸原核生物
第1次合体
染色体
ヒストン形成
ヒストン欠如
合体以前
1次真核生物
核膜
核形成
べん毛形態
非管状型
退化
ムチ
管状
管状＋ムチ
ムチ＋ハプトネス
原核生物

図 6-5　藻類の進化過程

し、生体外膜と葉緑体膜が接して重なったためです。これも分類の基準にされています。これについては、あとでややくわしく紹介します。酸素呼吸を行なうミトコンドリアの構造のちがいも、分類の大事な基準になっています。このミトコンドリアの構造のちがいの由来は、つぎのように考えられます。

原核植物をのみ込んだ生物のミトコンドリアは、その前にのみ込まれた酸素呼吸原核生物がもとになっています。ですからミトコンドリアのちがいの理由は、ミトコンドリアになったはいり込んだほうの酸素呼吸原核生物のちがいにあるわけです。酸素呼吸に関係した物質がうめ込まれている生体外膜の部分のしわのかたちのちがいに原因があると考えられます。ただし、このような考えは、一度できたミトコンドリアがその後さまざまに変化する傾向がみられるならば成立しません（図6－5）。

こうみますと、藻類のちがいは植物としての特徴である光合成に関係したものだけでなく、のみ込んだほうの生物の特徴も重視しなければなりません。

たとえば、灰色藻類は紅藻類と同じくフィコビリンがふくまれていて、なかに藍藻類がはいり込んで真核植物になりました。またミトコンドリアも似ています。しかし、紅藻類にはべん毛がないのですが、灰色藻類の個体にはべん毛が二本あります。このちがいは、酸素呼吸原核生物をのみ込む以前の原核生物のちがいに由来していると考えられます。紅藻類の場合、藍藻類をのみ込んだ原核生物にはべん毛がなく、灰色藻類の場合にはべん毛をもった原核生物が藍藻類をのみ込んだのだと思います。

原核植物から真核植物への進化では、二度にわたる合体がもとになっています。一つはミトコンドリアができた時、これで真核生物が誕生しました。つぎが原核植物をのみ込んで真核植物になった時です。以上のようにして生まれたのが、紅藻類、灰色藻類と緑藻類の三種です。ところが、残りの六種類は、もう一回あるいは二回合体があって出現したものです。その六種の藻類は、紅藻類をのみ込んだものが四種類、緑藻類をのみ込んだものが二種類です（図6－5）。

動物なのか植物なのか

泳ぐ植物として知られているミドリムシ類は、真核植物としては二度の合体を経て生まれた藻類です。もっているクロロフィルはaとbです。なかにはいり込んだのは緑藻類です。捕食されたといったほうがよいのでしょう。捕食されながら消化されず、そのまま捕食したほうの生物の体内に居座り、やがて葉緑体と生体外膜を残して、ほかのものはまったく消えたか退化して小さくなったかしたために、生体外膜と葉緑体膜の間がせばまりくっついて葉緑体の膜の数が二倍になっているようにみえるわけです。ミドリムシには、緑藻を捕食した生物の捕食生活時代の名残りの捕食小器官が痕跡としてあります。

問題は、捕食したほうの真核生物がどのようなものかということですが、それはべん毛を動かして行動している捕食性の真核生物です。運動し捕食生活しているといえば、それは動物です。ミドリムシは緑藻がべん毛運動している動物に捕食されて生まれたものなのです。

そのべん毛をもった動物は、眠り病で有名なトリパノゾーマに近い種類の動物です。トリパノゾーマのほうは、動物の血液中に寄生し、捕食をしません。しかし、このべん毛虫類と呼ばれるなかまには、運動・捕食生活をしているものが今でも存在しています。それと、これらべん毛虫類のミトコンドリアの構造とミドリムシのミトコンドリアの構造が同じであることも確認されています。こうした共通点から、ミドリムシ類はべん毛虫類という原生動物のなかに分類されているのですが、これは一方的なみかたです。取り込まれたほうの特徴が軽視されているからです。しかし、藻類の研究者はミドリムシ植物類という藻類のなかに入れています。これも一方的な判断だといえると思います。どちらも、ミドリムシのすがたの片面しかみていないことになります。

もう一つ、クロララクニオンという藻類を紹介します。この藻類は、外形は動物のアメーバのようなかたちをしていますが、葉緑体をもっていて光合成をします。葉緑体にふくまれている葉緑素は、クロロフィルａとｂです。緑藻類がアメーバのような動物に捕食され、消化されないままに共生状態になったあと、捕食したほうと一体となってあらたな生物になったものです。ミドリムシと共通しているところがあるのは、緑藻をのみ込んでできたからです。しかし、のみ込んだほうがちがうので、別の種類の藻類です。ミトコンドリアの構造もミドリムシとはちがいます。捕食したほうの動物は、アメーバ状をしている外形だけでなく、真核生物になる時に別の酸素呼吸原核生物をのみ込んだようです。

奇妙な藻類、ハテナ

ハテナという名の藻類がいます。動物とも植物ともいえない、両方の生きかたをしている藻類です。ですから藻類に入れることも問題となります。

ハテナは、緑色をしていて、光合成をします。しかし、光合成を行なっているのが葉緑体であるのかどうかということになりますと、簡単には答えられない問題があります。この生物は、真核生物で、べん毛をもった動物が植物を捕食して共生状態にある生物です。光合成するのは葉緑体であることにはまちがいないのですが、その葉緑体の近くには、核膜に包まれた核があり、ミトコンドリアもあります。そしてそれらは生体膜で包まれています。これ一つで一個の生物の個体とみることができます。なかに共生しているのは真核植物の個体であり、のみ込んだべん毛生物も真核の動物です。ミドリムシと同じように二段階の合体を経て誕生した生物です。まぎれまなく動物であり植物でもあるわけです。もう一つ奇妙なことがみられるのですが、この生物が分裂して増殖する時、この光合成をする内部に共生している植物体をふくむほうとふくまないほうに分かれます。ふくまないほうは緑色を失い、光合成をしなくなります。そして、この緑色を失った生物体は、捕食して栄養摂取します。

五、藻類の系統分類を試みる

系統分類はいくつもできる

真核植物は、二つ以上の源となる原核生物・真核生物の合体によってできましたから、その系統を明らかにするには多元的に考えねばなりません。系統分類をする場合には、いくつもの分類法が可能になります。紅色植物と緑色植物は、少なくも二回の合体によって生まれましたから、源となる原核生物は三つです。そうしますと、三種の分類表が生まれることになります。ユーグレナ植物は少なくとも三回の合体で生まれました。直接的には真核の動物が真核の植物をのみ込み融合して生まれましたから、それぞれが二つの源により生まれたことになります。つまり四種の原核生物が源になっていて、分類表はそれぞれの源から系統をたどってつくることになりますので、四種類の分類表ができることになります。

酸素呼吸原核生物やべん毛で系統分類しますと、三回の融合で出現した生物は同じ分類表のなかで異なる位置に二か所位置づけられることになります。もっと困ったことがあります。それは、真核生物のなかには動物も菌類もいます。もしのみ込むほうの原核生物は同じで、片方は光合成しない原核生物をのみ込み運動捕食生活をするようになり、もう一方は原核植物をのみ込んで真核植物になったとしますと、この二種の真核生物は、動物とも植物ともまったく別の生活をしながら、からだの基本になるところで共通しています。同じものを祖先としながら、片方は植物、もう片方は動物になったわけです。このようなことから、進化における祖先—子孫のつながり（系統）はわかりますが、それを基本に、どのように分けるかということがむずかしくなってきます。入ったほうを重視するか、のみ込んだほうを重視するかによって別の分類ができてしまいます。進化の道筋についてのこれまでの考えかたは、祖先は一つで、それが木の枝のように分かれて、現在のような多様なものになったというのが基本になっていました。ですから進化の道筋にそくして分類することが可能でした。分かれたところで別のなかまと考えればよかったわけです。しかし、この原核生物から真核生物への進化は、もとが複数で、そのさまざまな組みあわせから複数のものが出現したわけですから、真核生物は複数の祖先から生まれたということになり、「祖先—子孫」の関係が非常に複雑なものになっているわけです。繰り返すことになりますが、進化の道筋、系統はわかるのですが、それをもとに分類することはむずかしいことになります。

生物の分類は、かつてその方法、基準について大混乱が生じたことがありましたが、「系統分類」という、字の意味からすると矛盾した考えかたが生まれてひとたびは混乱が収まりました。何が矛盾かといえば系統は進化の道筋、祖先と子孫のつながりを示すものですが、それに対して分類とは生物のそうしたつながりの関係をどこかで分断して、あるものを一つにまとめ、別のものと区別するというものだからです。現在、そうした矛盾が再び具体的なかたちとなって混乱をうみ出したといえましょう。

六、藻類、二つ目の大きな進化

生きもの世界の原形ができる

これから二つのことを述べることにします。一つは、私たち植物が出現することによって、現在の生きもの世界の原形ができたことです。もう一つは、細胞性（多細胞）生物の出現です。

ミクロキスチスはどうして植物といえるかということについて根拠を述べたところで、生きもの世界全体にとって植物の存在がどのような意味をもっているかというように、視点を自分の側におくのではなく、生きもの全体におきました。そこで私たち植物の果たした役割について述べましたが、大事なことが欠落していました。それは、現在の生きもの世界の原形が、植物の出現を契機にして生まれたということです。植物というのは水を水素供給物質とした、水光合成生物です。そのことによって生まれた大事なことの一つはすでに述べております。生きもの世界はこの時以来地球上の海など水系のいたるところに進出したということですし、それに付け加わって植物を栄養源とする消費者が地球上の水系全体に広がっていったということです。ここでもう一つ追加しておくことがあります。それは動物の出現のきっかけを与えたことです。それは、酸素分子の発生であり、酸素呼吸ができるようになったことです。

動物の出現はこれなしではありえないことだったと思います。動物の出現こそ、植物、動物、菌類の三者から成り立っている現在の生きもの世界の形成そのものです。

細胞性生物の出現

二つ目の大きな変化は細胞性植物の出現です。分裂で二つに分かれたからだが、たがいにいつまでも離れずにいるものがありました。二個体に分かれないということは、繁殖の意味がないともいえます。繁殖はただ個体の数が増えるということだけでなく、生まれた個体がたがいに離れることでもあります。たがいに離れて生活することによって、一方が生活にとって悪い条件に遭遇して死亡しても、他方が生き延びるということが可能です。ところが、「分かれず接着したまま」というのが、その時かぎりではなく、その後も続くというものも現われてきました。接着したものは、二個体から四個体へ、さらに数を増していきました。藻類の群体の出現です。

その頃の動物は、のみ込んで体内で消化するという方法で栄養摂取をしていたと思われますが、そうした群体になってからだが大きくなった藻類を、当時生活していた動物は自分より大きなものであったためにのみ込み食べるということが少しむずかしくなったのではないかと思います。ですから群体となって全体として大きくなった藻類は、捕食されにくくなったのではないかと想像されます。

細胞性藻類の始まり

こうした群体という状態を経過しながら、進化のなかで群体全体が一つの個体になり、たがいに接着した個々がその部分になるという変化が生まれました。部分になるというのは、接着した個々の生物体が一つの個体としてのはたらきの一部のみを行なうという分業がされ、そのたがいの共同によって全体として一個体としてのはたらきが完結できるということです。当然そこには、たがいの連絡がとられて、必要な物質をやりとりすることが可能になったとみることができます。こうした分業と共同、連繫は、一つの個体が部分化するという点では、その前におきた真核生物の出現のところでもみられたことと同じです。葉緑体は光合成によって糖質を合成して、それを体内のほかの部分に渡します。また核やリボソームによって合成されたタンパク質をもらうということをします。

しかし、同じ部分化といっても、真核生物の出現の時の部分化と、群体を経由した各個体の部分化との間には大きなちがいがありました。一つは、部分化したものは、どれでも核、ミトコンドリア、リボソームなどエネルギー代謝系とタンパク質合成系を退化させなかったことです。真核生物になる時には、合体・融合した片方で必ずこれらの物質系が退化しました。これらの物質系が残存したことによって、部分化したとはいえ自己再生性、自己増殖性が存続しました。これが細胞です。細胞性生物の場合、生殖にあたってはそのなかの一部の細胞集団が生殖器官として個体全体をつくることのできる全遺伝情報を保持し、しかもその情報に基づいて一つの個体をつくりあげます。また生殖細胞だけでなく、どの細胞も時に生殖可能となります。一個体が生まれるだけの全遺伝情報を各細胞はふくんでいます。細胞ごとの専門化（特殊化）は、その全情報のなかの特定のものだけがはたらき、他の大部分の情報のはたらきが抑制されるというかたちで発現されます。群体が変化して生まれたあらたな個体は細胞性生物といい、それまでの生物を非細胞性生物または未細胞性生物とよぶことにします。従来は多細胞生物、単細胞生物と呼ばれていたものです。

この細胞性生物の第二の特徴は、部分化したものが一方の個体の内部ではなく、外部に接着するように位置していることによって、群体形成のところで述べましたように、制限なく細胞を増やすことが可能になり個体の大型化が実現されることになりました。物質変化を遂行する上での小ささと個体として大きさが対立することなく統一的に実現できるようになりました。

細胞性の本格的な意味は、個体としてのはたらきを分化するという細胞分化から組織分化、さらに組織系や器官ができたことが大きいと思います。同じ形態と機能をもった細胞の集団が組織です。大型化した個体の生活は、分化されたはたらきが大規模化されることによって実現されました。植物の場合は、光合成以外のはたらきをする非同化器官に顕著にみられます。光合成の場合は個々の細胞のはたらきの単なる集積として個体の生活に応えることができますが、支持機能や通導機能はたくさんの細胞が組織化されてはじめて、個体の生活に対してはたらくことになります。維管束系はそれに応えています。表皮組織も同様です。葉全体を被うということは細胞の個々のはたらきではなく、組織的なはたらきです。

七、植物の繁殖と性・雌雄性の起原

クラミドモナスの性

これから植物の性について雌雄性を中心にその実態と歴史を紹介していきたいと思います。雌雄性の発達も植物の進化の上で重要なことでした。性といった場合には、四つのことを考慮しなければなりません。そのうちの二つについて植物の場合どうかということを述べていきます。その四つとはつぎのことです。

(a)生活史のある時期に二つの個体が接合すること
(b)接合にあたって、たがいに近づき接触する特別の行動がみられること
(c)接合に関係して雌雄の別があること
(d)雌雄のちがいのなかで、合体と直接関係がない、生活の他のことに関係しているジェンダー（現在は、男女性の社会的なことについてジェンダーといわれていますが、生きもの世界にもそうしたことがみられます）。

まず前にも紹介しましたクラミドモナスの性がどうなっているか紹介します。

クラミドモナスはある時期になりますと、からだにあったべん毛が消えて二回連続して分裂がおこり、四つのからだに分かれます。つづいて四つの個体それぞれに二本のべん毛ができて、自分たちを包んでいた殻を破って泳ぎ出します。こうしてどんどん殖えていきます。からだが小さいので、動物に食べられたり環境変動の影響を受けたりしてどんどん死亡していきます。その反面こうした分裂でどんどん殖えていくことによって、増加と減少の平衡が保たれ、なかまが存続しています。環境変動があった場合に、たとえば研究所で実験的に確かめられていることですが、水中の窒素成分が欠乏するような時になりますと、べん毛が消失したあと、連続して五回分裂して、三二の個体になり、それらが接触しながら性

質の異なるものを選んで接着し、からだのまわりの殻を破って二つのものが合体し、融合します。こうした合体・融合については、受精とか接合などいろいろな呼び名がありますが、ここでは一括して「接合」という言葉をつかうことにします。

接合したもの（接合子《せつごうし》と呼ばれています）は、厚い殻をまわりに覆い、生活しやすい環境に戻るまで土中にもぐって休眠します。環境条件がよくなりますと、二回分裂して四つの個体になり、殻を破りべん毛が生えてきて、それぞれが緑色になって光合成生活をおくることになります。

この生活史のなかで、性に関係している時期は、五回の分裂で三二の個体に分かれるところからです。中心となるところは二つのものが接合するところです。性質の異なる個体が接合することを生物学では「有性生殖」といっています。生殖というのは、自分と同じものを増やすことですが、ただ分裂して増える場合は「無性生殖」というように呼んでいます。それに対して有性生殖は、接合がともなう生殖という意味です。接合前に分裂して殖え、接合のあとで二回連続して分裂し殖えます。接合は二つのものが一つになるのですから殖えたことにはなりません。その後、研究者は、接合する異なる二つのものに対して、一方はmt+、もう一方をmt−と名づけています。接合にあたって、mt+どうし、mt−どうしは接合しない、mt+とmt−はたがいを選び出して接合するようです。これが性です。

植物の性と雌雄性の実態

植物の性と雌雄性がどのようなものであるかをはっきりさせるために、まず三種の植物の接合と雌雄性について紹介します。アオミドロという糸状につながった植物と、アオサという二層の細胞集団が布のように広がってできている植物、細胞が樹状につながったからだをしているシャジクモです。

アオミドロは、池や水田に生活しています。波の立たない浅いところに集団で生活しています。どちらかといえば、栄養価の高いところによくみられます。ですから、水田などはもっとも適した生活場所といえましょう。

アオミドロは、ある時期になりますと、大体アオミドロにとっての生活環境が悪くなり始めたころですが、糸状の集団となっていたもののなかで近くにあるものとの間に、管状の橋渡しをします（図6－6）。これは二つのからだの両方から伸びていきます。橋渡しが完了しますと、一方の内容物が他方に移動して両方の内容物が融合して接合が完了します。接合でできた接合子は、まわりに厚い殻ができて、糸状のからだから離れて、水底に沈みます。そうして泥のなかで休眠します。翌春になりますと、休眠からさめて、分裂を始めて糸状のからだになります。

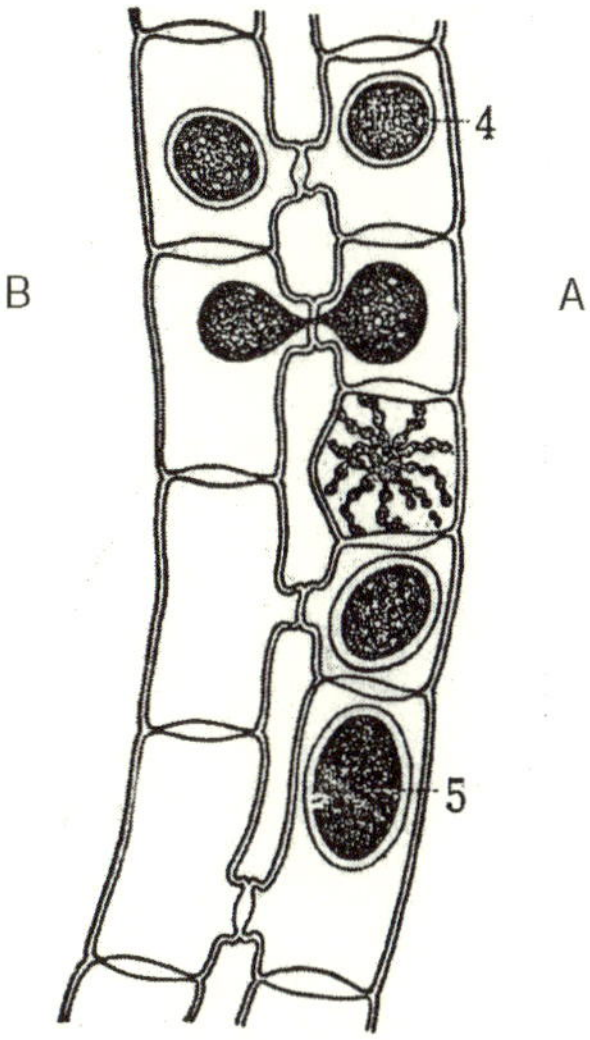

図6-6　アオミドロの接合

接合のための橋渡しが双方から出て、左側から右側へ内容物が移動して、右側で接合が行なわれた（下の5が接合子）。上は非接合。

出典）小野知夫、1951年

アオミドロの接合とクラミドモ

ナスの接合と比べますと、いくつかちがいがあります。接合の橋渡しの役割をする管を出すというのは、接合するものの両方が全体として糸状をしていて、直接接着して内容物を合体させることができないからと考えれば理解できます。クラミドモナスの場合、合体の直前にまわりの殻を取り去るということをしますが、アオミドロの場合はしません。それは殻の内部で接合がされますから、殻が接合の障害にならないからでしょう。このほかにもう一つちがいがありますが、これが重要なちがいです。

それは、アオミドロの場合融合する内容物が一方から他方に移動することです。内容物を受け取って、自分のからだのなかで融合がおこるものと、内容物を渡すだけのものというちがいがあります。このちがいは、クラミドモナスの場合の、mt＋、mt－というような単なる性質のちがいではなく、接合にあたっての役割のちがいです。かりに図のように受け取るほうをA、渡すほうをBとしますと、AとBは、橋渡しをつくる時の役割は同等ですが、内容物の融合では役割にちがいがあります。かりに、どちらがめすで、どちらがおすかと聞かれれば、即座にAがめすで、Bがおすと答えられるでしょう。しかし、クラミドモナスの場合、二つの接合するもののどちらがめすで、どちらがおすかと聞かれたら、答えることができないでしょう。接合する二つのものは、大きさが同じで、接合にあたっては同等です。雌雄の別がないというほかありません。このちがいが何を意味するのか、アオミドロの生殖についてふれておきますと、接合とは別に分裂でも殖えます。その点では、クラミドモナスと同じように無性生殖と有性生殖の両方を行なっています。

つぎにアオサという植物の接合について性、雌雄がどうなっているか紹介します。それから植物一般の問題としての雌雄、性について考えることにしたいと思います。

アオサは、クラミドモナスやアオミドロと同じ緑藻類に属する植物です。からだの構造と大きさは一段進展したものです。二層の細胞の層が布のように平面的に広がったからだをしています。からだが三つに専門分化しています。からだの大部分を占め、光合成で栄養物質を合成する部分が一つ。それとは別にその部分が波など水の流れによってながされないように定着させるものとして、海底の石や硬い土の塊に付着する部分があります。これが二つ目です。もう一つは、光合成部分の縁に生殖の時期になると出現するふくろ状の細胞集団です。なかに生殖細胞をつくり体外に放出する小さな器官ができます。

アオサのからだは、外見上まったく区別できない、三種の個体があります。どれも布のような平面的なかたちをし、緑色で光合成する点でも共通しています。ちがうのは、生殖に関係した部分です。一つは接合に関係しない遊走子をつくるものです。遊走子体と呼ばれています。ほかの二種は、接合するための小さな配偶子をつくるふくろをもつものです。配偶子が大小異なるものですから、二種あることになります。大きな配偶子をつくるものを雌性配偶体、小さい配偶子をつくるものを雄性配偶体と呼んでいます。遊走子体でつくられた遊走子は緑色をして光合成ができ、べん毛があってそれで遊泳します。これが海底の石などに付着しますと球形になり、発芽し生育して配偶体になります。その時におすかめすかのちがいができます。遊走子ができる時におすかめすかが決まるということになります。おす・めすそれぞれの配偶体からできる配偶子もべん毛をもって遊泳し、緑色をしていて光合成をします。双方が出会って接合しますと接合子ができ、それは海底の石などに付着して球形となり、発芽し生育しますと遊走子体になります。

ここで、大きい配偶子をつくる配偶体を雌性配偶体、小さい配偶子をつくるものを雄性配偶体と、生物学者がなぜ名づけたかということを説明しましょう。両方ともべん毛をもって移動するという点では同じです。普通動物の精子はべん毛をもって移動します。卵は運動しません。ということになれば、二種の配偶子はこの点では精子の資格があることになります。大きい・小さいでいえば、卵は大きく精子は小さいことから、どうやら大型配偶子をめすの配偶子、小型配偶子をおすの配偶子と考えたようです。

アオミドロにもおす・めすのちがいがありましたが、アオサにもありました。しかし、おす・めすの定義をするとなると、別の定義になってしまいます。アオミドロのおす・めすは、内容物を受け取るか、渡すかのちがいです。アオサのおす・めすは配偶子が大きいか小さいかです。こうみますと、クラミドモナスは、どちらの定義を採用しても、おすとめすの区別ができません。

もう一つ植物の雌雄性の例を紹介します。それは、シャジクモという沼や湖の水中に生息している植物です。シャジクモのからだは細長い大きな細胞がつながってできています。ところどころに節があって、その節には小さな細胞が輪のように並んでいます。その節から自転車でいえば、スポークのように細長い細胞が伸びています。シャジクとは車軸のことで、車の車輪のようなかたちをしているから、こう名づけられました。

シャジクモでは、その節のところにおす・めす二種の生殖器官ができます。おすのほうは外形が球形で、なかにおすの配偶子がたくさんできます。めすの生殖器官は、全体がパイナップルのようなかたちをしており、まわりの壁にあたるところはいくつかの細長い細胞がらせん状にねじまがるようにくっついてできています。そのなかにはめすの配偶子が一個つくられます。めすの配偶子はおすの配偶子より大きく、べん毛がなく泳ぐことをしません。ずっとめすの生殖器官のなかに留まっています。おすの配

表6-1　4種藻類の雌雄性の差異

	クラミドモナス	アオミドロ	アオサ	シャジクモ
接合するところ	体外	一方の体内	体外	一方の体内
配偶子の大小の差異	ない	ない	ある	ある
配偶子の運動性の差異	双方ともある	ない	双方ともある	一方にはない
受精にあたって相手に向かって移動する方	双方から	双方から	双方から	一方から
雌雄の差異	ない	ある	ある	ある

偶子は小さく二本のべん毛で泳ぎますから、動物の精子・卵と同じです。接合は、精子がめすの生殖器官の先端の入口のところから内部に入り、そこで卵と接合します。接合子は殻に包まれ、土のなかに埋もれながら休眠します。休眠からさめた接合子は、生育を始めてもとの親植物と同じ形態をしたシャジクモになります。

おす・めすの区別を明確にする

おすとめすの区別が明確なアオミドロ、アオサ、シャジクモで定義されたおすとめすのちがいは、クラミドモナスではみられません。現在までのところ、クラミドモナスにはおすとめすのちがいはないということになっています。表6－1のように雌雄の区別をした三種の植物のおす・めすを比較しますと、シャジクモのおす・めすは、アオサのおす・めすと共通しており、さらに進めたものであることがわかります。しかし、アオミドロのおす・めすとアオサなどのおす・めすにはちがいがあります。またアオミドロのおす・めすとシャジクモのおす・めすは似ており、片方が相手を受け入れてもう一方で接合が行なわれます。しかし、このままでは植物の雌雄とはという問いに答えることができませんので、植物だけでなく菌類と動物のおす・めすについて検討することにします。

一つは菌類の一種のピロネマというものです。もう一つはスチロセファルスという微小動物です。

まずはピロネマのおす・めすをみたいと思います。ピロネマは、菌類のなかの、大きくいえばコウボキンと同じ子嚢菌類に属しているキノコです。チャワンダケ科の菌類です。ピロネマは接合の時期になりますと、からだが接近しているものどうしで、その先端にあるふくろから接合のための橋渡しになる管が伸びていきます。アオミドロに似ています。ただし、アオミドロとちがって、その管は片方から伸びていきます。管でつながるからだは、片方が細長く、もう一方は丸みのあるかたちをしています。管は丸みのあるほうから伸びます。こうした現象をみますと丸みのあるほうがおすのようにみえます。ところが、反対の細長いほうから内容物が移動して丸いほうへ渡され、そこで接合がおこります。丸いほうは、内容物を受け取り自分のなかで接合がおこるという点ではめすですが、橋渡しの管を伸ばすという点ではおすというように考えられます。

同じようなことが、動物のスティロセファルスにもみられます。スティロセファルスは、原生動物の胞子虫類に分類されている寄生性の微小動物です。昆虫類のなかの甲虫類の体内で栄養物質を吸収して生活しています。ほかの原生動物のように運動してえさを捕らえて食べ、消化して吸収するというようなことはしません。べん毛のような運動器官はなく、消化器官もありません。胞子虫類は、厚く堅い殻をかぶって休眠する時期が生活史のなかでみられ、接合の時につくられる配偶子以外には運動しません。その運動性を身につけた配偶子に、おす・めすを考える上で奇妙なことがみられます（図6－7）。接合する配偶子は、大きくて運動性のものと小さくて運動性のないものとがあります。接合は、運動性の大きなほうがそのべん毛をつかって泳ぎ、小さいものと接するとそれを体内に取り込むというように接

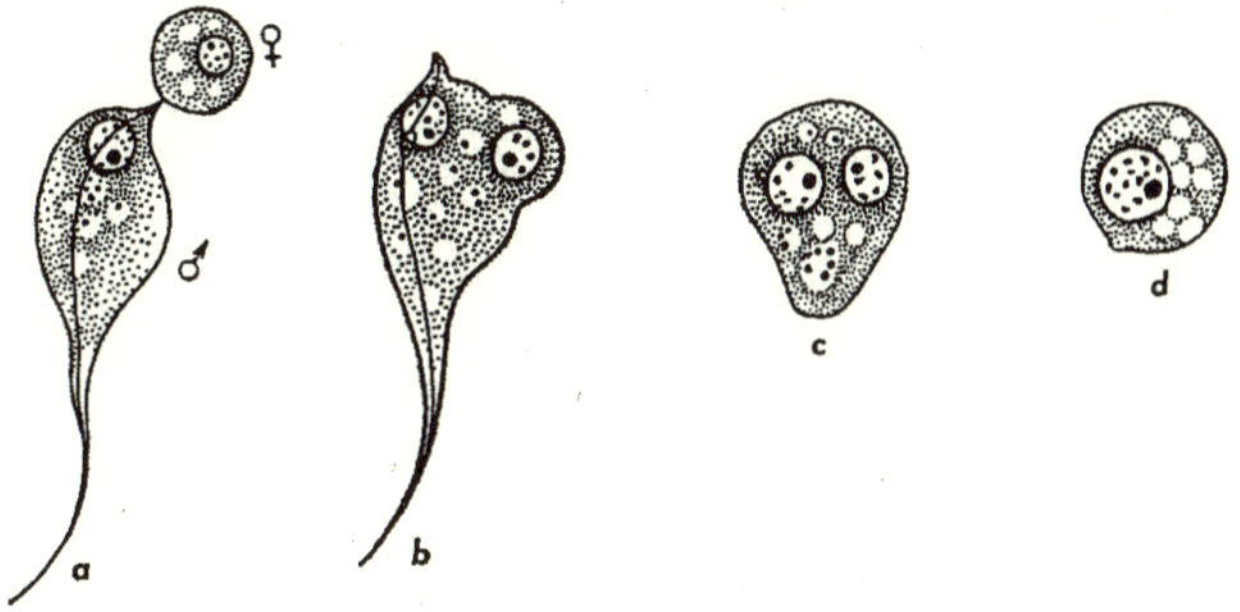

図 6-7　原生動物のスティロセファルスの接合

大型の方がべん毛をもって小さなほうへ近づいてのみ込むように合体する。
この図は、Austin が Legér と Duboscq　の論文にあったものを書き直したもの。
大きく動くほうをおす。小さく動かないほうをめすとしているが、筆者はこの考えかたには反対である。

出典）Austin、1972 年

合します。運動性という点では大きいほうがおすで、小さいほうがめすとみることができます。また大きく、相手を取り入れるという点では運動性の大きいほうがめすということになります。

このスティロセファルスの雌雄性を論じた Austin さんという研究者は、大きくて運動性の大きいほうをおすとしました。ピロネマのおす・めすについて述べておられる前川文夫さんは、橋渡しの管を伸ばし、相手から内容物を受け取るほうをめすとしています。同じような現象をみながら、おす・めすの判別は反対でした。判別する基準が二人の人によってちがうからだと考えます。Austin は、接合にあたって能動的かどうかを基準にしたと考えられます。前川さんは、どちらで接合が行なわれるかということを基準にしたのではないかと思います。

まずはっきりさせておかなければならないことは、接合についてどちらが能動的であるかというのは、私が提示しました性に関する課題のうちの三番目のことです。大きいか小さいか、自分のなかで内容物の融合があるのかどうかはそれとは別のことについてのちがいです。これは、性をめぐる別の役割です。ですから、これを整理しないでものごとを判断しますと、混乱が生じます。両方のはたらきを混ぜて、それを基準にして雌雄を考えることによって生じた混乱です。基準を二つに分けて、別々に考えれば、混乱は消えました。植物の立場から前川説を採用することにしました。それは大事なはたらきに気付いたからです。

自分のほうで相手の内容物を受け取り、自分のなかで融合するということは、同時に接合したものが自分から独立して離れるまで保護したり養育したりすることになるということです。大きい・小さいのちがいも、大きい方が接合したものの生存、生育にとってより大事な役割を果たすというようにみることができます。陸上植物においては、めばなの子房のなかで接合が行なわれたあと種子になりますが、接合子から種子になるまでの生育を支えているのはめばなです。動物の卵と精子も、生殖に関係したはたらきが進化していくにつれて、大きさに差がはっきりしてきます。ニワトリの卵と精子とでは大変な差がありますが、卵のなかにふくまれている卵黄やまわりにある卵白も、すべて卵巣や輸卵管でつくられたものです。このような豊富な栄養物質がめすのからだから供給され蓄えられているからこそ、ヒヨコになるまで、卵は栄養物質を外から得ることなく生育できるわけです。

このようにみれば、雌雄のちがいは、接合を確実にするということとは別の、接合子の将来（生存と生育）にとってどちらがより重要な役割を果たしているかという判断基準でとらえるべきで、接合子の将来にとってより重要な役割を果たすほうがめす、そうでないほうをおすとみるべきでしょう。このような考えかたに立てば、性と雌雄性とはちがうということがはっきりします。性は、そこから雌雄性というあらたな性質を生み出しましたが、それ自体は、合体により同じ生物として性質の異なるものの間で成立します。異なるものの間で合体を行ない、アオミドロやシャジクモのように悪条件の時期を休眠して耐えるものをつくる、あるいは分裂で殖えているうちに老化現象が起こり始めた時に接合によって若返りする、という意味が性にはあるのではないでしょうか。

おわりに

前章とこの章で、植物世界の進化的形成過程の概略を紹介しました。その中でつくづく思うことですが、進化というのは、じつに不可解なところがあります。それは偶然的な、二度と起こらない小さな変化が植物世界を大転換するような進化につながる場合があるということです。非細胞性（単細胞）植物から細胞性（多細胞）植物への進化は、はじめからそういう方向性があったわけではありません。分裂して二つになったからだができて、それが離れて繁殖するところを、なんとなく離れないで接着したままの状態になったということが最初の変化です。原核生物から真核生物への進化も同様です。ある生物のからだのなかに別の生物がはいり込んだことが最初の変化です。それは、構造の複雑化、機能の高度化とはまったく関係のないことです。

今回はまったくふれませんでした植物の起原も同じようです。光合成の電子伝達系の始まりは、呼吸によるエネルギー取り出しの異化で水素が遊離した時の、その処理反応という変化として生まれたようです。酸素呼吸が生まれたのも、光合成によって発生する酸素分子はほかの物質と反応する性質が強く、生物にとってはたいへんな毒物で、その処理の物質変化ができたことが最初のようです。呼吸のTCA回路の物質変化も、解糖の物質変化も、そして光合成の暗反応の物質変化も、生物体内の個々の物質反応が少しずつつながっていくうちに生まれてきたようです。最初から呼吸や光合成の物質系をつくるという方向性があったわけではありません。その意味では、さまざまな物質があって、多様な生物が生存して、それらが相互に複雑に作用しあうということが進化の方向性を生み出す重要な基礎になったとみることができます。

七章　農村と植物・人間——植物、人間と語る　その一

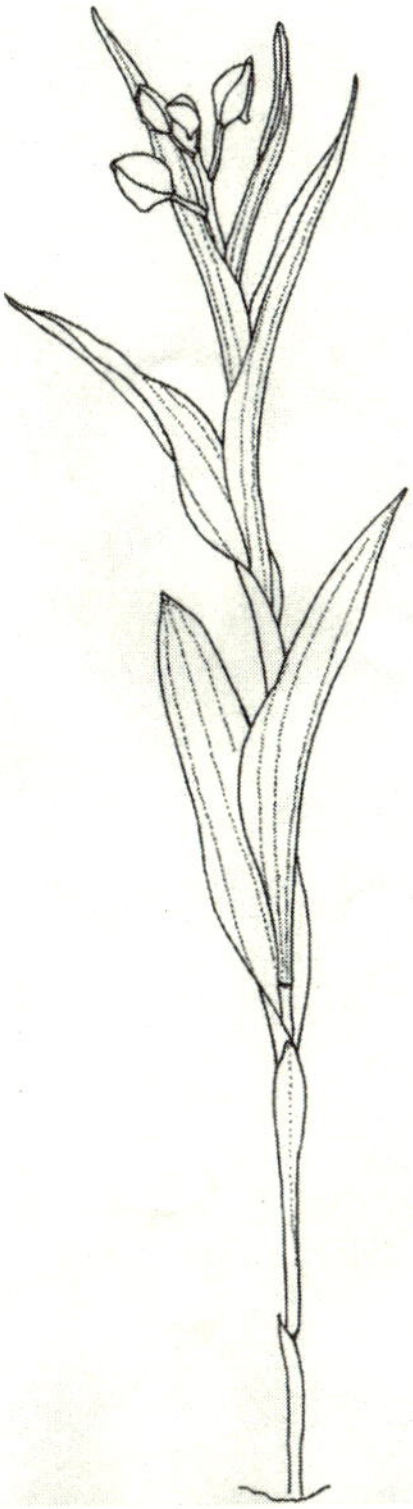

クロモジ これから、私たち植物と人間のみなさんとの関係について、三回に分けて話し合いをしたいと思います。目的は、私たち植物と人間のみなさんとの間に深い相互理解を実現させるということです。最初に農村における人間と植物との関係に目を向けることにします。みなさんにとっては大変な驚きとなるでしょうが、私ども代表が冒頭、「人間が農耕生活するようになって、私たちは受難の時代をむかえた」と言っています。もちろん私も同感ですが、このことを一つの鍵ととらえてお読みいただければありがたいです。

一、農耕生活をめぐって

農耕自然における植物

ひと：何から始めましょうか。
くさ：農業からで、いかがでしょうか。
ひと：農業ですか。いいですね。人間の自然との関係からいいますと、われわれにとっては一つの典型だと思っていますから。
くさ：そうですか。私のほうからも、思っていることをはじめに申しますと、みなさんが農耕生活を始めたところで、私たちは受難の時代に入ったと言ってよいと思っています。
ひと：農耕をめぐって、まったく反対の評価が下されているというのは、きびしいことですし、心配

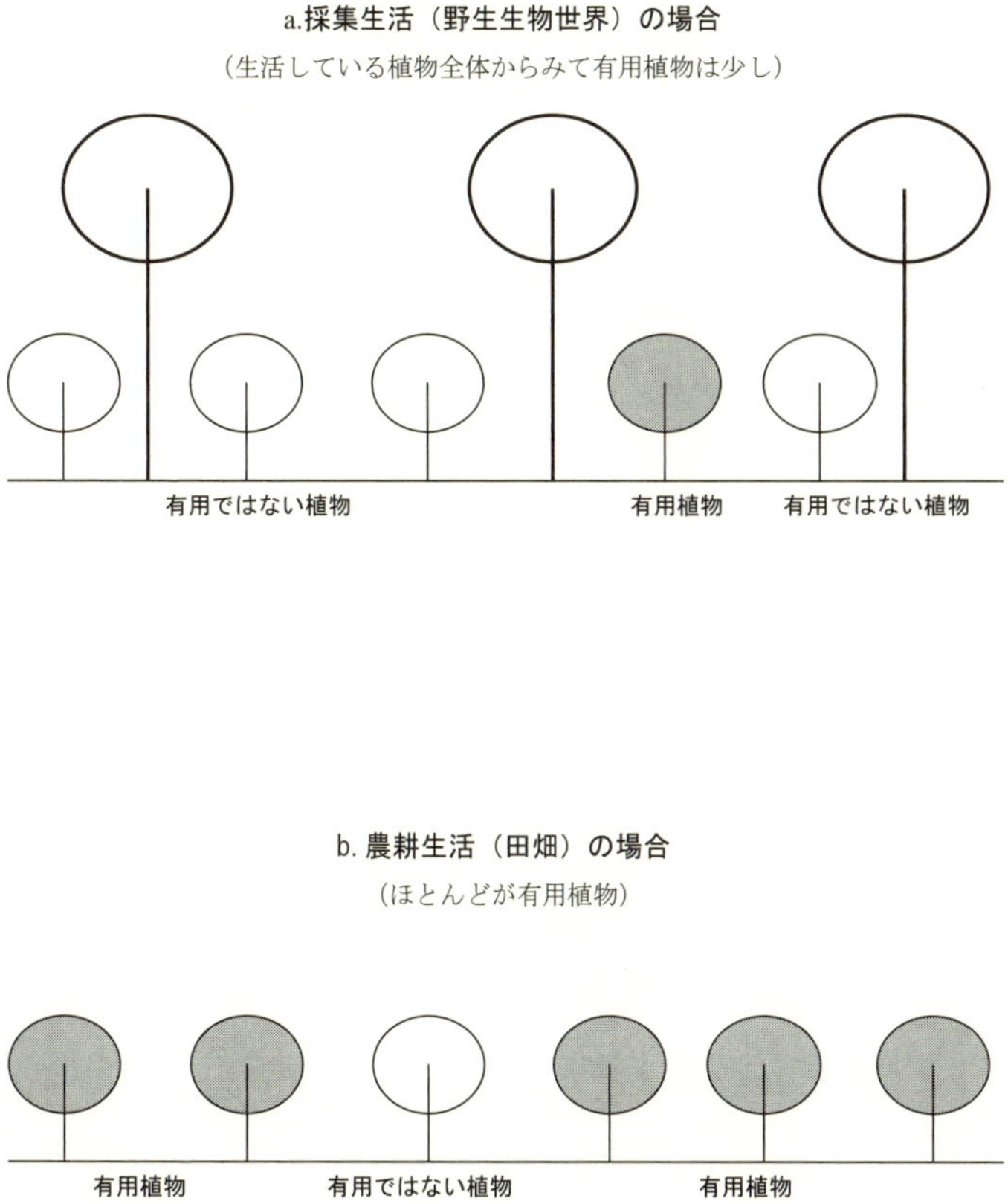

図 7-1　野生世界と田畑のちがい

出典）岩田、2008 年

なことになるのではないかとも思いますが、私たちと植物のみなさんとの関係をはっきりさせるには、ちょうどよいテーマかも知れませんね。それでは、私のほうから先にお話することにします。

まず二つのことを申し上げます。農耕というのは、食糧獲得という面から言いますと、採集狩猟生活と比較して二つの特徴があります。一つは、同じ面積の土地で、農耕のほうがはるかに多い食糧が獲得できるということです。田畑というのは一面作物が繁茂しています。それに対して、採集生活の場合は、同じ面積でも、利用できるものと利用できないものがいろいろ入り混じって生えていて、食物として得られる植物はそのなかのほんのわずかであるということです（図7－1）。

二番目のことは、採集狩猟生活のほうは、特別に管理のようなことをしないで、食物となるものを採取して、そのあとは放置して自然な回復で再び食物が獲得できるように復元しています。田畑の場合は、放置したら田畑ではなくなって草原になってしまいます。田畑は人間のはたらきかけがあって田畑になるというものです。これは、人間と自然との関係からいえば、もっとも人間らしいありかたが具体的に現われていると思っています。

くさ：二番目のことを具体的にもう少しくわしくお話していただけませんでしょうか。放置すると田畑ではなくなってしまうというところ。

ひと：田畑というのは、作物の種を蒔いたり、苗を植えたりする前に、耕したり肥料を与えたりするでしょう？　そうしないと水田や畑になりません。草取りもしますし、害虫を除くということもします。放置しますと、畑などはすぐに草ぼうぼうになってしまいます。ずっと手入れをしないままにしますと、林にもなります。第一章の遷移のところで述べられていることです。

くさ：それが人間の特徴が具体的に現われている、というのはどういうことですか。
ひと：人間の特徴は、自然をただそのまま利用するのではなく、自然に対して意図的にはたらきかけてつくり変えて、自分の利用しやすいようにして利用するというところにあります。採集狩猟時代というのは、それが植物採取や狩猟の道具づくりに留まっていますが、農耕生活時代になりますと、道具だけでなく、環境も自然のままでなく、われわれ人間がつくりかえ、管理して生活しやすいようにしています。つまり、人間が生活する世界を自分でつくりかえているということです。
くさ：農耕の「栽培する」というのと、そのこととは同じなのですか。
ひと：そうです。栽培するというのは、作物が育ちやすい環境をつくるということです。育つのは作物自体です。人間が植物になりかわって育つなどということはできません。育てるといいますが、われわれのすることはその手助け程度のことです。繰り返すことになりますが、環境づくりにすぎません。
くさ：しかし、そのことが私たち植物にとっては重大なことだったんです。その前にもう一つ、環境づくりといいましたが、あなたがたは作物それ自体も変えていますね。
ひと：そうですね。育種とか品種改良といっています。しかし、あれは人間が変えたのではなく、植物のほうが変化したのを見つけて、そのなかから作物として適したものを選び出して栽培しただけです。ただし、遺伝子操作などになりますと、たしかに人間が変えたといえますね。
くさ：私たち植物の立場からみてみますと、農耕というみなさんの営みは、重大なことだったのです。まず田畑をつくるのに、自然の林や草原を破壊しました。日本の農村の景観をみますと、まず川沿いの低地と台地の境界のようなところが破壊されました。

ひと：そこのところは、私たちがしたことですから、私のほうで説明します。

今お話しの台地と低地の境界の斜面のところですが、立地条件としては、水田をつくる低地が近いということが理由です。そこに家を建てるというところから村開きを始めました。最初は掘立小屋のようなものでした。多分最初の一年はすぐに米づくりをしなかったかもしれません。まわりの森林を伐採し焼き払い、焼畑農業をしたのではないかと思います。一年のうちに収穫できますから。木を切り倒して燃えるように整理したあとで火をつける、燃えつきたら燃え残りを整理してすぐ種蒔きをする、そうすれば秋には雑穀などが稔って食糧が得られました。たしかにそれまであった自然が大きく変わりました。森林が畑や屋敷に変わったわけです。

焼畑農耕

ひと：たしかに、そこで生活していた生きもの世界は絶滅するものが出ました。初期の段階の焼畑農業は、農業技術としては焼き払って無植物地帯にする、競争相手の雑草を除去するところに目的がありました。畑づくりというのは、単純化して考えれば環境を変えることですし、作物の競争相手をなくすことがもっとも重要なことです。

くさ：そうです。そうして人間のみなさんは、自分たちの都合のよいものだけは残して、それ以外の植物は除去して、作物だけの単純な植物世界に変えてしまいました。私たち植物からみれば、大変な差別、選別ですね。作物が芽を出す前だけでしたら、裸地で生活しやすい優勢になる植物が繁茂できるのですが、それすらも除いています。
ひと：焼畑農業の時代は、あまり雑草除去はしなかったようです。
くさ：問題は、田畑だけではなかったことです。人が住む住宅や屋敷はともかくとして、そうしたものを包むようにあった林までも変えましたね。
ひと：里山林のことですね。たしかにそうです。初めは、自然のままの林を切り払って、木材としてつかったり燃料としてつかったりしましたが、そうした自然林を利用する段階が過ぎると、木材や燃料に適した樹種を植えて、用材林や薪炭林といわれる、利用しやすい林に変えました。

農村と生物多様性

くさ：ススキなどの草原にも変えましたね。
ひと：そうです。屋根の材料、肥料、家畜の飼料に利用するススキなどの草は、林のなかにも生えていましたが、それだけでは不足しましたし、林のなかでの草刈りという作業は大変でしたから、林とは別に、自然林を伐採した裸地をススキなどの草原へと遷移を進めて、それ以後は刈り取りや火入れによって遷移がさらに進行するのをおさえていました。
もう一つ付け加えて言いますと、里山や谷津田など、農村は生物多様性という点では重要な意味をもっていますが、その点についてはどう思いますか。
くさ：たしかに、みなさんのなかには、とくに植物の研究者に多いのですが、生物多様性保全の点で農村の自然に注目している人がいますね。しかし、それについても私たちは異論があります。

ひと：生物多様性保全というのは、私たち人間にとって環境保全という点で重要な意味をもっているだけでなく、植物のみなさんにとっても意味があると思うのですが。

くさ：問題というのは、農村にみられる植物が、進化のなかでいつどこで誕生したかといいますと、田畑ができてからの進化で生まれたわけではなく、それ以前に出現したものであるということです。田畑ができる以前に生活できる環境があったから、そういう環境のなかで生き続けてきたわけです。本来の生活環境は人間の手の加わっていない野生世界です。今は農村の植物になっていますが、本来の生活環境としてのそうした野生環境は、田畑をつくり出すなかで破壊されました。彼らは一度絶滅の危機に遭遇しましたが、田畑に環境としての必要な生活条件が備わっていましたから生存できたわけです。つまり、田畑やその周辺は代替環境であるわけです。重大なことは、田畑をつくるために自然が破壊された時に、そこで生活していた植物の多くは、田畑やその周辺の自然が代替環境とはならず、絶滅したことです。それから、かりに田畑やその周辺部に生存できているとはいっても野生環境とはちがい、植物の生きかたにちがいが出ているはずです。

くさ：森林総合研究所の阿部真さんという人が興味深い研究をされています。林縁によくみられるニワトコという低木は、森林内では多年生の草になっているようです。森林の高層木が倒れた時に明るい空間ができますと、林縁のものと同じように低木になって生活するようです。森林内で多年草でいるというのは倒木待機中の生きかたのようです。それでわかったのですが、ニワトコが人間によってつくられた林縁になぜ生活するのか、これも代替環境なんです。

ひと：私も林縁が人間によってつくられる前は、林縁植物はどのような環境のところに生活していたのか考えたことがありまして、がけ崩れその他の崩壊地、洪水で破壊される川原などを想定していましたが、倒木後の明るい空間とは気付きませんでした。

くさ：続けますが、生きものはその生活環境とともに、生きものを主体として「主体―環境」系というものをつくり、生存しているわけです。環境が変われば生活も変わります。同じ種類の植物であっても、野生世界で生活しているものと農村世界で生活しているものとでは、生活がちがうのです。それから田畑が現在のように整地され変化が乏しくなれば、全体が一様となり種内の地域個体群の多様性という点ではあまり良好とはいえません。

ひと：しかし、農村があるからこそ、そうした問題があっても、種多様性に富んでいるということはいえると思いますが。

くさ：それはあなたたち人間が破壊したことに責任をとらないいいわけにすぎません。農耕の容認を前提としてのことです。私たちは、そうしたことを認めるわけにいきません。

ひと：しかし、私たち人間の自然へのはたらきかけが多様であるために、みなさんにとっての環境が多様になったということが生物多様性の上で重要な条件を提供しているとはいえませんか。

くさ：具体的に説明してくれませんか。

ひと：里山林でいいますと、伐採しますと森林から草原に戻ります。そして再び植物遷移が草原から始まります。薪炭林の場合は、十数年単位でそうしたことが繰り返されておりますし、しかもそうした場所は、その地域の里山林全体からみれば小面積に留められて、毎年順々に伐採されるところが移動していきます。里山全体がモザイク的に遷移の異なる段階のものの集まりという多様さがみられます。焼畑も同様です。これは五年くらいで栽培はおわり、放置されて遷移が進行します。その間は別の場所を焼き払って畑にするということをします。畑や田んぼというのは、一年の半分は人手を集中させて作物だけの植物世界にしておりますが、残りの期間は放置することによって遷移の初期段階がみられます。こうして農村の生物多様性の保全は、人間のはたらきかけの多様さも一つの要因になっていると思います。もし人間のそうした管理が止まれば、すべては均一な森林に変化して多様性は失なわれると思います。

くさ：その考えは明らかに誤りです。安定した極相林の高齢木の倒木などによってギャップができることの代替行為にすぎません。それが管理されなくなると消えて一様になるというのは、人間のみなさんがこれまで河川の氾濫、低地一面に広がる洪水や斜面の崩壊といった自然な攪乱を止めるためにされた整備、整地が、地形その他を一様にして、その結果、環境の多様性が失われたのです。川に堤防をつくったり流路を変えたりして、みなさんが自然災害を受けないようにして、住みよいように、農作業がしやすいように土地整備をされた結果、環境が単純になったとみるべきではないでしょうか。

もう一つ、野生というものをどう考えられるかということがありますが、これはあとにまわして別の問題に移りませんか。

寺社林

ひと：農村の自然に関係して寺社林というのをどうみていますか。私たちはあそこに自然な森があると考えていますが。鎮守の森といって、一つの自然の理想像のようなみかたをしている人もいます。私はそうは思っていないのですが。

くさ：それはどういう意味ですか。人間の立場からみた理想像という意味ですか。それとも自然なままの姿という意味ですか。

ひと：人間の立場からです。人間の自然に対する畏敬の念から生まれた理想像を具体的なものにしたという意味です。

くさ：あなたが「そうは思わない」といわれたことについてはどうですか。

ひと：寺社林すべてがそうではないというのが一つです。寺社林を自然のままのものに近いと誤解している人もいますが、私がみたいくつかの神社林は、ほとんどが人間の勝手な思惑で手を加えているという感じがしています。どんどん切り払ったり人工的に木を植えたりして、自然林からほど遠いものになっているものが多いということです。

くさ：その点では、私も同感です。

植物がなぜ人間との関係をみるのか？

ひと：もう一つ、理想的な自然像がどういうふうに形成されたのかが、ありますね。自然のままのものを理想像にしているのか。それとも観念的につくり出して、それに近いものを実際に具体化したとか。

くさ：そうしたことは私たちにはわからないことですが、つまり私たち植物にとってどうかということが重要なのです。ですから、寺社林も私たち植物が本来の姿であるかということが、判断の基準になります。「本来の」という意味は「野生の」という意味です。

ひと：しかし、今は人間の時代です。人間がどう思っているかが自然の未来を左右するという状況にあります。人間の理想の自然像というものにも関心をもっていただいて、誤りがあれば正してほしいですし、みなさん、植物の立場から容認できるものがあれば、そういっていただけるとよいのですが。

くさ：そうですね。そのとおりだと思います。そうしますと、私たちからみますと、寺社林というのは、ほかのところよりは緑がたくさんあるという意味では、植物にとってもみなさんにとってもよいのではないかという程度のことしかいえません。威厳のある印象を受ける森といっても、高く太い木が生えているだけで、足元の林床といわれていますところはきれいに草取りがされていて土がむき出しになっているとか、高い木だけで低木などはないところとか、人間の好みからつくり出したものが多いですね。しかし、自然崇拝がもとになっているところでは天然の林が保存されているところもないわけではありません。寺社林一般をどうみるかということになりますと、なんともいえません。

ひと：その点では、同じ考えですね。私がみたところでは、社殿や拝殿を建てかえる時につかう用材を調達する林があったり、供物とするサカキなどを植えてあるところとか、境内の拝殿より前は桜や楓など植えてあって、観賞用につくっているところもありました。

くさ：たしかに自然林に近い寺社林などみますが、それはごく一部であって、繰り返しになりますが、

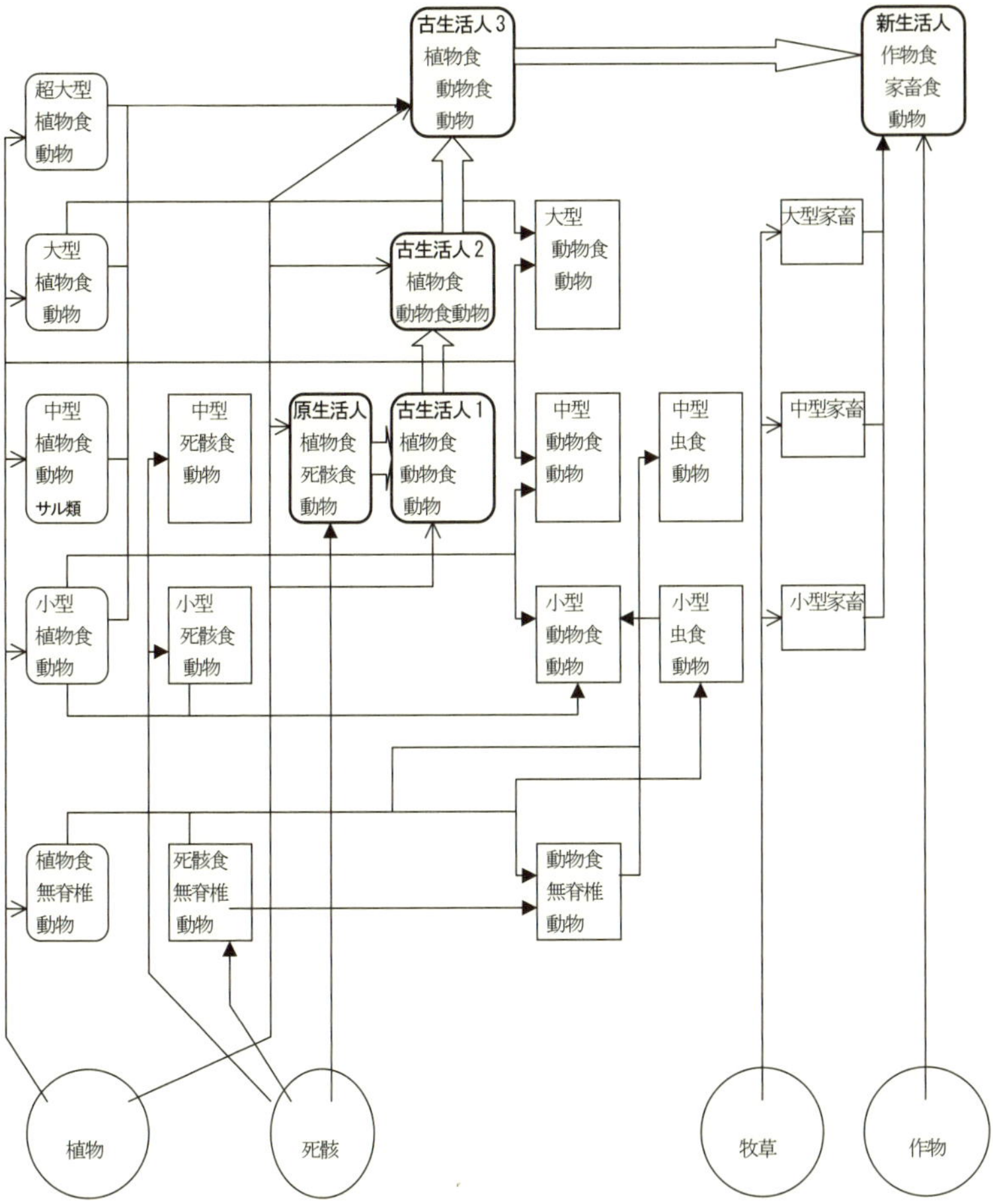

図 7-2　人間の進化にともなう生態的地位の移動

出典）岩田、2008 年

植物の側からみますと、ほかの場所より植物が多くみられるところという程度のことしかいえません。

ひと：それでは、つぎの話題に移りましょうか。何がよろしいでしょうかね。

くさ：もしよろしければ、私たち植物が人間のみなさんのこれまでをどう見てきたのかということをお話ししましょうか。

ひと：ぜひそれをお話しください。

人間、まず奇妙な生きものとして

くさ：いくつかありますが、順にお話することにします。
　まずみなさんが人間になった時のことです。

ひと：それはいつのことですか。

くさ：とりあえず、採集生活から採集狩猟生活へ転換した時です（図7－2）。その時「変な動物が現われてきましたね」といいあったものです。

ひと：変なというのはどういうことですか。

くさ：これは私たち植物よりも動物のみなさんが強く感じたことです。見たところ強そうではないのだけれど、やられてしまうということをよく聞きました。

ひと：それはよくわかります。道具の問題でしょう。

くさ：それはあとでうかがうことにしまして、私たちが感じたことを申します。

まえおきが長くなりますが、お許しください。私たち生きものがまわりの世界をみる場合の基本は、ここで生きられるかなということです。あるものが近付いて来た時に、それが敵か獲物かの判断しかありません。どちらでもなければ無視します。同じ傷害があっても、葉を昆虫に食べられた場合と人が千切った場合とでは、私たちの反応はちがいます。人に千切られるというのは、予知できないことですから、「あっ、やられた」というだけですが、長い付きあいでいつも食べられている昆虫の場合は、天敵を呼ぶような物質を発散するものがいます。

動物のみなさんの場合は、相手の全体をみて判断するというより、目の位置やからだの大きさを瞬時にとらえられますし、相手が自分に対して何をしようとしているかもわかります。それからからだの大きさ、動きのすばやさなどが気になります。大きなからだをしたものが、じっとこちらをみながら、すばやく動くといった場面では、ひどく緊張します。こうしたことと、鋭い爪や牙があるかということが、相手が自分にとって重大な存在かどうかを判断する決め手となるのです。

こうした判断基準からしますと、みなさんは目の位置が高いということだけが用心しなければならない判断材料です。

ひと：直立二足歩行だからですね。

くさ：あとはあまり問題になりません。からだは中型、動きは鈍い、牙も鋭い爪もない。これだけですと、怖れる必要はないと判断するでしょう。ところが小型哺乳類だけでなく同じからだの大きさの中型のものもやられました。これは奇妙な動物というほかありません。

ひと：道具です。それから共同狩猟です。この二つが狩猟、生きた哺乳類を捕える生活を可能にしました。それが今日のわれわれに繋がる第一歩だったんです。記念すべき時代です。

私たちの祖先は、住んでいた東アフリカ地域で地殻変動にともなって気候変動がおこり、森林からサバンナに変わっていった頃、他の霊長類から分かれて、サバンナ生活をするようになりました。その頃は植物と昆虫の採取と哺乳動物の死骸あさりで暮らしていました。それが狩猟という食物獲得方法を身につけたんです。私たちにとって画期的な事件を奇妙な動物の出現ととらえられたのは、慧眼というほかありませんね。狩猟の実現というのは、道具の発達を加速させ、関連して頭脳と手と二足歩行が急激に発達しました。それ以前を、私は原生活人時代、採集と狩猟を結合させた時代を古生活人時代というように区分しています。

人間、驚きの存在

ひと：それで、つぎに注目されたことは何ですか。

くさ：驚きです。不安もありましたが、それほど強くは感じておりませんでした。

ひと：驚きですか。それはどういうことですか。

くさ：世にも不思議な動物が現われたということです。これまでみたことのない動物の出現です。からだの大きさが変わることなく、生態的地位をどんどん変えていったことです。からだは進化のなかで変化しなかったわけではありません。しかし、その生態的地位を変えるほど大きな変化ではありませんでした。

ひと：生態的地位の変化というのは、捕えて食べる動物の種類が変わったことですね。

くさ：それだけでなく、敵の種類が少なくなったこともそうです。食物連鎖のなかで食う・食われるの関係が変化したことです。今まで捕えることのできなかった動物を捕えることができるようになり、今まで自分を捕えて食べていた動物に食べられなくなったということです。

はじめは、小中型動物だけが獲物でしたが、大型動物も食べられるようになり、ついにライオンのような大型狩猟動物も手出しができなかった、ゾウやサイというような超大型動物も捕えることができるようになったということです。このことで、逆に大型狩猟動物も敵ではなくなりました（図7－2）。

ひと：基礎になっているのは道具の発達です。道具が発達すれば、からだそのものは強力にならなくても、より大きな動物を捕えることができるようになります。

くさ：それと関係して、もう一つ重要なことがあります。ある意味で生物界のおきてみたいなもの、法則性というのでしょうか、それを超えるようになったということです。

普通動物は、個体数が増えすぎるとえさ不足になって、餓死者が大量に発生して個体数が大きく減少してえさ不足が解消されます。こうしてえさの充足状況との関係で、個体数は増えたり減ったりしながらもある数のところで維持されて、種は存続しています。ところが古生活人時代になってから、人口が増えても食べものの種類や量を増やすことで、さらに人口を増加させていきました。

動物は、相手を限定して食物連鎖の関係を結んで、その枠内で「個体数―食物量」の関係が決まっています。この関係がくずれれば餓死するほかありません。ところが、人間は食物連鎖の関係の相手をつぎつぎに変えて、「人口―食物量」の関係を固定しませんでした。

この二つのことは、生物界の常識をこえることです。ですから驚いたのです。私たち植物にも被害が及びました。毒をもっている植物は食べられることはないだろうと思っていましたのに、毒抜きの方法を考え出しました。また地中深くもぐっていた球根や芋も掘り出されました。もっともこれはずいぶん前からのことです。

人間、恐るべき存在

ひと：ところが、そのことが間もなく重大な問題を惹き起こすことになりました。そうやって食物となる動植物の種類と量を増やしながら、人口増加に対応しておりましたが、超大型動物までも食べられるようになって、さらに人口が増加した時に、それに対応するだけの捕える獲物がいなくなったのです。

生活範囲もホモ・エレクツスの段階になりますとアフリカ・ヨーロッパ、アジアまで広げ、続いてホモ・サピエンスになって地球全域に拡大しました。しかし、それぞれの地域では食べもの不足に見舞われ、餓死者が続出するという深刻な状況が訪れました。それを農耕生活への転換によって切り抜けることができました。

くさ：そして、私たちにとっては、驚きの時代から受難の時代が生まれました。

ところで、作物の栽培というのは、採集狩猟生活が危機的になってから生まれたのですか。それともそれ以前から発明されていたのですか。

ひと：よくわかりませんが、危機的状況になってからではおそいと思いますから、採集狩猟時代に生まれたのだと思います。しかし、その頃は採集狩猟でちゃんと生活できていましたから、生活のなかで重要な位置を占めることはなかったとみています。

くさ：サル類から人類への進化的な転換で大事な意味をもった道具の使用も、サバンナに移住する以前、森林生活時代に身についていたことですね。

ひと：そうです。ただし不可欠ではありませんでした。現在のチンパンジーでみられますように、同じ群れのなかに道具を使えるものと使えないものがいましたし、道具を使うものがいる群れといない群れがあったと思います。それが人類になるところで道具が重要になってきて、道具なしには生活が成り立たなくなるような生活に変わったということです。

くさ：その段階では、奇妙ではあるけれども普通の動物並みのあらたな動物が現われたというものでしたが、生態的地位の変換をみせた段階で普通の動物を超えた動物になり、驚異にみえ、農耕生活をするようになって脅威の存在となったと、私たちはみております。

まとめ

ひと：どうすればよいとお考えですか。

くさ：その答えは明白です。採集狩猟時代に戻ってほしいということです。その時代でしたら、みなさんは、自然の回復力に委ねて、食糧その他を得ることになります。とりすぎて回復力が弱まれば、あなたがたは採るのを手控えるでしょうから。

ひと：ほかの動物と同じになれ、ということですね。
くさ：そうです。採集狩猟生活というのは野生生活です。
ひと：しかし、そうしたことは無理です。地球上に生活している人間がすべて採集狩猟生活することは不可能です。たちまち自然破壊が広がって、人間は大きな打撃を受けて、取り返しのつかないことになります。

野生生活だけはできないことですが、そのことを除いて、どのようなことを望まれますか。
くさ：野生生活をしている人がいますね。少数になりましたが、現在でも採集狩猟生活をしている人たちがいます。それらの人たちの生活をきちんと保障してください。それから、これ以上野生世界を破壊しないでほしいです。
ひと：農耕生活についての要望はありませんか。
くさ：栽培の工業化が心配です。このまま栽培の工業化が進めば、農村はなくなるような気がします。それぞれの地域においてその地域の環境と作物・家畜の生育区域の環境を隔絶しないことです。ビニルハウス、温室栽培が、地域の自然との関係を断ち切る最初だったと思います。現在の畑をみますと、ビニルハウス、温室以外は荒廃しているといってよいと思います。

八章　都市と植物・人間——植物、人間と語る　その二

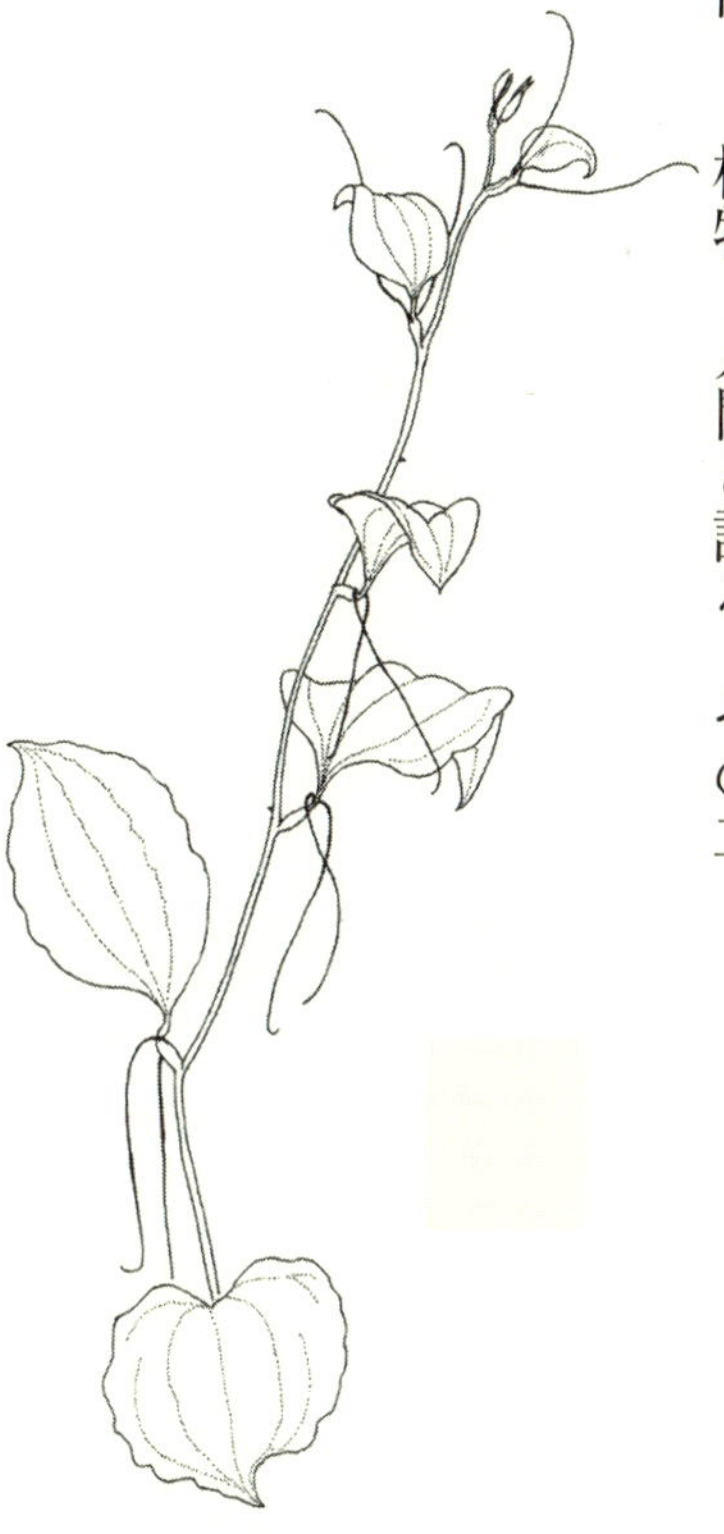

クロモジ　私たち植物と人間のみなさんとの対談の二回目としまして、都市における植物と人間という課題について語ってもらいます。都市というのは、私たちにとっては一番遠い位置にあるもので、あまり興味はないのですが、マイナスの意味において関心をもたなければならないと感じていました。ほとんどみなさんの考えをうかがうことになりましたが、それでも私たち植物の代表には、人間のみなさんがそういう考えかたをしているのだったら、こういう考えかたもできるのではないかというかたちでの発言があります。大部分は都市そのものではなく、都市のなかにつくる公園のありかたについてに終始しましたが、それを通じて都市と人間、生きものの関係が論じられたのではないかと思います。

一、ある都市公園構想

都市のなかの自然公園

ひと：つぎの問題として話しあいたいことは、都市と植物についてです。都市というのは、あなたがた植物にとっては困ったところだと思うのですが、私たち人間にとっても、都市とその自然というのは重大な問題をかかえています。ぜひ知恵を借りたいと思っています。なにしろ世界全体をみても、都市民が全人口の半数をこえたといわれていますし、大量生産大量消費、大量廃棄の中心でもあります。

それで、最初に新しい都市公園構想を、私のほうから提示しまして、それについてお話をうかがうというところから始めたいと思いますが、よろしくお願いします（図８－１）。

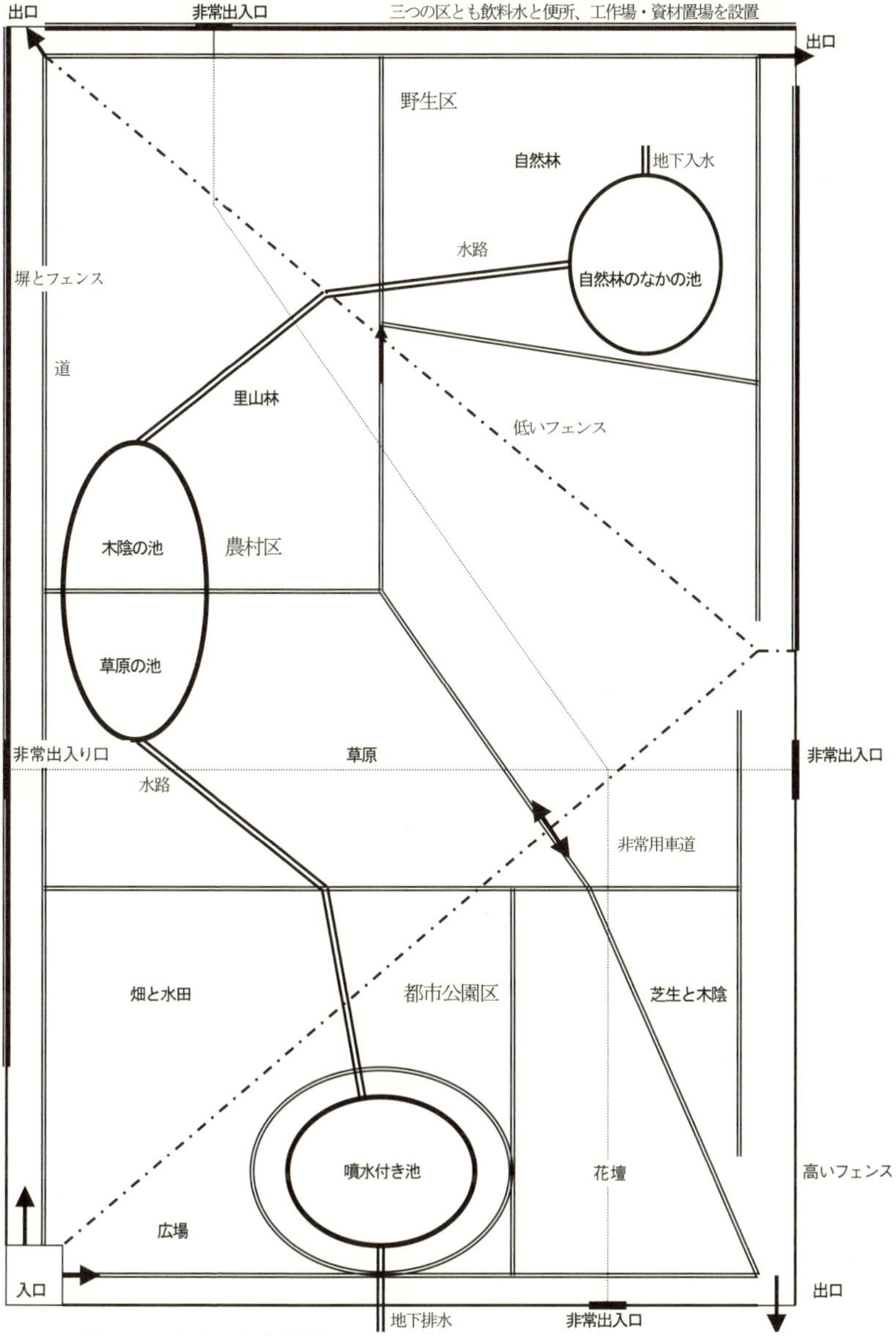

図 8-1　未来の都市公園

出典）岩田、2007 年を改変

これが、その都市公園の設計図です。平面図ですね。普通の都市公園と農村公園と野生公園の三つを隣接したところが一つの特徴といえると思います。いかがでしょうか。
くさ：普通公園といいますと、来た人が景観を観賞したり和んだり動植物を観察したりするところですね。
ひと：そうです。なかで散歩したりジョギングをしたりすることもされているようです。なかには球技場などもあります。しかし、そうしたものとはちがって、市民が少し自然に寄ったところで行動するものを、というように考えて設計しました。

三つの区に分けました。というより、これまでの都市公園にはなかったものを二つ加えました。一つは野生区です。人のはたらきかけが少なくその影響が小さいところです。それから農村区です。人間のはたらきかけがはげしく常に改変されながら、全体としては人間が生活しやすいように維持されているというところです。それから都市区です。道具の集積といわれる環境のなかでの生活をする場所です。

野生区について

くさ：具体的にうかがいたいのですが、三つの区域のなかの野生区ではどんな活動を予定していますか。
ひと：落ち葉をかき集めたり、落ちている枯れ枝を拾ったりするとかということです。
くさ：それでは、野生区とはいえないのではないですか。人の手を加えないというのが野生公園の特徴だと思いますが。
ひと：そういわれますが、国立公園などでも人の手はどんどん加えられていますね。

くさ：国立公園は国立公園であって、野生公園ではないからです。日本の国立公園を手本にして野生公園を構想したら、大変なまちがいになります。
ひと：野生公園では、来た人が何もしないということになりますね。
くさ：それでよいのではないですか。世のなかには人間が手助けをしてはいけないところがあるということを知るのが、野生公園の一番大事な目的ではないでしょうか。それが野生区だと思います。
ひと：整備もしないということですね。
くさ：そうではありません。ゴミの収集などは人間が持ち込んだものだけに限るとか、人が行動する道とか橋とかの整備をすることにします。道の整備といっても、道を倒木がふさいだ場合は何もしません。つまり逆でして、人が長い間通ることによって道が広がったり崩壊のようなことがみられた時だけ、整備するということです。自然公園での整備というのは、人間行為によって改変されたものをもとに戻すということです。自然のなかでの変化には手を出さないということです。
ひと：枯れて倒れかけている大木もですか。
くさ：もちろん放置します。危険だと感じた人は、入って来なければよいのです。禁止する必要はありません。危険を承知で入園した人は、十分注意して行動してもらう、そういう規則をつくって来園者に理解してもらい、納得してもらうようにするというように考えたらいかがですか。
ひと：それだったら、国立公園のなかの自然林で経験すればよいのではないでしょうか。わざわざ都市の公園のなかでそうしたことを体験できるように設計する必要がないと思いますが。
くさ：そうではないでしょう。都市のなかにそういうものがあって、行きたい時にすぐ行けて体験できるというのが、都市のなかの野生区の役割だと思います。身近にそういうものがあるということが、非常に重要なことです。

ひと：なるほど。そうしますと、野生区に外から栽培植物のようなものが侵入してきた場合は、どうしたらよいでしょうか。

くさ：そうしたものは、人為世界から来たものですから除いたらいかがですか。そういうことは、人間行為の影響をほとんど受けない自然林とはちがいます。それとは別に、設置した場所で一切管理しないというのも、一つの選択肢になると思います。そうしますと、人為の影響も除かないということになります。設置された場所での、かつてあった自然林を再現するのか、それともその場所で管理を一切しない林をつくるのかという選択をしなければならないと思います。

ひと：なるほど、わかりました。ほかにいかがでしょうか。

くさ：今の問題と関係しますが、この公園全体の構想の特徴として、大事なことが二つあると感じました。一つは参加型の公園にすることです。公園という環境を与えられたものとして受け取るのではなく、利用する人がつくり、つくり変え、管理するということをねらったものと理解しました。二つ目の特徴は、三つの異なった公園を隣接させていることだと思います。

ひと：まったくそのとおりです。

農村区をどうするか

くさ：そうだとしますと、農村区の林が少ないと思います。今の計画ですと、林は田畑のまわりを取り囲む程度です。これでは林とはいえません。少なくも林の内部の大部分がまわりから光が射しこまないとか、風など外部の影響が届かないとかという程度の広さが必要です。もう一つは、間隔をおいて枝打ちや立木の伐採というような林業の作業ができる広さが必要だと思います。

ひと：用材林と薪炭林をつくるということでしょうか。それは考えています。間伐程度ではなく、ある広さの区画を皆伐してもほかの区画に林が残っているという広さを考えるということですね。そういうことは私たちのほうで考えなければいけないことですね。

くさ：そうですが、私たち植物の側から見ても重要なのです。都市のなかといえども、植物の多様性を確保していただきたいという願いがありますから。

ひと：里山林のことですが、そうしますと、ほかに環境林のようなものが必要ですね。

くさ：そうですね。何か具体的なお考えがありますか。

ひと：寺社林とか保安林、水涵養林とか防風林というようなものが考えられますし、崩壊防止林のようなものもありますね。

くさ：焼畑林も里山林のなかに入ります。萱原はありますね。

ひと：しかし、焼畑は火災など心配がありますから難しいです。その他のものも、全体の広さとの関係からみて、それらをそろえるとなると、村一つ分の面積が必要になりますね。

展示施設をつくって、映像やその他を利用して知っていただく、学んでいただくということはできます。

くさ：そういう施設は大事ですね。映像など目の前に展示場で見たものと直接的につながる現物があるのですから、一つの像は描けると思います。どうですか、そう考えてよろしいでしょうか。

ひと：そうです。映像だけ、実物だけというのではなく、両方を結びつけて、身近なものから広い世界へ目を転じていくというのは大事にしたいことだと思います。

新しい管理・運営をめざして

ひと：こう考えてきますと、ただ施設をつくるだけでなく、管理方法や利用方法を普及啓発する案内書や規則集のようなものもつくらねばなりませんね。

くさ：人の問題もあるのではないですか。管理員とか指導員、補助員など、来園者の要望に沿いながら利用のしかたを実地に教える、手伝うというようなことが必要だと思います。

ひと：それも活動のなかで養成して対応したいと思っています。指導員や補助員は、一定の技術、技能が必要になりますから、そういう養成講座を開設して、取得したら資格を与えるというようなことも考えています。

くさ：全体を見渡しまして、どの区も地形的に起伏があり、水系が用意されています。都市区から農村区と野生区に入る入口は多くありますが、逆の方向の入口が少ないというのもいいですね。管理上のことですが、いつでも利用できるようにするのか、時間を決めてその時間だけ利用できるようにするのかは決めてあるのですか。

ひと：決めてあります。利用時間を限定しております。野生区がありますようにそれぞれの区がその設置目的に沿った状態を維持していかなければなりません。野生区の林がいつのまにか伐採されるようでは困ります。
くさ：まわりをコンクリートの塀で囲み、さらにその上に金網の境界がありますね。
ひと：ゴミ投入の防止です。無断侵入とゴミ投棄が一番こわいです。それからイヌの散歩なども。外との出入り口ですが、そのために少なくしてあります。出口はいくつか多めに設置する予定ですが、入口は一箇所にします。ただし、保安上の問題、管理上の必要性から、平常の時は閉鎖していますが、小型トラック、乗用車が通れる道は三つの区ともあり、たがいにつながっています。

自由区について

くさ：これは、本当は人間のみなさんが考えるべきことですが、少なくも子どもが自由につかえる区をつくったらどうかと思っているのですが、いかがですか。
ひと：自由区でしょうか。それはどういうものですか。
くさ：人間の起原、その後の歴史というものをうかがいまして、それから考えまして、ただみる、歩くというだけでなく、ものをつくる・変えるという、はたらきかけてつくり変えるということが大事なことだと思うのですが、三つの区とも利用者が自分たちの構想をもって計画を立てて行動するというようなことはできませんね。利用者の主体性というものが大きく発揮されません。そうでなくて、自由になる区があればそうしたこと全部が利用者の構想のもとでできるようになるという印象をもちました。
ひと：それではたちまち破壊が起こります。それぞれの区の本来の目的が達成されないものにされてしまいます。
くさ：それを止めないところをつくってはいかがですか。破壊というのは、持ち主なり管理者から見て、目的に沿って利用されるべきものが変化したことに対していわれることです。しかし、一見破壊的にみえても、そうしたことをしている当人からみればそうではないのです。ある目的をもってその目的達成のために行動しているわけです。
ひと：具体的な例はありませんか。
くさ：たとえば、野生区は人の手を加えないようにしてありますが、ある子どもがそういうものでも、自分が思ったとおりにはたらきかけて木を切ったり葉をむっしたりしたとしますと、管理者からしますと自然林の破壊ととらえますが、当人にしてみれば、そうしたものに対してどれだけのことができるか、自分を知るということになると思います。それから里山林で、木の高いところに秘密基地をつくるというようなこともそうです。
ひと：どうしてそうした無秩序な行為を認めなければならないのでしょうか。
くさ：それは、人間の本質として自分の意志でまわりの世界にはたらきかけて改変し、自分にとって都合のいい状態に変えるという性質があるからです。
ひと：それはわかるのですが、無秩序の行為を積極的に勧めるというのは理解できません。
くさ：私も、人間の特性を考えるなどということは、これまであまり真剣にしたことはありませんでしたが、あなたとの対談のなかで印象深いお話が出てきまして、それが手がかりになって、こんなことを言うことになったのです。自由区をつくればよいのです。

ひと：それはどういうことですか。三つの区以外につくるということですか。

都市環境は道具の集積

くさ：「都市は道具の集積である」と小原秀雄さんが言われていますね。

ひと：道具についていえば、「人間は道具の製作と使用を不可欠とする生活をするようになって人間になった」ということが、人間化にあたって重要な考えかたであることはたしかで、また都市環境が道具の集積であることもたしかです。この二つのことから、どのようにして先ほど「自由に主体的に子どもが自然にはたらきかけてものづくりを行なうことができるような区域を都市公園のなかに造る」という構想が生まれてくるのでしょうか。

くさ：それは道具とはどういうものかということを、はっきりさせることによって見えてきました。

ひと：道具の特徴は、それを使ってものにはたらきかけることができ、からだ以上の効果を生み出すということでしょう。

くさ：それは道具のもっとも重要な特徴であることにはまちがいないと思いますが、道具はある目的を達成するためには適していますが、ほかの目的のために使おうとしますと適していません。単なる物体になってしまいます。

道具疎外

ひと：たしかに道具は、すべてある目的達成のためにつくられています。それ以外の使い途はありません。郵便ポストが交差点の信号機の代わりはしません。道路の点状の白い線が黄色の線の代わりはできません。伝票用紙に切手のはたらきはできません。道路の中央に郵便ポストがあったら車道の障害物となります。それもたしかである。そうしますと、道具は利用している人にとっては道具として重要なものですが、そうでない人にとっては意味のないものです。道路中央にある郵便ポストと同じです。有害なものになります。郵便局に用がない人にとっては郵便局は無用なものです。

くさ：どこかの家で飼っている犬は、その家の人にとっては番犬として意味があるけれど、よその子どもにとってはその家の前を通るには相当の勇気が必要です。そういうことが都市の子どもにはあるわけです。

ひと：道具疎外ですね。有用と思って、あるいは必要と思ってつくったものがかえって有害なものになり、人間の行動を束縛するということですね。

くさ：そうです。子どもにとって都市環境を形づくっているものは必要ないだけでなく、さわったりいじったりすることができません。ましてそれをつくり変えて自分が利用できるものにするということができません。行動に障害となるからといって、壊すことができません。

農村環境は道具の集積ではない

ひと：農村の水田や畑も、農民にとっては一種の道具ではないですか。

くさ：いや、道具ではありません。田畑の予定地であって田畑そのものではありません。農民が耕したり水を引き入れたり、肥料を与えたり苗を植えたりしないかぎり、田畑という道具には変わりません。
ひと：そうしますと、家とか農具、耕耘機などを除けば、農村の自然はすべて道具の集積とはいえませんね。すると道具ではありませんね。
くさ：そうです。
ひと：里山の林も道具とはいえませんね。根気よく手入れをして何十年も経過してからはじめて木材という有用物がえられるということになりますね。薪炭林なども炭焼きや薪とりのために伐採したのち、手入れをする場合があります。そして十数年経ったところで伐採して炭など原料になります。
くさ：伐採しなければ薪や炭の原材料を獲得することはできません。用材林も幹が太くなったところで切らないと木材にはなりません。そのままだったら、何の有用性もないスギの林に過ぎません。
ひと：道具にはもう一つの重要な特徴があります。道具は大きく変えることなく、すぐに使えるということです。

子どもの自然

ひと：ここであらためて、人間の本性から子どもにとって良質な環境とはどういうものか。また都市環境というのは、農村や野生の環境と比べてどこがちがうのかということを考えてみたいと思うのですが、よろしいでしょうか。
くさ：結構だと思います。都市のなかの子どもということを、みなさんの立場から検討していただいて、その上で私たち植物からみるとどうなのか、どこに問題があるのかということを考えてみたいと思います。

ひと：これまでのお話で、都市環境は便利で安全で美的で、環境汚染がなくなれば子どもにとって好適な環境なのであろうかと考えますと、いや、そうではない、それだけでは子どもの成長発達にとって適した環境とはいえない、ということがわかってきました。どうやら都市環境というのはいろいろな点で問題があるように思えてきました。

それで、もう四〇年以上前の一九六八年のことですが、宮原誠一さんという東京大学教授で教育学者であった方が興味深いことを述べられていることを思い出しました。そこから話をして、検討の糸口を見つけたいと思います。書かれた文そのままではなく、意味することを私なりの解釈で述べますと、「子どもの生活に自然が必要なのは、子どもの人間的自然が自然に近いからである。身体と精神の自然な発達のために自然が必要である。それは子どもの日常的な世界のなかになければならず、あたかも呼吸をするかのごとく日常的に接し、はたらきかけることのできる自然でなければならない。ピクニックやハイキング、登山など特別の機会だけでなく、地域の自然とのかかわりが必要である」という意味のことをいわれています。

それで、地域のなかで日常的に子どもの人間的自然に近い自然にかかわらせねばならないというところに共感するところがありまして、遠くの自然ゆたかなところに行くというのではなく、すぐに行ける身近なところに子どもたちが活動できる自然を用意しようと思って、この都市公園構想を立てたわけです。その場合に、子どもの人間的自然とはどういうものなのかはよくわかりませんでしたから、それに近い自然といいますと、野生の自然や農村の自然がそれに相当するのではないかと思いまして、まず構想の中心にこういうものをおき、それにいわゆる現在普通みられる都市公園を付けるというかたちにしたわけです。

しかし、子どもの人間的自然がどういうものであるかがわかりませんと、それに近い自然がどういうものかもわからないことになります。そこのところが、今お話をうかがったり、お話のなかで考えたりしているうちに、少しずつわかってきまして、私が考えた構想というのは大きくはまちがってはいないという手応えをもつことができてうれしいのですが、それでも子どもの人間的自然をはっきりさせなければならないと思っています。

それで今お話をうかがってみて、子どもの自然というのは人間の本性としての自然さではないかと思いまして、そうすると人間の起原までさかのぼって、人間が誕生した時に身につけた本性とはどういうものかを明らかにして、そこから子どもの自然を導き出そうと考えたのですが、いかがでしょうか。

くさ：そうですね、それが常道だと思いますが。

ひと：あなたもそういう意味のことを言われていましたね。そうしますと、つぎのように考えられると思います。

(1)環境は人間によって改変され、利用される質をもっていなければならない。子どもの自然との関係は、利用だけの、また改変だけのものではなく、子どもがそれにはたらきかけて改変させ、しかも利用できる自然が、都市環境として必要であること

(2)そうした人間的自然は、生きもの世界がこの地球上に誕生して以降、人間までの長い歴史的過程

のなかで形成されたものであるから、子どもの発達成長にとって必要な自然は、そうした人間に至るまでの生物進化過程との関係のなかで検討されねばならないこと
(3)共同狩猟・分配の社会性に注目しなければならない。人間は、個体性が高度に進化した個体から成り立っていながら、高度の集団生活を営む生きものであったこと

くさ：この三つが、私たち植物にとっての脅威の源です。三つ目の集団生活は、動物の群れ生活の人間的発展になりますね。

すべての生物がそうであるように、同種の個体は生活様式も生活要求も基本的に同じですから、本質的に競合関係にあります。それにもかかわらず、集団生活するのには二つの場合です。第一には密な集団を形成しながらも、生活空間や食糧といった生活要求対象が満ちたりている場合です。第二は、競合関係にありながらそれをこえて集団生活を必要としている場合です。誕生したばかりの人間は後者です。

ひと：そのように整理しますと、もとに戻りますが、自由に目的意識をもってはたらきかけて必要なものに変化させて利用できるということが可能な環境を、子どもの身近なところに用意することになるのでしょうか。そうしますと、あなたが言われたように自由にはたらきかけのできる自然を、私が構想として描いた新しい型の都市公園のなかにどう設置するかということを考えねばなりませんね。

くさ：そうだと思います。しかし、私にはよくわかりませんが、現実には難しい問題があるのでしょうね。それで、あなたの構想についてですが、三つの異なる区を用意しましたが、この三つを相互

に比較しますと、それぞれの特性が明確にされてきて、人間を取り巻く三つの環境に対して、その環境の自然としての特性とそれに対して人間ができること、しなければならないこと、してはならないこと、できないことがはっきりしてきて、人間と自然との関係を身をもって学んでいく場としていくと、大変優れたものになるのではないかと思いました。

私たち植物の側から申しますと、こうした公園がない場合とある場合とを対比して考えますと、植物の多様性保全という点からみていい公園ができそうだなという印象をもちました。従来の都市公園ですと、三つのなかの一つしかないわけですし、そこにも植物が生活していますが、園芸植物以外はすべて除かれる怖れがありますけれど、そうではない区域があるわけで、野生に近い自然区をつくるというからには、私が最初にいいましたように、野生世界としての質を保つような管理のしかたをしてください。

二、都市環境

物質系としての都市

くさ：問題が別になりますが、都市環境というものをもう少し他の面から明らかにすることも大事なことではないかと思います。構想としてあります新都市公園のありかたをさらに検討を深めるうえで、参考になるのではないかと思います。

ひと：どうもありがとうございます。

くさ：第一には、物質としての特性をとり上げたいと思います。これは大分前になりますが、安部喜也さんと半谷高久さんのお二人が書かれた論文によると、一九七〇年における東京都区部の建造物をつくっている材料を調べたら、砂利・石材が八〇％以上で際立って多く、つづいてセメントの六・八％、鉄材・鉄製品の五・二％という結果が出ました。こうした都市環境の物質としての特性をみた場合に、人間の環境としてどう評価したらよいのでしょうか。道具は人間によってつくられたものですから、人間がそれまでの歴史のなかで遭遇したことのないものですし、色彩、形状、形成している物質種など、すべての点について新しいものです。それに対応して無害にするはたらきがないので、悪影響を受ける場合があり、人間の身体的精神的変化の原因となる場合が多いことになります。公害物質といわれていた二酸化硫黄も、有機水銀も、高濃度のカドミウムも、人間に限らずほとんどの生きものにとってはじめて出会う物質で、これらの物質はさまざまな傷害をもたらしました。とくに合成された新物質、外来生物、遺伝子操作により生まれた新生物は、重大な問題を引き起こす可能性が高いといえるようです。

生態系としての都市

くさ：それから生物世界としても、都市環境は特別な存在ですね。有機物の流れから都市の生態系としての特徴をみますと、都市だけでは人間をふくむ生物は生存できないことがわかります。生態系として根本的な欠陥がみられ、むしろ生態系とはいいがたいものであるということができます。

それから有機物の流通をみますと、生態系としてもう二つ奇妙な現象がみられます。その一つとして、人間とその排出物の多くは、分解系であるバクテリアや菌類の分解を受けることなく、焼却炉などで焼却されるということがあります。しかも分解されて産出した無機物質を、この生態系に還元することなく、もう一つ別の、海という生態系に排出しています。第二の奇妙さは、生物系のなかを流れる有機物とはまったく別の有機物の流れがあることです。石油、天然ガスなど化石を起源とするものを、別の非生物的物質系から大量に取り入れ、化学工業という非生物的消費系のなかで生物が利用できる有機物に転換し、またエンジンという分解系に取り入れて大量に分解し、その産物である無機物質を大量に排出して、都市生物の生存に重大な影響を与えています。

道具の集積であることの意味

ひと：都市環境の問題に戻ることにして、それはまさに「道具の集積」です。このことによって、都市環境に必然的ないくつかの問題点を浮き彫りにできます。ひとつは、すでにふれました都市における環境疎外です。道具であることから派生する第二の問題点は、都市における道具類について、そのつくり手と使い手の分離の問題があります。使い手は、そのためにその利便性、安全性、美観を手がかりに求め、使用することになります。物質、生きものとしての、自然としての性質については無視ないし軽視することになります。しかし、道具は人間にとって有用なものとして存在していますが、またまぎれもなく物質です。人間と道具との関係は、人間と物質との関係がその基盤にあるにもかかわらず、意識の上で人間と自然との関係を希薄にするおそれがあります。

くさ：私は植物ですから、人間のことはわかりませんが、今までうかがってきたことをまとめてみますと、つぎのようにいえるのではないかと思いました。

子どもにとっても、人々にとっても、道具の集積としての都市環境ではなく、人間がはたらきかけることによって初めて道具化する環境が必要なのではないか。また主体の側に、そうした自然にはたらきかけることのできる質が備わっていることが必要ではないか。それを可能にするのは、道具化されていない環境を用意するほかありません。特定の目的に適したものではなく、子どものはたらきかけ如何によってはいかようにも改変され、多様な利用が可能になる「なまの自然」からなる環境の形成が必要です。

三、都市公園の未来像

自由なはたらきかけを

くさ：ここまでの話あいによって、あらたな考えかたが生まれてきて、構想としては、これまでのものから一段と発展したと思っています。しかし、あなたが言われた、自由区における「無秩序の行為を積極的に勧める」ことになるという問題は、まだ解消されていませんね。

ひと：自由区をつくり、来園してきた子どもがそれぞれ好きなところへ行って、勝手にかかわって何かを作り出し利用するようになれば、無秩序になって収拾がつかなくなるのではないかと思います。

具体的に考えれば、すぐにその問題の大きさに気づくことになります。ある子どもが木の上に秘密基地を作って、そこで遊び始めたところ、そこへ別の子が来て、それではおもしろくないといって、それを壊して別のものを作るというようなことをすれば、子どもの間に衝突がおこります。あるいは一日がかりでやっとあるものを作ったところで日が暮れて、翌日楽しもうと思ってその場所に行ったら、すでにほかの子どもがいて、自分たちのつくったものを利用して楽しんでいたということも出てくると思います。そうした衝突をどうするかという問題です。

無秩序が問題ではなく、その結果発生する衝突が問題なのです。衝突が傷つけあうということに転化することを心配しています。

くさ：そうした衝突の問題は、似たようなことが私たち生きものの進化の過程でたくさん発生し、解決されてきました。その解決の方法の一つは、衝突を解消することです。自由区を広く準備すれば避けられます。あるいは多様な自然を用意することです。子ども一人ひとりが異なる望みをもっていて、それら一つひとつに対応するような環境を用意することです。隔離あるいはすみわけをすることです。

ひと：もう一つのことはわかります。衝突の解消ではなく、衝突がおき、それを調整するという方法ですね。衝突を避けることなく、問題の解決をすることです。指導員や補助員が介在して調停するというようなことはしないで、子どもたちの協議で解決策を考え出すという方法です。

九章　野生生物と生物多様性——植物、人間と語る　その三

クロモジ　ここでは野生を問題にします。野生というのは、野性とおきかえますと文明に対する野性であって、完全に人間社会の問題になりますが、野生は人間との関係という視点から生きものをみた、生きもののある状態をいいます。ところが、現在普通とられているみかたは、その生きものの状態を人間の立場からみるというようになっています。しかし、人間との関係の状態を、私たち生きものの立場からもみる必要があるというのが、野生生物や生物多様性を考える場合の基本になると考えています。私たちの代表はそうした視点を理解してほしいと懸命にがんばっています。佐渡島のトキの保護についてのみかたが一つの焦点であると思います。

一、野生とは野山に生息している状態ではない

野生生物と野山の生物

ひと：つぎの問題として、先ほどちょっと言われました野生について考えをお聞かせください。

くさ：野生というのは、みなさんはどう理解されているのですか。

ひと：「生きものが野山に生息している状態」というように、辞書には書かれています。

くさ：『日本の野生植物』という有名な図鑑がありますが、収められている植物から判断しますと、栽培植物以外と読み取れますね。しかし、田畑の雑草や野山以外の植物も外来植物がふくまれています。この「野生植物」というのは、私たちの立場からするとおかしなものです。

ひと：たしかに、栽培植物以外を野生生物として一つにしているのはおかしなことです。

くさ：問題は二つあります。一つは、野山には人が管理している里山とそうでない奥山とがあります。この二つには大きなちがいがあります。もう一つは栽培植物でもなく、野山に生活している植物でもない植物がいることです。

ひと：野生というか、野性というか、それは都市文明に対して野蛮とか荒々しいとかという概念だったと思います。しかし、都市文明に人間の生きかたとしての基本となる疑問が出てきて、問い直されるなかで都市文明以外の、つまり野生のすばらしさが注目されてきました。

くさ：そうだと思います。今回のこの対談のテーマのように、「生きものと人間との関係」ということが重要な意味をもってきます。

野生とは

ひと：質問なのですが、山に生えていたエビネを採ってきて庭に植えた場合に、それは野生植物が庭で生きることになります。どう考えたらよいですか。

くさ：園芸植物ですね。エビネが枯れないように、家の人がいろいろな手入れをされるでしょう。そうしたら栽培植物です。「野生植物が庭に暮らす」という言いかたそのものがおかしいのです。

ひと：それでは、斑入りのアオキが山に生えるようになった場合はどうでしょうか。斑入りのアオキというのは、人間の品種改良によって生まれたものですから、誕生そのものが人為的でして、野生植物とは考えていないのですが。

くさ：そのとおりだと思います。これも野生植物ではありません。
ひと：今のお話をうかがっていて思ったのですが、野生かどうかを判断するためには、環境との関係から考えねばなりませんね。環境が人間の手でつくられ、管理されていれば、それは野生とはいえないと考えればよいということになりますが、どうですか。
くさ：そうですね。

二、トキ保護活動をめぐって

ひと：それで、今取り組まれている佐渡島のトキの保護活動を例にして、野生と保護についてご意見を聞かせていただけますでしょうか。
くさ：あれは、私たち植物の問題ではありませんが、野生と生物多様性保全との関係を考えるためには好例だと思いますので、お話したいと思います。
　保護活動の歴史をたどりますと、はじめは野外に生息していたトキがいよいよ危なくなってきて、飼育しながら個体数を増やして、その後に放鳥して野外での個体数増加を見込むということでした。しかしこれが失敗して、中国から移入して在来のものと交配して残そうとしました。これも失敗しました。在来のトキが死んで、完全に絶滅しました。そしてつぎの段階として、中国産のトキどうしの交配をして繁殖させ、個体数が増加したところで放鳥するという計画を立てて実行し、それは成功したわけです。

放鳥した結果でマイナスになったこととプラスになったことがあります。マイナスはおすとめすが佐渡と本州に分かれて、番《つが》いができなかったことです。プラスになったことは、佐渡だけでなく本州にも渡ったことです。種内の多様性としての地域個体群の多様性の可能性が出てきたということです。

二〇〇九年は失敗したことを改善しようということで、放鳥に先立って群れ生活できるように手立てを講じて、檻のなかでそうした行動のしかたを身につけさせてから放鳥しましたから、群れ生活が実現され、それを基礎に番《つが》いができました。そして野外での番い形成と繁殖が現実的な課題になってきました。

ひと：ところで日本在来のトキが絶滅して、中国から移入して復活を図ろうとしていることに異論があるそうですね。

くさ：そうです。トキの再生というより野生トキの問題としてです。種の維持保存という面からみますと、種の地域個体群多様性も重要な意味をもっているわけです。かりに在来のトキが生存している時に、中国のトキを移入して野外で繁殖させるようなことがあったとしたら、外来種の問題として猛反対があったと思います。

ひと：明らかに中国産の地域個体群の移入ですから、現在でも中国のトキの分布が拡大しただけで、日本における在来の地域個体群は永久に復元できないという意見があります。

ところで、先ほどの「野生」の考えかたからしますと、放鳥されて野外で生活するようになったトキは野生のトキでないような気がするのですが、いかがですか。

くさ：そのとおりです。実は絶滅する以前の在来のトキが、すでに野生のトキではありませんでした。その時代まで復元できればよいというのが目標でしたら、それはそれでよろしいわけですが、野外トキは復元できたとはいっても、野生トキの復活を考えているのではないというべきでしょう。

今の段階は野外にトキを放鳥し、生活できる環境をつくり、安定的にしようというものです。そのトキの生活できる環境として、水田と周辺地域の保全というものを考えておられるようです。それは里と里山の保全になりますから、野生生物の保全にはならないと考えるべきだと思います。放鳥すれば、トキの保護についての人間の直接的なはたらきかけはなくなりますが、農薬を使わない田畑にするとかというような環境を用意するとなりますと、地域の環境全体がトキの飼育場になるおそれがあります。里山や谷津田が生物多様性に富んでいるという理由で、そうした動植物保全のために維持保存するとなると、里山全体が飼育栽培場となる恐れがあります。

ひと：そうしますと、どうなれば野生トキの復活が果たされたと判断できるのでしょうか。

くさ：そのご質問にお答えするためには、トキのこれまでの歴史を整理する必要があります。

トキが人間とかかわることなく自然な進化のなかで誕生したとすると、その時代のトキの生息環境は原生環境であり、その時のトキも「原生トキ」ということになります。やがて人間の生活空間が広がり、トキが人間と接触するようになり、人間の狩猟の対象となり、捕獲され食用に供されることもありました。この時代は、人間とのかかわりからみれば、トキは人間の影響を受けているのだから、原生時代とはいえません。しかし、トキは狩猟によって捕殺されても、人間の助けを借りずに種の持続がされていましたから、野生時代のトキとみるべきだと思います。

(1)野生時代1　人間以前（原生時代）　人間の助けを必要としない世界
(2)野生時代2　採集狩猟時代（農耕以前）　人間の助けを必要としない世界
(3)里時代　農耕時代　人間の助けを必要とする世界
(4)檻時代　大規模開発時代　人間の助けがなくなると消滅する
(5)絶滅時代　大規模開発時代　人間による別のはたらきかけによって消滅

人間が農耕生活を営むようになって、それまでトキの生息地であった野生世界が破壊され、水田とその周辺地に変わりました。しかし、そうした農耕のための環境のなかには、野生環境を失なったトキにとっては生息できる条件がそろっていて、その代替環境となったところがありました。しかし、水田稲作中心の農耕環境は、全体として人間によって維持管理されていますから、野生環境とは異なります。

つぎの大規模開発時代になって、トキが生活できていた環境が汚染され破壊され、放置されて、トキは絶滅の危機に遭遇し、人間によって手厚い保護を受けることになりました。それは家畜（飼育）トキともいうべきものでした。その檻のなかで生活していたトキも姿を消して、トキ絶滅時代となったわけです。

ひと：今進めている保護活動は、トキの歴史を、時代を逆に、檻時代から里時代に戻す努力をしていることになります。その意味で、檻生活と放鳥された生活のちがいを明確にしておく必要があります。

くさ：人間のみなさんからみればそうでしょうが、今放鳥の目標としている里トキとそれ以前の野生トキとのちがいにも注目する必要があります。

　ここでもう一つ付け加えますと、同じ農村にみられるトキであっても、今のように人間によって移入され里トキになったものと、伝統的な農法による里が復元されることによって、中国からトキ自体が飛来して定着することがあれば、これは大きなちがいがあるということです。もしそうしたトキの生活しやすい環境をつくっても、中国からトキが来ないとしたら、今実現しようとしている里トキには人為が欠かせないことであり、里トキとしても自然性の弱いものであるといえるのではないでしょうか。

ひと：ずいぶんきびしい評価ですが、たしかにそのように考えないといけませんね。

　お願いがあるのですが、野生というのはわかりにくいところがありますので、トキの場合についても、野生のトキと野外生活をしているけども里トキであるものとはどうちがうのか、説明してくれませんか。

くさ：野外里トキは、野生トキとくらべて、からだには大きな差異はみられません。ですから、見ただけではちがいはわかりません。野外里トキと野生トキではどのようなちがいがあるのかといいますと、野外里トキの場合、人間が農耕のための環境の管理を止めたり、別の人為的な環境に改変したりした場合には消滅し、その結果としてトキの生息環境が消滅して生活することができなくなります。

　これに対して野生生物は、その生物や生活環境に人間のはたらきかけがありますと、絶滅するおそれがあります。そのはたらきかけには「助ける」こともふくまれています。ですから人間との関係で生きものを見た場合には、人間の支援を受けてはじめて生きていけるか、それとも人間の支援なしで自立的に生きていけるかということが、根本的なちがいです。トキの歴史を二分する境界は、野外里時代と檻時代の間にあるのではなく、野生時代と里時代の間にあるとみるべきだと思います。

ひと：もしトキ保全活動が、里トキ維持存続の段階に留まらないで、さらに時代をさかのぼって、野生トキ時代にまで戻るのを目指すとしますと、それは可能なのでしょうか。

くさ：そこには難しい問題があります。野生トキへの復帰は、野生環境の再現を不可欠とします。それには、人間が手を加えることなく、トキの「主体—環境」関係のなかで維持存続できるような環境への復帰が必要不可欠なことです。難しさはそれを実現させることにあります。

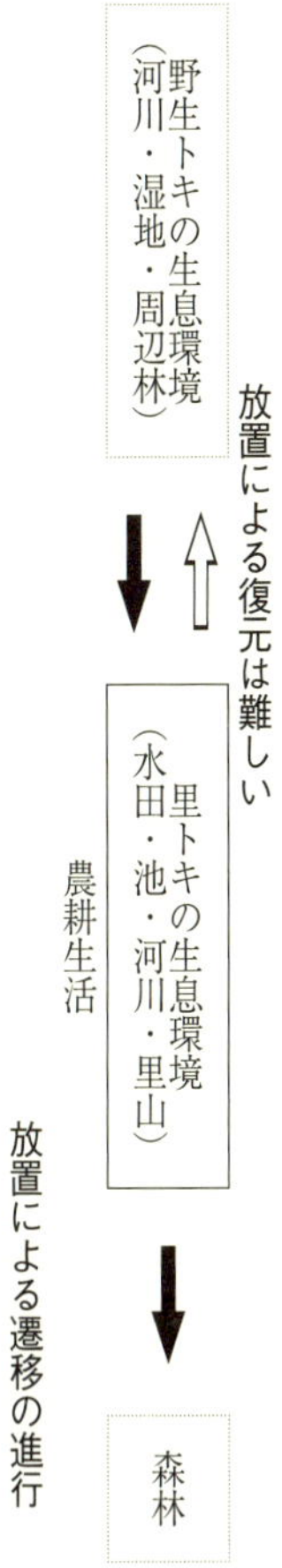

トキの場合、生存できる野生環境の復元が可能かどうかという現実的な問題があります。現在のままで、人間のはたらきかけを止めて放置状態にしますと、農耕環境は植生の遷移が進行して森林に変化します。野生時代の水系と周辺林からなる野生トキ生存可能環境には戻りません。野生時代

の環境は、水田稲作の環境が恒常的に維持されるよう、整地、川道変更、堤防の設置など地形変更がされたことにより、別のものになりました。大雨の時の河川、沼の洪水・氾濫による周辺地域の植生破壊、地形変更をふくむさまざまな作用が及んで、野生時代にみられた森林に向けての遷移の進行が中断されたり、それまでに成立した植生が破壊されて遷移進行以前の裸地に戻ったりすることがなくなりました。また、こうした自然のままの状態でおこるさまざまな大異変は、自然災害として人間の環境に大きな負の作用を及ぼすことになります。それはできないことです。

絶滅危機の自然的要因をめぐって

くさ：自然な進化の過程における絶滅は、これまでも数え切れないほどみられました。今存在している生物種を、その絶滅の危機から守るといった場合に、そうした自然な進化の過程で絶滅していくものをどうするかということも考慮しなければなりません。自然な過程のなかで絶滅していくものを守り救ったとしたら、それは自然の理に反することになります。それでもなお絶滅から救わねばならないのだろうかという疑問です。

この疑問に対する答えは二つに分かれると思います。自然の理にそって滅びるならば、それは自然の理にまかせなければならないということです。その生物の絶滅によって野生世界にあらたな枠組みができ、そこに生息する生きものの間にあらたな相互関係が生まれて、野生世界が変わりながら維持存続することを、私たちは大事なこととして容認しなければなりません。その過程で、あらたに生まれる生物種もいるかもしれません。自然な絶滅を妨げることは、こうした野生世界の枠組み、相互作用の変化、新しい生物種の誕生を阻止することになります。進化は過去のある時期に起こったことだけでなく、今もその途上にあるといえましょう。

人間の立場からの生物多様性保全

ひと：人間の立場から、食糧確保、技術の開発や環境保全などをみれば、人為的な原因により絶滅するものと自然な進化的原因により絶滅するものとを区別することなく、保全の手を差し伸べることになるでしょう。人間の立場からみて、それに意味があるのならば保全しなければなりません。その生きものがいなくなることによって人間の環境が負の方向に変わることが予想されるならば、絶滅の危機から守らなければならないでしょう。その生きものがいなくなることによって、これまで続いてきた技術開発が難しくなり、生産活動に支障をきたすということが予想されるならば、絶滅を止めねばなりません。さしあたって役に立つかどうかわからなくても、いつか役に立つかもしれないと考えれば、すべての生物についてその保全に取り組まねばならないと思います。

くさ：その時、人間の立場から、自然な絶滅の危機にあるものを救おうとするならば、その生物を自然な野生世界から隔離することが絶対的に必要です。人為的環境下で生息させてそこからの逸出によって野生世界の進化が攪乱されることを防がねばなりません。そのためのきびしい管理が必要となります。

ひと：人間の立場から、生物多様性の保全を考えるならば、外来生物の移入は簡単には否定できません。外来生物の保全にも目を向けなければなりません。言うまでもありませんが、外来生物そのものと外来生物問題を明確に区別する必要があります。外来生物問題とは、一般的にはその野外への逸出による生物界の攪乱の問題と、当該生物が人間にとっての環境を汚染することです。しかし、外来生物の人為的移入は急増しています。遺伝子組み換えによってつくられた作物やその種子、ペット・園芸植物、医学用生物、さらには動物園などにおける観覧、移入された研究動物の保全をどうするかも大事な問題となります。すでにふれましたトキやコウノトリも同様の問題をふくんでいます。これらは外来生物です。その一方で天然痘の病原生物のような、明らかに有害な生きものをどうするかということも考慮しなければなりません。そうした病気は根絶しなければなりませんが、生物多様性保全からみれば、病原生物は生きものそのものとして保全の対象とするか考えねばならないでしょう。

それぞれの生物の生息環境からみれば、生物多様性保全は、野生生物だけでなく人為世界に生息する生物にもかかわってきます。同じ人為世界のものでも、里山のような野生世界と接している環境のなかで、生物は野生世界と里山との間を行き来しているものから、実験室の飼育装置のような外界と完全に隔離されている環境のなかで生息しているものや、冷凍室に保管されるものまで多種多様なものを視野に入れねばならないことになります。また、それらを同じ生物多様性保全のなかに括って、同等に扱うことも避けねばならないでしょう。そうした個々の生きものの、生きものとしての特性と人間の立場からみた意味のちがいの両方を注視しながら、多様な保全のしかたを考え出すことが必要です。しかもそうした個別的な特性を考慮するだけでなく、それらの間の相互関係にも目を向け、地球上に生息するすべての生きものの多様性を全体として、また構造的にとらえることが望まれます。そして、野生生物保全は、こうした生物多様性保全のなかでのその位置、意味を明確にする必要があります。

なぜ野生生物を保全しなければならないのか

くさ：ところで、人間のみなさんが野生生物保全についてどういうことをされるかということと、野生生物がなぜ守られなければならないのかということをうかがいたいのですが、いかがですか。なぜ守ってもらわなければならないのかは、植物の立場からすると当然のことです。私たちの死滅につながることは一切やめてほしいからです。

ひと：なぜ野生生物を保全しなければならないか。この問いに答えるためには、あらためて「野生生物とは人間の助けを借りることなく自分で生きていく生物である」ということを確認する必要があります。人のはたらきかけを拒否している世界ですし、人間の助けを借りない世界です。また人間の意志によってつくられ維持されている世界でもありません。それは、人間の意志の及ばない世界であって、生きものが自分たちの理にそって存在していることに注目する必要があります。

人間は自分の意志で、思いで存在し、生きものや自然にはたらきかけて生きています。人間の意志とは無関係で生きているものというのは、私たちは人間の存在の理とはちがった理で存在しているものです。つまり他者なのです。それは、人間の知恵をこえたところで世界が形成されているという面もあります。人間の、自分に対する、取り巻く世界に対する知識と考えかたは、人類の長い歴史のなかで大きく発展してきましたし、それは信頼できるのでしょう。しかしながら、自然の理のすべてを知り尽くしたのではなく、自然は人間の知恵をはるかにこえた、わからないところが多い世界です。人間は自身が身につけた理だけでなく、自然の理を自身のなかに組み入れて生存していかなければなりません。このことから自ずからなぜ野生生物を保全しなければならないかという問いに対する答えが導き出されると思います。

ひと：人間の立場からの保全の意義は、自然的、物質的なものと精神的なものに分けて考えてみます。自然的、物質的な意味は、資源確保と環境保全の二つの面があります。資源的価値の第一は、採集狩猟民の食糧、生活物資確保としての意味です。人間もその歴史をみますと、初期段階は長い期間採集狩猟生活者でした。しかも、それは野生生活でした。

採集狩猟生活の基本原則は、食糧や生活物資の確保において、生物が絶滅しないように取得することです。もしそうした生物が絶滅するようでは、自分たちの生活も危機に陥り、絶滅する恐れがあります。採集狩猟生活をしている人は現在はあまり多くはありませんが、それぞれの人たちの生活の独自性を尊重し保障するために野生生物保全は不可欠なことです。

ですから、繰り返しになりますが、採集狩猟生活というのは、人間の歴史のなかで唯一野生生活の時代だったのです。たがいに食べられたり食べたりして、また日陰にして殺したり日陰になって殺されたりしても、それぞれが絶滅することなく、持続できる世界です。この生活のしかたは人間の意志の理を自然の理に同調させねばならない生きかたでもあります。

くさ：野生世界のなかで採集狩猟民が生活しているということはすばらしいことです。文明社会に身をおいている人たちは、その人たちに何もしないことがその人たちにとって最高のことであり、またそれを通じて人間の住む環境の根底にある野生世界が守られることになります。人間社会は、社会であるゆえに相互扶助が必要ですが、たがいに何もしないことが最上であるという関係もあるわけです。

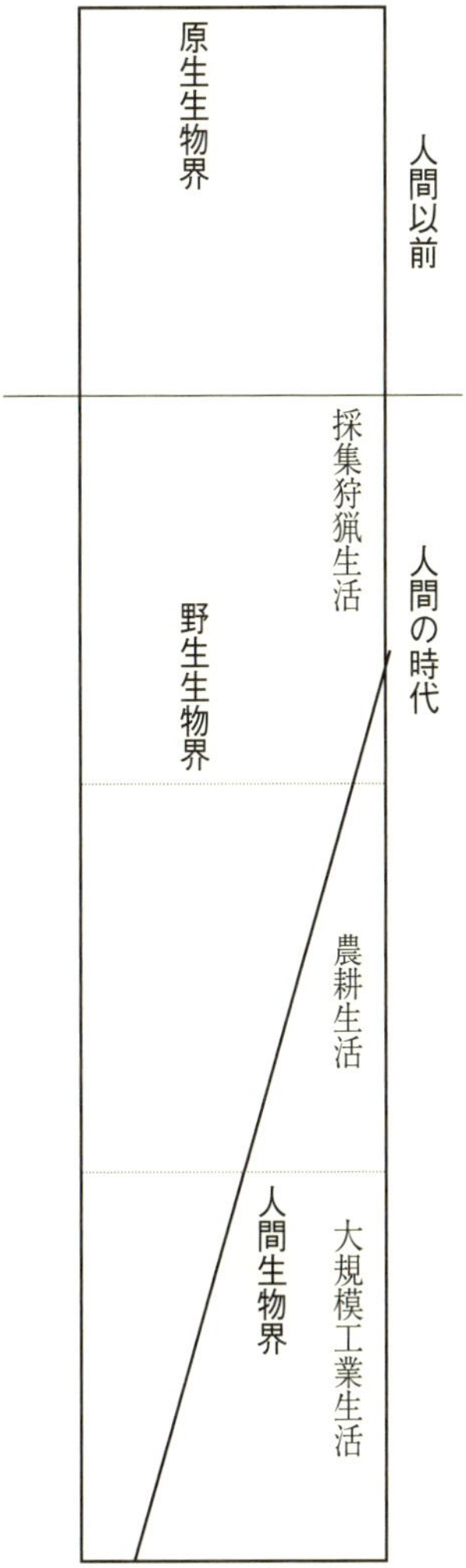

ひと：もう一つの資源確保としての野生生物保全は、品種改良など新しい有用植物の開発や新薬の開発など技術開発です。言うまでもないことですが、新しい有用植物の開発を野生植物採取に頼らないことです。技術開発に際して、野生世界からの有用な原材料の採取を避けねばならないと考えております。

自然的な意味のもう一つである「環境保全」はよく知られていることです。数千万種からなる地球生物世界の多様性の主要部は野生生物によって形成されています。それは単に種類数が多いということだけでなく、そうした多種類の生物が網目のような相互関係を結び複雑な世界をつくり上げています。この複雑な世界こそ人間の環境を保全している基盤になっています。

精神文化の源泉としての野生生物

ひと：もう一つの精神文化の源泉としての野生生物保全についても、二つの面から述べたいと思います。その二つとは、一つ目は認識の対象のゆたかさという意味です。二つ目は、そのことと関係していますが、私たち人間の思想形成の源泉としての意味です。自然観、物質観、生物観、人間観などの形成にとって重要な基盤となります。自分たちがつくった世界から得た知識とそのなかで思想を形成するようでは貧しいものになります。整理しますと、つぎのようになります。

1　認識活動の源泉

(a)未知なる世界を広げ、深めてくれる。

野生生物世界は人間の知恵によって生まれたものではないから、われわれ人間の知的世界を広げ深めてくれる。

(b)自分とはちがう世界を知る

(c)自分とその行為の効果を知る鏡として

2　思想形成の上で

(d)自分たちの理とは異なる理において存在するものを認め、その存在を保障する意識の形成

(e)人類滅亡後に目を向けて、その存続を保障する→環境倫理の「世代間倫理」を超える
(f)相手に対して何もしないことによって共存する→相互扶助(共生)とはちがう、もう一つの共存のありかた

くさ:私たちにとっては、〝四〇億年前から続いてきた生きものの歴史を、損なうことなく未来に向けて絶えることなく繋げていく〟ということになります。

人間の生きかたとしての野生生物保全

ひと:野生生物保全についてどういう活動をすべきか、つぎに考えたいと思います。もっとも重要なことは、野生生物が生息している地域を破壊しようとする人間行為を阻止することです。すでに述べましたが、野生生物そのものの捕殺と野生世界を破壊する人為を止めることです。

野生生物の捕殺や野生世界の破壊を阻止する活動は、野生世界の現地だけでなく、都市でもやるべきことがあります。野生生物の商取引を縮小したり、絶滅の危機にあるものは禁止したりすることがあります。また野生生物を食べたり、原材料にしたりするために買うということを止めることも入ります。国際的な野生生物保全団体であるACAPが作成したビデオの鍵となる言葉に、つぎのようなものがあります。

When the Buying Stops, the Killing can too!(買わなければ、殺すことはない)

これは、野生生物の商取引が絶滅の一つの重大な原因になっているからです。ペットなど野生生物そのものを買う、贅沢品、嗜好品、装飾品、権威づけの商品など野生生物のからだを原材料とした製品を買うことは、野生生物商取引の末端に位置しています。この末端がなくなれば、もう一方の発端となる野生生物の捕殺がなくなります。

野生生物保全としての生活とは

くさ：現地における捕獲・殺傷や環境破壊行為を阻止する活動を中心にその他の活動がそれを支援するというのは、いかにも消極的ではないかと思います。人間が最低限度野生生物に対してしなければならないことにすぎません。野生生物保全や生物多様性保全といった場合にはそういうものではなく、野生生物をふくめて生きものとゆたかにかかわることのできる生活をめざすべきであると思います。それは、人間が物質的にも精神的にもゆたかな生活を営むことと、生物世界がゆたかに発展していくこととの両立、この二つが重ねあわさる生活のことです。

ひと：野生生物保全活動といえば、いわれてみればそのとおりです。人間が物質的にも精神的にもゆたかな生活を営むことと、生物世界がゆたかに発展していくこととの両立を目標にすべきでしょうね。具体的にどう考えたらよいのでしょうか。

くさ：「物質的ゆたかさ」といいますと、すぐに大量生産・大量消費を意味しているように思いがちですが、そうではありませんよね。大量生産・大量消費と自然破壊はつながりがあります。

ひと：自然とのかかわり、生きものと物質とのかかわりがゆたかになることではないでしょうか。

くさ：なるほど、自然のゆたかさとは多様で、複雑な相互関係にある状態をいいます。「多様」とは、単に種類数が多いということではありません。ゆたかなかかわりとはどういうことでしょうか。

ひと：そうした多様で複雑な相互関係のなかにある生きものと、多様に複雑にかかわるということです。しかもそうした自然とのかかわりを通じて考えれば、人間相互の関係も「たがいに傷つけあうことなく、みんな幸せになる」という、人類共通の願いとむすびついたものであることは言うまでもありません。

くさ：そのようにみますと、今みました野生生物保全の諸活動の相互関係を見直さなければなりませんね。野生生物が危機状態にある現地に行って、直接的に保全活動をするという活動は、いわば、野生生物保全にとっては、絶滅の危機の原因を取り除く消極的な活動であって、野生生物保全活動の中心になるのは、すべての人が「生きものとゆたかにかかわる生活」の実現のための普及啓発活動で、これが重要な意味をもっているとみるべきですね。

ひと：それはまた、野生生物保全活動を一部の自然保護論者や自然愛好家、研究者など一部の人たちだけにまかせるのではなく、一般市民が自分自身の生活そのものを変えるということと、それを実現できるための普及啓発活動こそが重要な意味をもっているとみるべきでしょう。

くさ：ＡＣＡＰのビデオ作品のなかの「When the Buying Stops, the Killing can too!（買わなければ、殺すことはない）」を、あらためて確認しなければなりませんね。これは、私と同じ考えかたに立ちながら、それを具体的な行動指標として示していると思います。野生生物を食べるのはほどほどにしようとか、贅沢や嗜好で野生生物の製品を装飾として身につけたり着用したりするのを止めましょう。薬でも印鑑でも楽器の材料でも、そうした装身具でも、技術が発達して代替品が合成できますから、そうしたものをつかいましょう。ハンティングのような楽しみとしての野生生物の捕殺は絶対止めましょう。こうした考えかたを広めて、一人ひとりがそうした生活のしかたを身につけて実行すれば、絶滅の要因がなくなりますから、現地での野生生物の捕殺や環境破壊は消えて、現地でのそうした野生生物の絶滅につながるような行動を阻止する活動も不要になりますね。

ひと：大賛成ですね。

再び生物多様性について

ひと：ところで、もう一度野生生物保全と生物多様性保全との関係を検討したいですね。野生生物保全の意義は生物多様性保全にも通じるものではないかと思うのですが。

くさ：意義を産業活動と結びつけて技術開発だけに限定して考えれば、種数を多く保存するということでいいわけですし、飼育・栽培したり、里山のようなところで保護・管理するだけで済むと思います。

ひと：人間にとっての環境保全の一環として考えた場合には、生物とその背景となっている自然が大事な意味をもっているわけですから、保全すべき生物は野生生物を中心に考えたほうがよろしいように思えます。

くさ：それを前提とした上で、里山や谷津田のような農村の自然を保全するということを考えるべきだと思います。

ひと：その点では、既知の絶滅危惧種を守るために里山を保全するという方針をとりますと、結果として里山は失われるおそれがありますね。むしろ伝統的な農法による農業のありかたを考えて、そのなかで里山が保全されれば、危機から救わねばならない絶滅危惧種が守られるということになるのではないしょうか。

これは、ぜひ植物のみなさんにうかがいたいことですが、生物多様性というのは、生きものの立場からしますと、どういうことになるのですか。

くさ：もう一度、みなさん人間が現われる前の原生自然に戻すことです。

ひと：そうですが、それは無理です。

くさ：そうです。ですから私たちも譲歩して、みなさんも生きていけるということを考慮しながら、これ以上私たち野生世界を破壊しないということが大原則です。

ひと：つまり、どういうことになりますか。

くさ：繰り返すことになりますが、生きものの世界を人間が管理するということをやめる、そういう世界をできるだけ広く確保することでしょう。生物多様性というのは生きもの自身の力によって実現することです。人間ができることはせいぜいわかっている生物種をできるだけ多く残すということくらいしかできないのではないでしょうか。

ひと：多様性は多種類ではないとしますと、どういうことになりますか。

くさ：結論的に言いますと、多種類の生きものが相互に複雑な関係をもつということです。もう一つ、ゾウ類は現在二種あるいは三種しかいないと言われていますが、種類数だけですと多様性が低いということになります。しかし、ゾウという存在そのものが動物世界のなかで重要な位置を占めています。ゾウのような生きものは現在の地球上にはいないということだけでなく、生きかたにはほかの動物とは大きなちがいがあります。ですから数が多いことも重要ですが、質が問題になってきます。

ひと：今の例でいいますと、かつて高校で、ブナ科の植物とマメ科の植物を、生息場所のちがいと生育、生活様式のちがいの二つの視点からみる授業をしたことがあるのですが、『牧野日本植物図鑑』を利用しまして、栽培植物と外来植物を除き調べましたところ、マメ科は種数が多いだけでなく、植物としての生きかたと生息場所からみて多様であることがわかったということがありました。

くさ：その場合に、ブナ科の植物は種類が少ないですし、ほとんどが森林植物で多様性に乏しいというように思いがちですが、そうではありません。

ひと：そのとおりです。それに気付いた高校生がいました。ブナ科のブナやスダジイというのは、ほかの植物とはちがうから、多様性としては重視しなければならないと言っていました。

くさ：種類数だけ考えますと、昆虫類に比べれば哺乳類ははるかに少ないのですが、一種として同じだとみるのではなく、どうちがうのかということに目を向けるべきだと思います。

ひと：そのほかにどういうことを考えねばなりませんか。

くさ：トキの問題とも関係するのですが、種の持続ということだけに限ってみましても、それは佐渡のような限られた場所だけでなく、本州のさまざまなところに、つまりさまざまに異なる環境のなかで生存しているということによって、トキという種が持続するということが上げられますね。

ひと：種内の多様性としての地域個体群における多様性ですね。

くさ：そうです。それはただ地域個体群の数を多くするということではなく、それぞれの種の持続の関係に注目すべきであるということです。その場合に、もっている遺伝子のちがいにだけ目を向けるようなことをすべきではないと思います。遺伝子組成に頼ることなく、地域個体群がどうちがうかということがわからなければいけないと思います。もちろんわからない段階では、遺伝子を手がかりにすることはみとめられねばなりませんが。

もう少し付け加えて言いますと、個体の多様性があります。同じ種を形成していながら、一つひとつの個体にちがいがある、そこに目を向ける必要があるということです。これも種の持続という点でも、もっと大きな地域生物界の多様性などを考える上でも、考慮すべきことです。

ひと：草や木に個体の特殊性などあるのでしょうか。

くさ：そういうふうに聞かれますと、「個性のない植物などいません」と答えざるをえません。「一つひとつの草、木がちがうのです」と言うほかありませんが、極相林にみられるギャップなどをみますと、森林のなかで卓越して大きなブナの木があるのと、それが倒木して空き地になるのとではまったくちがった森林になります。個性を大事にすることは、たがいの関係を大事にすることであり、たがいの関係のなかで生存していることなんです。

ひと：それでわかりました。多様性というのは生物の問題であり、生物にしかできないことであると言われた意味が納得できました。

そうしますと、生物多様性保全というのは、個体から地域個体群、種、地域生物世界に目を向けねばならないことがわかります。

くさ：地域生物世界の多様性は、局地的な環境のちがいに対応した小さいものと、地理的分布などでいわれる区系のような大きなものまであります。そのことで大事なことは、個体・個体群・種・地域生物世界それぞれの多様性が別々でなく、相互に関係していることです。それから系統性の多様性が重要です。

ひと：どういうことですか。

くさ：今生存しているちがった生きものは、いずれ進化のなかで変化していきます。その場合今生きている生きものが源になって進化し、それぞれが別の系統の生物群を造り出していくことになります。多様性保全を考える場合に、それぞれちがう道すじをたどって進化していくところにみられる多様性に、注目しようということです。

ひと：それで思い出したのですが、暖温帯の常緑樹林をみていますと、スダジイとかタブノキだとか、いろいろな種類の木が高木層を形成していますけど、どうして草の群落のように同じ種類の植物からできていないのだろうか不思議に思っていたのですが、それが大事なのですね。スダジイはブナ科で、タブノキはクスノキ科です。これまで歩んできた進化の道すじがちがうのですが、肩を並べて高木層をつくっています。同じ高木層の木であるとともに、そうした進化の系統のちがいをみるというのは大事ですね。系統性の多様性というのでしょうか。

しかし、人間にそんなことに注意を払った保全などできるのでしょうか。ほとんど不可能でしょう。

くさ：だから、生きものにまかせてくださいというのです。生物多様性保全は人間がするのではなく、生きものにまかせることです。それを妨害しているのは人間ですから、そういう人間行為をしないということです。

ひと：人里に入り込んで、害を与えている動物はどうしますか。

くさ：殺さず、こらしめればよいのです。殺したら、人間世界のおそろしさが動物たちに伝わりません。それから、彼らの世界に踏み込んで、殺すようなことはしないことです。しかし、それだけでは済まない面もあります。今絶滅の危機にあるものを応急的に助けるということをしなければいけませんが、それは暫定的なことです。

あとがき

この書を、若い人たちに、植物世界について考えてもらうことを期待して著わした。

この書は語り手を植物にした。その理由は二つある。

一つは、こうすることによって、読者の一人ひとりが、読まれるなかで常に「これは本当かな」と疑問をもたれるのではないかと思ったからである。植物の専門家が何かを語ると、一般的には客観的にまちがいなく述べていると受け取られがちである。そういうことを避けたかった。

もう一つは長年の夢で、植物になったつもりで語ってみたいと思ったからである。ある時から「植物の身になる」ことを植物学の基本的な視点であると思うようになった。植物学の方法論としての基本原理は、その植物がどうあるかということと、そのことがその植物にとってどのような意味をもっているのかを、明らかにすることである。また植物世界の研究はその目的の一つとして植物世界の存続を入れねばならないと考えている。

いくつか注釈を加えねばならないことがある。

その一つは、この書の内容には、著者自身の調査で得た、公表して評価を受けてない原資料に基づくものが、古典的ともいえるこれまでの植物学の成果のなかに入り混じっていることである。二章の後半の「なかま争い」と四章のいくつかがそうである。

第二に、仮説に留まることであるが、私自身の解釈によるものがふくまれている。五章の陸上植物の起原・初期進化に関すること、六章の生物世界の起原に関する部分、そのなかの細胞と生物体（個体）との関係、系統分類学に対する見解である。三つ目は、九章の野生のみかたに関する部分である。野生の、辞書的な「生物が野山に生活している状態」というとらえかたとは異なる見解を示している。これについては編集にかかわった『野生生物保全事典』に依拠した。

紙数の関係で、植物をとらえる上で基本となることのいくつかを割愛することになった。植物の他の生物との関係、植物の持続の基礎となっている個体群の動態、植物細胞の全体的なこと、個体と細胞との関係である内部構造、遺伝・発生における遺伝物質と表現物質の相互作用などである。

最後に、この書の出版にお力を下さった、また、表記法など多くのご教示をいただいた高須夫妻と緑風出版に感謝したい。

図表出典

	出典
表1―2	飯島和子、二〇〇〇年、校庭内での植物群落の二次遷移の初期過程の観察。『生物教育』第四一巻第一号。
表5―1	延原肇編著、一九八〇年、『新版新しい生物学教育』。たたら書房
図1―1	岩田好宏、一九七九年、ツルヨシとヨシの繁殖様式について、『千葉生物誌』第二八巻第二号。
図1―3	岩田　前掲（図11）
図2―1	宇田川武俊、一九七九年、植物群落の生産構造と微細環境、岩城英夫編著『群落の機能と生産構造』（植物生態学講座三）、朝倉書店。原典はMonsi M. & T. Saeki,1953, Jap. Journ. Bot.,14　22.
図2―5	岩城英夫、一九七三年、『陸上植物群落の物質生産Ⅱ—草原—』（生態学講座六）、共立出版（原典は、Iwaki,H., M. Monsi & B.Midorikawa,1966,Dry matter production of some herb community in Japan, The 11th Pacific Sci. Congr. Tokyo（mimeo.）.
図2―6	吉良竜夫、一九七六年、『陸上生態系—概論』（生態学講座二）、共立出版。
図4―3	岩田好宏、一九八〇年、クロモジの生育様式について、『千葉県生物誌』第三〇巻第一号。
図4―6	岩田　好宏、一九八七年、木とはなにか、『理科教室』第三〇巻第四号。
図4―7	岩田　好宏、一九九二年、千葉県東金市大沼田屋敷林内でのヒサカキの生育について、『千葉生物誌』第九一号。
図4―9	岩田　好宏、一九九八年、キブシの生育様式について、『千葉生物誌』第四八巻第一号。

図5－2	加藤雅啓編著、一九九七年、『植物の多様性と系統』裳華房と西田誠、一九七七年、『陸上植物の起源と進化』、岩波書店を参考に模式化した。
図5－3	図5－2に同じ
図5－4	田川日出夫、一九八一年、種子の結実から発芽まで、沼田眞編『種子の科学』、形成社
図5－5	小野知夫、一九五一年、『植物の生殖』、岩波書店。
図6－2	a：丸山晃・丸山雪江、一九九七年、『原生生物の世界』、内田老鶴圃。b：佐藤七郎、一九七五年、『細胞』、岩波書店。（原典：佐藤七郎、一九六四年、『化学と生物』二、五三。）
図6－3	岩田好宏、二〇〇六年、人間の問題としての動物、小原秀雄編著『生命・生活から人間を考える』、学文社を一部改変。
図6－6	小野、前掲（図5－5）

図6－7	Austin（金谷晴夫訳）、一九七二年、『受精』、丸善。
図7－1	岩田好宏、二〇〇八、『「人間らしさ」の起原、歴史』、ベレ出版。
図7－2	岩田、前掲（図7－1）
図8－1	岩田好宏、二〇〇七、都市の中にこんな公園を、『子どもと自然』第三巻第三号を改変

＊他は原図または原表

[著者紹介]

岩田　好宏（いわた　よしひろ）

1936（昭和11）年2月、東京で生まれる。1958（昭和33）年3月に東京教育大学理学部生物学科を卒業。1958（昭和33）年から2008（平成20）年までの50年、高校教師として、また途中から大学講師として教職に就く。1965（昭和40）年結婚、子2人、千葉市花見川区に在住。関心をもっている領域は、子どもと自然、環境教育、生物教育、人間学。

子どもと自然学会顧問（前会長）、人間学研究所副所長、野生生物保全論研究会副会長、総合人間学会理事（前事務局長）

［著書］

『「人間らしさ」の起原と歴史』ベレ出版、『野生生物保全事典』編著、緑風出版、『植物手帖　まちの野草編』晩聲社、『植物観察学入門』新生出版、『オス・メスから男・女へ、その歴史』新生出版、『生物学教育入門』新生出版

［訳書］

ウニフレッド・セルサム著『島のたんじょう』福音観書店

植物誌入門《しょくぶつしにゅうもん》——多様性《たようせい》と生態《せいたい》——

2010年9月20日　初版第1刷発行　　定価3000円＋税

著　者　岩田好宏
発行者　高須次郎
発行所　緑風出版 ©
〒113-0033　東京都文京区本郷2-17-5　ツイン壱岐坂
［電話］03-3812-9420　［FAX］03-3812-7262
［E-mail］info@ryokufu.com
［郵便振替］00100-9-30776
［URL］http://www.ryokufu.com/

装　幀　斎藤あかね
制　作　R 企 画　　印　刷　シナノ・巣鴨美術印刷
製　本　シナノ　　用　紙　大宝紙業　　E1000

〈検印廃止〉乱丁・落丁は送料小社負担でお取り替えします。
Printed in Japan　　ISBN978-4-8461-1011-6　C0045

野生生物保全事典
野生生物保全の基礎理論と項目
野生生物保全論研究会編
A5判上製
一七四頁
2400円
世界的に多くの野生生物の絶滅が危惧されている。しかし、現在の野生生物保護理論は、有効な理論と対策を打ち出しているとは言えない。本書は、野生生物界の課題を地球環境問題と捉え、新たな保全論と対策を提起している。

ダイオキシンは怖くないという嘘
長山淳哉著
四六判上製
二三二頁
1800円
「ダイオキシンは毒性がない」等という、非科学的な「妄言」が蔓延し、カネミ油症等の被害者を傷つけ、市民や研究者を中傷している。本書は、『ダイオキシン　神話の終焉』に代表される基本的な誤りを指摘、対策の必要性を説く。

グローバルな正義を求めて
ユルゲン・トリッティン著／今本秀爾監訳、エコロ・ジャパン翻訳チーム訳
四六判上製
二六八頁
2300円
工業国は自ら資源節約型の経済をスタートさせるべきだ。元ドイツ環境大臣（独緑の党）が書き下ろしたエコロジーで公正な地球環境のためのヴィジョンと政策提言。グローバリゼーションを超える、もうひとつの世界は可能だ！

生物多様性と食・農
天笠啓祐著
四六判上製
二〇八頁
1900円
グローバリズムが、環境破壊を地球規模にまで拡げ、生物多様性の崩壊に歯止めがかからない状況にある。本書は、生物多様性の危機の元凶に多国籍企業の活動があること、どうすれば危機を乗り越えることができるかを提言する。

環境危機はつくり話か
ダイオキシン・環境ホルモン、温暖化の真実
山崎清　他著
四六判上製
二八八頁
2400円
環境危機は「つくられたもの」「思い過ごし」、「ダイオキシンや環境ホルモンは怖くない」といった環境問題懐疑論のキャンペーンが展開されている。本書はこれらの主張を詳しく分析、批判し、環境危機の本当の実態に迫る。